"十二五"普通高等教育印刷本科规划教材

印刷色彩学

（第三版）

主　编：郑元林　周世生

编　著：郑元林　周世生　戚永红

主　审：王　强

U0312437

文化发展出版社

Cultural Development Press

内容提要

印刷色彩学是印刷复制的基础理论，它涉及生理学、光学、美学、心理学、色度学等多个学科的内容。本书按照理解颜色、描述颜色、复制颜色的主线展开讲述。理解颜色部分系统地介绍了颜色的形成及其光学基础、颜色视觉及其理论。描述颜色讲授了描述颜色的孟塞尔系统等显色系统，重点讲授了CIE表色系统中的CIE 1931 XYZ、CIE 1976 L*a*b*等颜色空间，CMC、CIE94、CIEDE2000等色差公式、色貌及色貌模型、色度测量原理；作为印刷常用的密度，也进行了详细的介绍。复制颜色部分结合色度学的基本理论，介绍了彩色原稿及其色彩模式、分色与校正、颜色合成等内容。

本书是为高等院校印刷工程类本科专业编写的教材，部分内容可以用于研究生课堂教学。本书还可以供从事印刷科研和生产管理、广告、纺织、印染、油墨制造等方面的技术人员参考。

图书在版编目（CIP）数据

印刷色彩学/郑元林，周世生主编；郑元林等编著.-3版.-北京:文化发展出版社,2018.8（2024.10重印）
（"十二五"普通高等教育印刷本科规划教材）
ISBN 978-7-5142-0573-2

Ⅰ.印… Ⅱ.①郑…②周…③戚… Ⅲ.印刷色彩学－高等学校－教材 Ⅳ.TS801.3

中国版本图书馆CIP数据核字(2012)第304291号

印刷色彩学（第三版）

主　　编：郑元林　周世生

编　著：郑元林　周世生　戚永红

主　审：王　强

责任编辑：张宇华　李　毅　　　　　责任校对：岳智勇
责任印制：邓辉明　　　　　　　　　责任设计：侯　铮
出版发行：文化发展出版社（北京市翠微路2号 邮编：100036）
网　　址：www.wenhuafazhan.com
经　　销：各地新华书店
印　　刷：北京印匠彩色印刷有限公司

开　本：787mm×1092mm　　1/16
字　数：349千字
印　张：15
彩　插：12页
印　次：2024年10月第3版第14次印刷
定　价：55.00
ＩＳＢＮ：978-7-5142-0573-2

◆ 如发现印装质量问题请与我社发行部联系　发行部电话：010-88275710

出版说明

20世纪80年代以来，在世界印刷技术日新月异的发展浪潮中，中国印刷业无论在技术还是产业层面都取得了长足的进步。桌面出版系统、激光照排、CTP技术、数码印刷、数字化工作流程等新技术、新设备、新工艺在中国得到了快速普及与应用。一大批具备较高技术和管理水平的中国印刷企业开始走出国门，参与国际市场竞争，并表现优异。

印刷产业技术的发展既离不开高等教育的支持，又给高等教育提出了新要求。近30年来，我国印刷高等教育与印刷产业一起得到了很大发展，开设印刷专业的院校不断增多，培养的印刷专业人才无论在数量还是质量上都有了很大提高。但印刷产业的发展急需印刷专业教育培养出更多、更优秀的掌握高新印刷技术和国际市场运营规则的高层次人才。

新闻出版总署颁布的印刷业"十二五"发展指导实施意见提出，要在"十二五"期末使我国从印刷大国向印刷强国的转变取得重大进展，成为全球第二印刷大国和世界印刷中心。我国印刷业的总产值达到9800亿元。如此迅猛发展的产业形势对印刷人才的培养和教育工作也提出了更高的要求。

教材是教育教学工作的重要组成部分。印刷工业出版社自成立以来一直致力于专业教材的出版，与国内主要印刷院校建立了长期友好的合作关系，先后承担了"九五""十五""十一五"印刷专业高等教育规划教材、统编教材的出版工作。自2006年以来，我社组织了北京印刷学院、西安理工大学、武汉大学、天津科技大学、湖南工业大学、南京林业大学、江南大学等主要专业院校的骨干教师，编写出版了《印刷机设计》《分色原理与方法》《印刷概论（第二版）》《印刷工艺学》《印刷色彩学（第二版）》《印刷机械》《印刷材料及适性（第二版）》《印前处理、制版及打样》《印刷图文复制原理与工艺》《印刷设备与工艺》《印刷过程自动化》《印刷应用光学》《印后加工工艺与设备》《特种印刷技术》《当代印刷专业英语》《柔性版印刷技术》等16门"普通高等教育印刷工程本科专业教材"，其中，《印刷机设计》《分色原理与方法》被教育部列为"普通高等教育'十一五'国家级规划教材"。同时，为了配合加强这些专业课程的教学，还出版了《印刷材料及适性实验指导书》《数字化印前原理与技术实验指导书》《数字印刷实验教程》等一系列配套实验指导教材，供实验课程使用。

这套教材出版以后，得到了全国开设印刷专业的高等院校的认可，并广泛作为教材选用。为了更好地推动印刷专业教育教学改革与课程建设，紧密配合教育部"十二五"国家级规划教材建设，在"十二五"期间，印刷工业出版社将对本套印刷专业教材进行修订，在增加新技术、新知识的同时，紧密配合教育发展需求，修订知识体系，使教材与教育教学发展同步，与行业发展同步，为培养更多的优秀专业人才服务。

综合来看，这套教材具有以下优点：

● **先进性**。该套教材涵盖了当前印刷方面的最新技术，符合目前普通高等教育的教学需求，弥补了当前教育体系中教材落后于科技发展和生产实践的局面。

● **系统性**。该套教材覆盖了印刷基础课程及特色课程，包括印刷工程、印刷机械等各方面的内容，从印刷工艺到印刷设备，从印前到印后，具有较强的系统性，适合当前印刷院校教学需求。

● **实用性**。该套教材突出反映了当前国际及国内印刷技术的巨大变化和发展，是国内最新的印刷专业教材，能解决当前高等教育印刷专业教材急需更新的迫切需求。

● **作者队伍实力雄厚**。该套教材的作者来自重点主要印刷专业院校，均是各院校最有实力的教授、副教授以及从事教学工作多年的骨干教师，有丰富的教学、科研以及教材编写经验。

● **实现立体化建设**。本套教材大部分将采用"教材+配套PPT课件"的出版模式（供使用教材的院校老师免费使用）。

经过广大院校、作者和出版社的共同努力，"普通高等教育印刷工程本科专业教材"的修订工作正在陆续进行并将相继出版，希望本套教材能够继续为印刷院校的人才培养做出贡献。

印刷工业出版社
2011年5月

第三版前言

印刷在"铅与火"的时代注重的是功能性，即基本信息的传递以实现文化的传承；而到了"光与电"特别是"0和1"的时代，以信息可视化与传播为核心，印刷除了要实现功能性，满足视觉需求也成了印刷的非常重要的功能；而视觉效果的实现离不开颜色科学的支撑。彩色印刷复制是以颜色理论为中心，利用最新科学技术成果，采用印刷生产方式，对彩色原稿进行复制的系统工程。在彩色印刷复制过程中，从对彩色原稿审查、创艺、工艺设计到制版、印刷、印后加工与表面整饰等每道工序，都直接涉及印刷色彩的视觉系统评价与色彩信息分解、转换、传递、再现过程的定量检测与控制。因此，色彩学问题是印刷工程的最基本和最重要的问题之一。

印刷色彩学是印刷工程专业的一门专业基础课程。其主要研究内容包括颜色产生机制与颜色现象、颜色定量描述与测量以及彩色印刷复制基础理论等。为了推进印刷色彩学课程内容更新和加强教材建设工作，西安理工大学教材建设委员会将《印刷色彩学》列为2003年度重点教材予以建设。

本书的编写围绕理解颜色、描述颜色、复制颜色这一主线展开论述，力求做到系统性和完整性。同时，注重将印刷色彩学领域的最新技术进展编入教材。第二至五章是理解颜色部分，首先介绍了光与色的基本概念，为后续的学习奠定基础，然后结合颜色形成的要素分别介绍了眼睛及视觉功能、加色法和减色法、颜色视觉及相关理论；第六至十一章介绍了颜色的描述，这部分是颜色科学的重点和核心内容，包含了显色系统、CIE的各表色系统、均匀颜色空间、色貌模型、色度测量、印刷中常用的密度等内容，其中CIELUV空间、CIEDE2000色差公式、色貌与色貌模型等难度较大的内容可以作为选学内容；第十二至十三章介绍了颜色的复制，主要包含同色异谱以及印刷色彩复制的基本原理。

本书第一版于2005年3月出版后获得2007年度"西安理工大学优秀教材一等奖"。并于2008年3月发行第二版，先后进行了7次印刷，印数达到16000册。

为了优化教材的内容以便于教师更好地组织教学，我们对本书第二版进行了修订，主要表现在：优化了本书的体系结构，更便于教学；更新了过时的内容，如色度测量的几何条件；增加了新的内容，如第二章光与色，以便学生能更好地理解色彩学内容；删除了和印刷工业关系不大的内容，如奥斯瓦德系统。

本书的编写工作由郑元林、周世生、戚永红共同完成。其中，第一章由周世生编写，第二章、第三章、第四章、第八章、第九章、第十章、第十一章、第十二章、第十三章由郑元林编写，第五章、第六章、第七章由戚永红编写。全书由郑元林负责统稿和定稿工作。

为了方便使用本教材的任课老师的教学工作，本书配有教学课件。本书第一版的Power-

Point 讲稿于 2007 年初完成，第二版 PowerPoint 讲稿与教材修订同步完成，第三版的 Power-Point 讲稿也将与教材修订同步完成，印刷工业出版社可随教材免费提供。

　　本书可作为高等学校印刷工程专业印刷色彩学课程的教材，也可供印刷工程技术人员参考。

　　最后，感谢对本书第二版提出宝贵意见和建议的专家、老师和同学们，如上海理工大学徐敏老师、山东轻工业学院林茂海博士等。由于编写人员水平有限，书中难免存在不足，恳请各位专家和读者批评指正。

编　者

2012 年 11 月于西安

目 录

第一篇 理 解 颜 色

第二篇 描 述 颜 色

第三篇　复 制 颜 色

绪　论

颜色现象自古以来就受到人们的广泛关注。冰河时期的先民们用天然的红褐色、黄色及黑色矿物颜料在洞窟的石壁上涂绘出野牛、鹿和马的形象，用多色的兽皮制衣服，用漂亮的羽毛做装饰品；石器时代人类已用草木的胶汁在日用陶瓷上描绘多彩的图案；黄帝时代能够出五彩的衣服。运用自然物的色彩特质为人类服务是古人的文明与智慧的体现。1666 年英国科学家牛顿进行了著名的色散实验，科学地揭示了色彩的客观本质。色彩不再是蓝天、白云、红花、绿叶、肌肤等的标记，而是光波的一种表现形式。

1.1　问题的提出

物质世界的光波作用于视觉系统后所形成的感觉可以分为两类：一类是形象感觉；一类是颜色感觉。颜色科学涉及的范围非常广泛，既包括数学、物理学、化学、生理学、心理学、艺术学基础学科，又包括光学、色度学、电子学、机械学、化工、印刷、纺织、通信等工程学科。印刷色彩学作为颜色科学的重要分支领域，其主要研究内容包括颜色产生机制与颜色现象、颜色定量描述与测量以及颜色印刷复制基础理论等。

在视觉系统的研究中，颜色视觉机制及其信息处理模型的研究是颜色光学、色度学、生理学、心理学、生物控制论、生物医学工程等领域的科技工作者几个世纪以来开展研究比较活跃的课题之一。T. Young（1807 年）的三原色学说、E. Hering（1864 年）的四色学说、P. L. Walraven（1962 年）的阶段学说、H. K. Hartline（1949 年）的鲎（Limulus）复眼侧抑制网络以及 S. W. Kuffler（1953 年）感受野模型等一大批突破性成果的取得虽然在解释颜色现象和描述视觉信息处理过程方面获得巨大成功，但由于颜色视觉过程的复杂性，颜色视觉信息处理过程的转换特性和函数关系仍没有完全被人们所揭示。

在颜色描述系统的研究中，自 1931 年国际照明委员会（CIE）建立 CIE 1931 XYZ 系统后，颜色度量体系与测量技术发展迅速。CIE 推荐使用的 CIE 1976 $L^*a^*b^*$ 颜色空间在颜色体系均匀性方面取得巨大成功并得到世界各国颜色复制工业的广泛应用，但该颜色空间在等视觉特性方面仍有不足。近年来，虽然基于 CIE 1976 $L^*a^*b^*$ 颜色空间的均匀色差公式的研究成果良多，但关于新的均匀颜色空间的建立却裹足不前。

在彩色印刷复制工程领域，一方面由于其目标是复制忠于原稿和优于原稿的印刷品，无论是原稿还是彩色印刷品的最终效果都是作用于人的感官，许多信息没有确定的边界，是模糊信息；另一方面由于在彩色原稿信息的分解、转换、传递、再现过程中，影响复制质量的可变因素众多，很难用一个简单的数学模型准确地描述彩色印刷复制过程。

本书将重点论述上述颜色科学领域的基本概念、基本原理以及最新技术进展。

1.2 国内外研究现状

1.2.1 视觉系统的研究现状

为了定量地揭示视觉系统信息处理的过程，建立视觉系统信息处理的数学模型是至关重要的。视觉系统的数学模型是建立在视觉系统功能的基础上。视觉系统具有形状、色彩以及运动视觉等多种功能，因此，有多种数学模型。应当说，真正符合生物实际的表示一种功能的数学模型只有一种，但是有两种情况是可以允许的：一是黑箱模型，只与外部条件有关，以某种数学方法表示，有多种形式，但彼此等价；二是同胚模型，符合生物系统内部构成与相互作用机理，同时符合外部条件。这两种模型原则上是等价的，可以相互转换。为了完整系统地描述视觉系统的颜色视觉信息处理过程，同时考虑到颜色视觉过程的模糊性和非线性，有必要利用模糊数学和神经网络的方法分别建立颜色视觉系统的黑箱模型和神经网络模型。有关这方面的研究进展，请详见本书主编周世生编著的《高等色彩学》一书。本书主要阐述视觉功能与颜色视觉机制理论。

1.2.2 颜色描述体系的研究现状

在我们的日常生活中，人们对颜色的理解存在着差异。为了消除这些差异，就不能够只是用"红"、"绿"、"黄"等这些形象的定性的语言来描述颜色，而要对颜色进行定量的描述。

对颜色进行定量描述的方法可以分为两类：显色系统表示法和混色系统表示法。

颜色的显色系统（Color Order System）是在汇集各种实际色彩的基础上，根据色彩的外貌，按直观颜色视觉的心理感受，将色进行有系统、有规律的归纳和排列；并给各色样以相应的文字、数字标记，以及固定的空间位置，做到"对号入座"的方法。它是建立在真实样品基础上的色序系统。例如：孟塞尔（Munsell）表色系统、德国 DIN 表色系统、美国光学委员会表色系统（OSA Uniform Color Scale System）、瑞典自然色系统（Nature Color System）、奥斯瓦尔德（Ostwald）表色系统、日本的彩度顺序表色系统（Chroma Cosmos 5000）、中国颜色体系等均属于此类。目前在世界各国的印刷工业中采用最多的是印刷色谱、油墨色样卡。这种表示颜色的方法是根据印刷工业的特点和要求而进行汇集的大量的实际色样，并分类排列，一般是按照网点面积率的比例排列，在印刷工业中更有实用性和针对性。

颜色的混色系统表示法（Color Mixing System）不需要汇集设计色彩的样品，而是基于三原色光（红、绿、蓝）能够混合匹配出各种不同的色彩所归纳的系统，例如 CIE 系统、密度计测色法。印刷工业中常用的是密度计测色法。

CIE 是 International Commission on Illumination 的简称，中文名称是"国际照明委员会"（CIE 源于法语 Commission Internationale de l'Eclairage），它是一个非赢利性国际组织，主要致力于关于光源的科学技术与艺术的国际间的信息交流与合作。它的任务是：为各成员国提供关于光源和照明的国际论坛；在光源和照明领域开发基本的标准和度量程序；为开发关于光源的国际、国家标准及其应用提供帮助；发布标准、报告和其他出版物；和其他相关的国家组织保持联系和技术交流。

CIE 分为八个分部，各种技术活动是在各个分部中展开的。这八个分部为视觉和颜色、光线和辐射的测量、内部环境和照明设计、交通信号照明、外部照明及其他应用、光生物和光化学、光源的外貌（1999 年撤销）、图像技术。在各分部内，根据具体的技术问题，还成立了技术委员会，比如在第一分部（视觉和颜色）成立了 TC1 – 55 委员会，主要研究"用于工业色差评价的均匀颜色空间（*Uniform Color Space for Industrial Color Difference Evaluation*）"。

国际照明委员会（CIE）成立于 1913 年，现已发展成 40 个成员的国际学术团体。CIE 的大多数成员国来自欧洲，CIE 的一个目标是有更多的来自全世界的成员国，包括发展中国家，使 CIE 真正地全球化。CIE 的工作重心从开始的制定光与照明的基本标准发展到致力于应用指南的出版，目前，CIE 主要关心的问题又转向与国际标准化组织（ISO）和欧共体标准委员会（CEO）合作对标准的研究，同时也侧重于对新科技领域的探讨。为了 CIE 组织的进一步成长和发展，它正在探索新的会员形式以及从组织和公司获得资助的途径。

CIE 学术领域活跃的另一个方面是对眩光的探讨，特别是不舒适眩光。很多国家都有自己的描述眩光干扰的危害的方法，但却很难找到一种所有人都能认可的标准方法。

CIE 很早就介入标准问题，CIE 的第一个正式标准是关于颜色的标准，多云天气的亮度分布及晴天的亮度分布，先后被列为应用于全世界的室内天然采光的计算标准。1989 年 CIE 和 ISO（国际标准化组织）、IEC（国际电工委员会）就所有有关照明的标准化工作均由 CIE 独立进行达成了协议，CIE 的标准能被作为 ISO 的标准接受或更准确地说是通过 ISO 内部简易程序建立起来的 CIE/ISO 联合标准来接受，这不但有利于 CIE 的权威性，而且非常具有实际意义。

CIE 1931 RGB 真实三原色表色系统是 CIE 根据莱特和吉尔德两人的研究成果公布的第一个颜色空间，为颜色的定量描述做出了重要贡献。为了克服该颜色空间的负刺激值问题和考虑到颜色工业的应用实际，CIE 提出了 CIE 1931 XYZ 颜色空间、CIE 1964 XYZ 颜色空间以及 CIE 1976 $L^*a^*b^*$、CIE 1976 $L^*u^*v^*$ 等颜色空间。其中，CIE 1976 $L^*a^*b^*$ 颜色空间作为具有良好等视觉特性的均匀颜色空间得到世界各国颜色工业的广泛使用。自 CIE1976L^* a^*b^* 颜色空间建立之后，新的色差公式发展较快。代表性的成果有 CMC（l：c）色差公式、CIE94 色差公式、CIEDE2000 色差公式等。CIEDE2000 色差公式作为基于 CMC（l：c）色差公式数据集、CIE94 色差公式数据集、BFD 色差公式数据集以及 LCD 色差公式数据集建立的色差，是目前最完善的色差公式。但是，CIEDE2000 色差公式没有给出相应的颜色空间。值得一提的是，作为德国国家标准的 DIN99 颜色空间不仅具有良好的均匀性，而且其色差公式也具有较高的准确性。

1.2.3 彩色印刷复制理论的研究现状

影响彩色印刷品质量的因素很多，其中复制过程的数据化和规范化程度是重要因素之一。要实现复制过程的数据化和规范化，就必须了解复制过程的转换特性，建立复制系统的数学模型。彩色印刷复制的基础是同色异谱，主要的呈色载体是纸张和油墨，复制的方式有连续调复制和网目调（网点）复制两类。在连续调印刷复制中，油墨密度和墨层厚度方程以及蒙版方程的建立对于定量描述以改变墨层为主的凹版印刷复制过程具有重要意义。在彩色网点印刷复制中，Murray－Davis公式以及纽介堡方程的建立对于定量描述以改变网点大小为主的印刷复制过程具有重要意义。由于彩色印刷复制过程是一个多因素的动态过程，使得很难用一个简单的数学模型准确描述印刷复制系统的转换特性。因此对上述两类数学模型的修正近年来研究得比较活跃。随着数字化印前与印刷技术的发展，利用颜色空间转换理论（模型）进行颜色管理从而实现印刷质量监测控制的技术越来越显得重要了。

1.3 本书的主要内容和学习方法

印刷色彩学作为印刷工程专业的一门专业基础课程，其主要研究内容包括颜色产生机制与颜色现象、颜色定量描述与测量以及彩色印刷复制基础理论等。本书的编写将围绕理解颜色、描述颜色、复制颜色这一主线展开论述。全书共分三篇十三章。第一篇理解颜色，包括第二章至第五章，在简要介绍光度学和眼睛构造的基础上，重点论述颜色配合规律和颜色视觉理论。第二篇描述颜色，包括第六章至第十一章，在简要介绍颜色配色实验的基础上，重点论述颜色混色系统表示法和颜色显色系统表示法，并对色貌模型、颜色测量、颜色表示的密度学体系进行了讲述。第三篇复制颜色，包括第十二章至第十三章，在简要介绍同色异谱的基础上，重点论述彩色印刷复制中的颜色呈现形式、颜色的分解与合成、四色印刷理论等。

关于印刷色彩学的学习方法，本书作者根据多年的教学经验，建议读者坚持两个统一：一是感觉和刺激的统一；二是主观和客观的统一。颜色是客观世界的光波在大脑的主观反应，没有光波刺激，就没有颜色感觉。因此，在学习印刷色彩学时既要注重颜色理论的学习，同时也要注重颜色实践的锻炼。

第一篇

理解颜色

光 与 色

2.1 光 与 光 源

当我们欣赏着自然界红花、绿叶、蓝天、白云,当我们欣赏着五颜六色、款式各异的服装,当我们看着商店里琳琅满目、色彩缤纷的商品……我们不应该忘记,这些归根结底都是光的作用。没有光,就没有我们这个绚丽多彩的世界,光是人类生存的基本要素。

2.1.1 光的本质

通常我们所说的光,是能够作用于人的眼睛,并引起明亮视觉的电磁辐射。电磁辐射的波长范围很广,最短的宇宙射线波长只有 $10^{-14} \sim 10^{-15}$ m,最长的交流电波长可达数千千米。在如此广阔的电磁辐射范围里,只有 $380 \sim 780$ nm(1 nm $= 10^{-9}$ m)波长的电磁辐射能够引起人眼的视觉,被称为可见光,如彩图 1 所示。

颜色形成的第一个要素就是光,由此可见光与颜色有着密不可分的联系。事实表明,没有光,人们就无法感觉出物体的颜色,也就是说,光是色的源泉,色是光的表现。

长期以来,人们一直在研究着光与色两者的关系。早在 1666 年,牛顿在英国剑桥大学实验室里就做了著名的色散实验,如彩图 2 所示。

实验把白光经过三棱镜折射,然后投射到白色屏幕上,会显出一条像彩虹一样色光带谱,依次是红、橙、黄、绿、青、蓝、紫七色。

表 2 - 1　常见色光及其对应波长

光色	波长 λ（nm）	代表波长 λ（nm）
红（Red）	780 ~ 630	700
橙（Orange）	630 ~ 600	620
黄（Yellow）	600 ~ 570	580
绿（Green）	570 ~ 500	550
青（Cyan）	500 ~ 470	500
蓝（Blue）	470 ~ 420	470
紫（Violet）	420 ~ 380	420

2.1.2 光源

光是由光源发出的。在物理学上，能发出一定波长范围电磁波（包括可见光与紫外线、红外线、X光线等不可见光）的物体都称为光源，通常指能发出可见光的发光体。光源可以分为自然光源和人工光源，最典型的自然光源就是太阳、恒星等，日光灯、白炽灯等属于人工光源。

2.1.2.1 光源的光谱分布

在进行物体表面色的计算之前，我们还必须了解光源的特性——相对光谱功率分布。一般的光源是不同波长的色光混合而成的复色光，如果将它的光谱中每种色光的强度用传感器测量出来，就可以获得不同波长色光的辐射能的数值。图2-1就是一种用来测量各波长色光的辐射能仪器的简要原理图，这种仪器称为分光辐射度计。

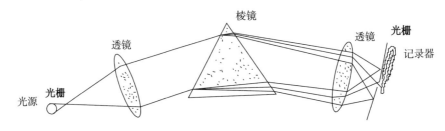

图2-1 分光辐射度计原理图

图2-1表明，光源经过左边的隙缝和透镜变成平行光束，投向棱镜的入射平面，当入射光通过棱镜时，由于折射，不同波长的色光，以不同的角度弯折，从棱镜的出射平面射出。任何一种分解后的光谱色光在离开棱镜时，仍保持为平行光，再由右边的透镜聚光，通过隙缝射在光电接收器上转换为电能。如果右边的隙缝是可以移动的，就可以把光谱中任意一种谱色挑选出来，所以，在光电接收器上记录的是光谱中各种不同波长色光的辐射能。若以 Φ_e 表示光的辐射能，λ 表示光谱色的波长，则定义：在以波长 λ 为中心的微小波长范围内的辐射能与该波长的宽度之比称为光谱密度。写成数学形式：

$$\Phi_e(\lambda) = \mathrm{d}\Phi_e/\mathrm{d}\lambda \qquad (\mathrm{W/nm}) \qquad (2-1)$$

光谱密度表示了单位波长区间内辐射能的大小。通常光源中不同波长色光的辐射能是随波长的变化而变化的，因此，光谱密度是波长的函数。光谱密度与波长之间的函数关系称为光谱分布。

在实用上更多的是以光谱密度的相对值与波长之间的函数关系来描述光谱分布，称为相对光谱功率分布，记为 $S(\lambda)$。相对光谱能量分布可用任意值来表示，但通常是取波长 $\lambda = 560\mathrm{nm}$ 处的辐射能量为100，作为参考点，与之进行比较而得出的。若以光谱波长 λ 为横坐标，相对光谱功率分布 $S(\lambda)$ 为纵坐标，就可以绘制出光源相对光谱功率分布曲线。

知道了光源的相对光谱功率分布，就知道了光源的颜色特性。反过来说，光源的颜色特性，取决于在发出的光线中，不同波长上的相对能量比例，而与光谱密度的绝对值无关。绝对值的大小只反映光的强弱，不会引起光源颜色的变化。

实际光源的能量分布不是完全均匀一致的，也没有一种完全的白光；然而，尽管这些光源（自然光或人造光）在光谱分布上有很大的不同，在视觉上也有差别，但由于人眼有很大的适应性，因此，习惯上把这些光都称为"白光"。但是在色彩的定量研究中，1931 年 CIE 建议，以等能量光谱作为白光的定义，等能白光的意义是：以辐射能做纵坐标，光谱波长为横坐标，则它的光谱能量分布曲线是一条平行横轴的直线。即：$S(\lambda) = C$（常数）。等能白光分解后得到的光谱称为等能光谱，每一波长为 λ 的等能光谱色色光的能量均相等。

表 2 - 2 和图 2 - 2 列出了部分 CIE 标准照明体的相对光谱能量分布数据和图形表示。

表 2 - 2 CIE 标准照明体的相对光谱功率分布

波长/nm	A	C	D_{50}	D_{55}	D_{65}	D_{75}	波长/nm	A	C	D_{50}	D_{55}	D_{65}	D_{75}
300	0.93		0.02	0.02	0.03	0.04	570	107.18	102.30	97.74	97.22	96.33	95.62
305	1.13		1.03	1.05	1.66	2.59	575	110.80	100.15	98.33	97.48	96.06	94.91
310	1.36		2.05	2.07	3.29	5.13	580	114.44	97.80	98.92	97.75	95.79	94.21
315	1.62		4.91	6.651	11.77	17.47	585	118.08	95.43	96.21	94.59	92.24	90.60
320	1.93	0.01	7.78	11.22	20.24	29.81	590	121.73	93.20	93.50	91.43	88.69	87.00
325	2.27	0.20	11.26	15.94	28.64	42.37	595	125.39	91.22	95.59	92.93	89.35	87.11
330	2.66	0.40	14.75	20.65	37.05	54.93	600	129.04	89.70	97.69	94.42	90.01	87.23
335	3.10	1.55	16.35	22.27	38.50	56.09	605	132.70	88.83	98.48	94.78	89.80	86.68
340	3.59	2.70	17.95	23.88	39.95	57.26	610	136.35	88.40	99.27	95.14	89.60	86.14
345	4.14	4.85	19.48	25.85	42.43	60.00	615	139.99	88.19	99.16	94.68	88.65	84.86
350	4.74	7.00	21.01	27.82	44.91	62.74	620	143.62	88.10	99.04	94.22	87.70	83.58
355	5.41	9.95	22.48	29.22	45.78	62.86	625	147.24	88.06	97.38	92.33	85.49	81.16
360	6.14	12.90	23.94	30.62	46.64	62.98	630	150.84	88.00	95.72	90.45	83.29	78.75
365	6.95	17.20	25.45	32.46	49.36	66.65	635	154.42	87.86	97.29	91.39	83.49	78.59
370	7.82	21.40	26.96	34.31	52.09	70.31	640	157.98	87.80	98.86	92.33	83.70	78.43
375	8.77	27.50	25.72	33.45	51.03	68.51	645	161.52	87.99	97.26	90.59	81.86	76.61
380	9.80	33.00	24.49	32.58	49.98	66.70	650	165.03	88.20	95.67	88.85	80.03	74.80
385	10.90	39.92	27.18	35.34	52.31	68.33	655	168.51	88.20	96.93	89.59	80.12	74.56
390	12.09	47.40	29.87	38.09	54.65	69.96	660	171.96	87.90	98.19	90.32	80.21	74.32
395	13.35	55.17	39.59	49.52	68.70	85.95	665	175.38	87.22	100.60	92.13	81.25	74.87
400	14.71	63.30	49.31	60.95	82.75	101.93	670	178.77	86.30	103.00	93.95	82.28	75.42
405	16.15	71.81	52.91	64.75	87.12	106.91	675	182.12	85.30	101.07	91.95	80.28	73.50
410	17.68	80.60	56.51	68.55	91.49	111.89	680	185.43	84.00	99.13	89.96	78.28	71.58
415	19.29	89.53	58.27	70.07	92.46	112.35	685	188.70	82.21	93.26	84.82	74.00	67.71

续表

波长/nm	A	C	D_50	D_55	D_65	D_75	波长/nm	A	C	D_50	D_55	D_65	D_75
420	21.00	98.10	60.03	71.58	93.43	112.80	690	191.93	80.20	87.38	79.68	69.72	63.85
425	22.79	105.80	58.93	69.75	90.06	107.94	695	195.12	78.24	89.49	81.26	70.67	64.46
430	24.67	112.40	57.82	67.91	86.68	103.09	700	198.26	76.30	91.60	82.84	71.61	65.08
435	26.64	117.75	66.32	76.76	95.77	112.14	705	201.36	74.36	92.25	83.84	72.98	66.57
440	28.70	121.50	74.82	85.61	104.87	121.20	710	204.41	72.40	92.89	84.84	74.35	68.07
445	30.85	123.45	81.04	91.80	110.94	127.10	715	207.41	70.40	84.87	77.54	67.98	62.26
450	33.09	124.00	87.25	97.99	117.01	133.01	720	210.37	68.30	76.85	70.24	61.60	56.44
455	35.41	123.60	88.93	99.23	117.41	132.68	725	213.27	66.30	81.68	74.77	65.74	60.34
460	37.81	123.10	90.61	100.46	117.81	132.36	730	216.12	64.40	86.51	79.30	69.89	64.24
465	40.30	123.30	90.99	100.19	116.34	129.84	735	218.92	62.80	89.55	82.15	72.49	66.70
470	42.87	123.80	91.37	99.91	114.86	127.32	740	221.67	61.50	92.58	84.99	75.09	69.15
475	45.52	124.09	93.24	101.33	115.39	127.06	745	224.36	60.20	85.40	78.44	69.34	63.89
480	48.24	123.90	95.11	102.74	115.92	126.80	750	227.00	59.20	78.23	71.88	63.59	58.63
485	51.04	122.92	93.54	100.41	112.37	122.29	755	229.59	58.50	67.96	62.34	55.01	50.62
490	53.91	120.70	91.96	98.08	108.81	117.78	760	232.12	58.10	57.69	52.79	46.42	42.62
495	56.85	116.90	93.84	99.38	109.08	117.19	765	234.59	58.00	70.31	64.36	56.61	51.98
500	59.86	112.10	95.72	100.68	109.35	116.59	770	237.01	58.20	82.92	75.93	66.81	61.35
505	62.93	106.98	96.17	100.69	108.58	115.15	775	239.37	58.50	80.60	73.87	65.09	59.84
510	66.06	102.30	96.61	100.70	107.80	113.70	780	241.68	59.10	78.27	71.82	63.38	58.32
515	69.25	98.81	96.87	100.34	106.30	111.18	785	243.92		78.91	72.38	63.84	58.73
520	72.50	96.90	97.13	99.99	104.79	108.66	790	246.12		79.55	72.94	64.30	59.14
525	75.79	96.78	99.61	102.10	106.24	109.55	795	248.25		76.48	70.14	61.88	56.94
530	79.13	98.00	102.10	104.21	107.69	110.44	800	250.33		73.40	67.35	59.45	54.73
535	82.52	99.94	101.43	103.16	106.05	108.37	805	252.35		68.66	63.04	55.71	51.32
540	85.95	102.10	100.75	102.10	104.41	106.29	810	254.31		63.92	58.73	51.96	47.92
545	89.41	103.95	101.54	102.53	104.23	105.60	815	256.22		67.35	61.86	54.70	50.42
550	92.91	105.20	102.32	102.97	104.05	104.90	820	258.07		70.78	64.99	57.44	52.92
555	96.44	105.67	101.16	101.48	102.02	102.45	825	259.87		72.61	66.65	58.88	54.23
560	100.00	105.30	100.00	100.99	100.00	100.00	830	261.60		74.44	68.31	60.31	55.54
565	103.58	104.11	98.87	98.61	98.17	97.81							

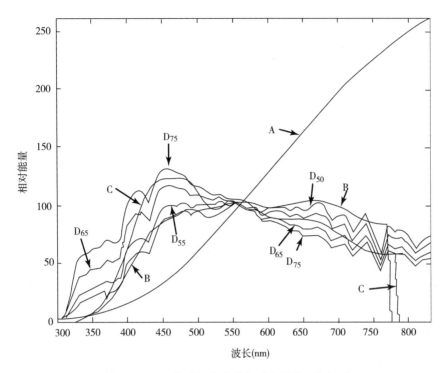

图 2 - 2　CIE 标准照明体的相对光谱能量分布图

2.1.2.2　标准照明体及光源

光源是颜色形成的非常重要的要素，光源的好坏直接影响着对颜色的评价。一件蓝色的物品，在日光下显示是蓝色，但是，当拿到其他光源下，比如，高压钠灯，就会发现物品变成了黑色。因此为了统一颜色测量的标准，CIE 曾经推荐标准照明体和标准光源。

在 GB/T 3978—2008《标准照明体和照明观测条件》中，对照明体、色度学标准照明体、色度学标准光源进行了定义。照明体是指"在影响物体颜色视觉的整个波长范围内所定义的相对光谱功率分布"；CIE 标准照明体是"由 CIE 用相对光谱功率分布定义的照明体 A 和照明体 D_{65}"；CIE 光源是"由 CIE 规定的人工光源，其相对光谱功率分布近似于 CIE 标准照明体的相对光谱功率分布"。

在普通色度学中，规定使用以下六种标准照明体，其相对光谱功率分布见表 2 - 2。

照明体 A：应为完全辐射体在绝对温度 2856K（根据 1990 年国际实用温标）时发出的光。照明体 A 的相对光谱功率分布根据普朗克辐射定律计算。

照明体 C：代表相关色温大约为 6774K 的平均日光，光色近似阴天天空的昼光。

照明体 D_{50}、D_{55}、D_{65}、D_{75}：代表相关色温分别为 5003K、5503K、6504K 和 7504K 时的昼光。

2.2　颜色的形成

物质世界的光波作用于视觉系统后所形成的感觉可以分为两类：一类是形象感；一类是

颜色感觉。根据国家标准 GB/T 5698—2001，颜色定义为"光作用于人眼引起除形象以外的视觉特性"。因此，颜色是光波作用于人的视觉系统后所产生一系列复杂生理和心理反应的综合效果。要产生颜色感觉，需要四个要素，即光源、物体、眼睛和大脑，如图 2－3 所示。

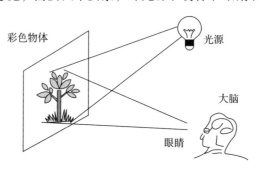

图 2－3　颜色的形成

按照颜色的视觉特征，颜色可分为非彩色和彩色两大类。非彩色指白色、黑色及白与黑之间深浅不同的灰色所构成的颜色系列，也称为中性色、消色或中性灰。彩色是指白黑非彩色系列以外的所有颜色。如各种光谱色均为彩色。

按照颜色形成的物理机制的不同，颜色又有光源色、物体色及荧光色之分。自身发光形成的颜色，一般称之为光源色；自身不发光，凭借其他光源照明，通过反射或透射而形成的颜色，称为物体色；物体受光照射激发所产生的荧光及反射或透射光共同形成的颜色，称为荧光色。

2.3　光度学基础

光度学（photometry）是 1760 年由朗伯建立的，它是指在可见光波段内，考虑到人眼的主观因素后的相应计量学科，即定量地测定光的明亮程度的科学。由光度学得到的规格化的明亮度量称为光度量（photometric quantity）。

2.3.1　光度量

光度量都是用对应的辐通量乘光谱光视效率得到的。光度量是由视觉心理来评价物理量时得到的量，称为心理物理量（psychophysical quantity）。光度量包括光能量、光通量、发光强度、照度、光出射度、亮度等，每个物理量都有确定的含义和单位。

表 2－3　光度量的基本概念及关系

名称	符号	定义方程	单位	单位符号
光能量	Q	－	流明秒 流明时	lm · s lm · h
光通量	Φ	$\Phi = dQ/dt$	流明	lm

续表

名称	符号	定义方程	单位	单位符号
发光强度	I	$I = \mathrm{d}Q/\mathrm{d}\Omega$	坎德拉	cd
（光）亮度	L	$L = \mathrm{d}^2\Phi/\mathrm{d}\Omega\mathrm{d}S\cos\theta$ $= \mathrm{d}I/\mathrm{d}S\cos\theta$	坎德拉 每平方米	cd · m^{-2}
光出射度	M	$M = \mathrm{d}\Phi/\mathrm{d}S$	流明每平方米	lm · m^{-2}
（光）照度	E	$E = \mathrm{d}\Phi/\mathrm{d}S$	勒克斯 （流明每平方米）	lx （lm · m^{-2}）

2.3.1.1 光能量

光能量（luminous energy），也称光量，是光通量与照射时间的乘积，用 Q 表示，单位流明秒（lumen second），符号 lm · s。

如果光通量在照射时间之内随时间而变化，则其光能量为光通量对时间的积分，即：

$$Q = \int \Phi(t)\mathrm{d}t \tag{2-2}$$

如果光通量在照射时间之内恒定不变，则光能量应为

$$Q = \Phi t \tag{2-3}$$

2.3.1.2 光通量

光通量（luminous flux）是用光视效能评价辐通量得到的量，即能够被人眼视觉系统所感受到的那部分辐射功率的大小的量度。由光源向各个方向射出的光功率，也即每一单位时间射出的光能量，以 Φ 表示，单位为流明（lumen），符号 lm。

$$\Phi = \frac{\mathrm{d}Q}{\mathrm{d}t} \tag{2-4}$$

2.3.1.3 发光强度

发光强度（luminous intensity）是光源在指定方向单位立体角内包含的光通量，以 I 表示，单位为坎德拉（candela，简称 cd）。1 坎德拉表示在单位立体角内辐射出 1 流明的光通量。

$$I = \frac{\mathrm{d}\Phi}{\mathrm{d}\Omega} \tag{2-5}$$

Ω 为立体角，单位球面度（steradian），符号 sr，是指规定在半径 r 的球面上面积为 r^2 的面元对球心的张角为 1sr。因为球面的面积为 $4\pi r^2$，所以整个球面的立体角为 4πsr。

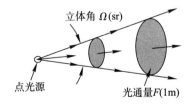

图 2-4 立体角示意图

从以上的定义可知，发光强度 I 描述了光源在某一方向上发光的强弱程度，其中包含了

光源发光的方向性。上式可以改写为：

$$\Phi = \int_{\Omega} I \cdot \mathrm{d}\Omega \qquad (2-6)$$

因此，根据式（2-5），图2-4中某一方向（φ，θ）上的发光强度应表征为：

$$I(\varphi,\theta) = \frac{\mathrm{d}\Phi(\varphi,\theta)}{\mathrm{d}\Omega} \qquad (2-7)$$

式中　$\mathrm{d}\Omega$ 为该方向的立体角元，即：

$$\mathrm{d}\Omega = \frac{\mathrm{d}A}{r^2} = \frac{r\sin\theta\mathrm{d}\varphi \cdot r\mathrm{d}\theta}{r^2} = \sin\theta\mathrm{d}\theta\mathrm{d}\varphi \qquad (2-8)$$

因此，

$$I(\varphi,\theta) = \frac{\mathrm{d}\Phi(\varphi,\theta)}{\sin\theta\mathrm{d}\theta\mathrm{d}\varphi} \qquad (2-9)$$

则光源的总光通量为：

$$\Phi = \int I \cdot \mathrm{d}\Omega(\varphi,\theta) = \int_0^{2\pi}\mathrm{d}\varphi \cdot \int_0^{2\pi} I(\varphi,\theta)\sin\theta\mathrm{d}\theta \qquad (2-10)$$

如果光源的 I（φ，θ）在各个方向上相同，则：

$$\Phi = 2\pi I\int_0^{2\pi}\sin\theta\mathrm{d}\theta = 4\pi I \qquad (2-11)$$

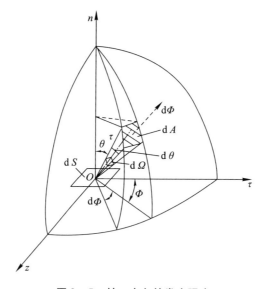

图2-5　某一方向的发光强度

实际上，光源在各个方向上的发光强度不是均匀分布的，应该按照发光强度的实际分布，以极坐标的形式画出分布曲线，即发光强度分布曲线或配光曲线。图2-6为钨丝灯泡的发光强度曲线，其中零线代表自灯垂直向下的方向，180°线代表由灯垂直向上的方向，图中20、40、60、80等数值用以表示该光源在各个方向上的发光强度值。图2-7为3000W超高压短弧氙灯的发光强度分布曲线，其中1、2、3、4等数值用以示意相应方向上的发光强度。

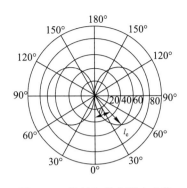

图 2-6 钨丝灯发光强度曲线

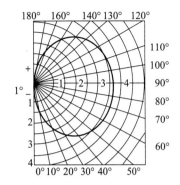

图 2-7 3000W 超高压短弧氙灯发光强度曲线

2.3.1.4 照度 E

照度（illuminance）E 是指在接收面上的一点处的光照度等于照射在包括该点在内的一个面元上的光通量 $\mathrm{d}\Phi$ 与该面元的面积 $\mathrm{d}S$ 之比，即：

$$E = \frac{\mathrm{d}\Phi}{\mathrm{d}S} \tag{2-12}$$

照度单位勒克斯，符号 lx。当 1lm 的光通量均匀地照射在 $1m^2$ 的面积上时，这个面上的照度就是 1lx，即 $1lx = 1lm/m^2$。

居家的一般照度建议在 $100 \sim 300$ lx 之间。一些日常的代表性照度：烈日 100000 lx，阴天 8000 lx，绘图 600 lx，阅读 500 lx，夜间棒球场 400 lx，办公室、教室 300 lx，路灯 5 lx，满月 0.2 lx，星光 0.0003 lx。

在国际标准 ISO 3664：2009《Graphic technology and photography——Viewing conditions》中规定了印刷品比较时的照度为（2000 ± 500）lx，最好是（2000 ± 250）lx，印刷品实际评价时的照度为（500 ± 125）lx。

2.3.1.5 光出射度

光出射度（luminous existence）M：离开光源表面一点处的面元的光通量 $\mathrm{d}\Phi$ 与该面元的面积 $\mathrm{d}S$ 之比，即：

$$M = \frac{\mathrm{d}\Phi}{\mathrm{d}S} \tag{2-13}$$

单位流明每平方米（lm/m^2）。光出射度在数值上等于单位面积光源所发射出的光通量。

照度 E 和光出射度 M 的表达式完全相同，但含义不同。照度 E 描述的是光接受面的光度特性，光出射度 M 描述面光源向外发出光辐射的特性。

2.3.1.6 亮度

亮度（luminance）L 描述了光源在单位面积上的发光强度，单位是坎德拉每平方米（cd/m^2）。

光源在某一方向上的发光能力可以用发光强度来表示，但要比较两种不同类型光源的明亮程度，就需要用到亮度这个光度量，它描述了光源在单位面积上的发光强度，即：

$$L = \frac{\mathrm{d}I}{\mathrm{d}S\cos\theta} = \frac{\mathrm{d}^2\Phi}{\mathrm{d}\Omega\mathrm{d}S\cos\theta} \tag{2-14}$$

式中 θ 为给定方向与单位面积元 dS 法线方向的夹角，如图 2-8 所示。

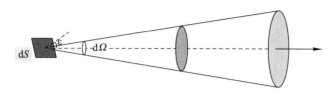

图 2-8　亮度定义示意图

亮度是显示器、投影仪等产品的重要的技术指标，亮度要控制在合理的范围，如 ISO 3664—2009 规定：用于软打样的彩色显示器的亮度不低于 80cd/m²，最好不低于 160cd/m²。

需要注意的是，较亮的产品不见得就是较好的产品，显示器画面过亮常常会令人感觉不适，一方面容易引起视觉疲劳，同时也使纯黑与纯白的对比降低，影响色阶和灰阶的表现。因此提高显示器亮度的同时，也要提高其对比度，否则就会出现整个显示屏发白的现象。此外亮度的均匀性也非常重要，但在液晶显示器产品规格说明书里通常不做标注。亮度均匀与否与背光源与反光镜的数量与配置方式息息相关，品质较佳的显示器，画面亮度均匀，柔和不刺目，无明显的暗区。

2.3.2　光度学基本定律

2.3.2.1　朗伯余弦定律

一般说来，辐射源所发出的辐射能通量，其空间方向的分布很复杂，这给辐射量的计算带来很大的麻烦。但在自然界中存在一类特殊的辐射源，它们的辐射亮度与辐射方向无关，例如太阳、荧光屏、毛玻璃灯罩、坦克表面等都近似于这类辐射源。人们把这种辐射亮度与辐射方向无关的辐射源称为漫辐射源。

由式（2-14）知道，在发光面法线成 θ 角方向的亮度为：

$$L_\theta = I_\theta / (dS\cos\theta) \qquad (2-15)$$

式中　I_θ——θ 角方向上的发光强度。

在法线方向上的亮度为：

$$L_0 = I_0 / dS \qquad (2-16)$$

如果发光面或漫射表面的亮度不随方向改变，则在法线方向和成 θ 角方向的亮度相等，因此：

$$L_\theta = L_0 = I_\theta / (dS\cos\theta) = I_0 / dS \qquad (2-17)$$

即

$$I_\theta = I_0\cos\theta \qquad (2-18)$$

上式即为朗伯余弦定理的数学表达式。朗伯余弦定律描述了辐射源向半球空间内的辐射亮度沿高低角变化的规律，即理想反射体单位表面积向空间某方向单位立体角反射（发射）的辐射亮度与表面法线夹角的余弦成正比。漫反射体的辐射亮度分布遵从朗伯余弦定律，自身发射的黑体辐射源也遵从朗伯余弦定律，凡辐射亮度遵从朗伯余弦定律的辐射源称为朗伯辐射源。

2.3.2.2　光传播定律

图 2-9 为光传播定律示意图，dS_1 为朗伯面光源，它以相同的亮度向各个方向发出光

辐射，面元 dS_1 为受光面，距离为 r，则 dS_1 向 dS_2 面发出的光通量为：

$$d\Phi = L dS_1 \cos\theta_1 d\Omega \tag{2-19}$$

其中 $d\Omega$ 为面元 dS_1 的中心对面元 dS_2 的投影面积所张的立体角：

$$d\Omega = \frac{dS_2 \cos\theta_2}{r^2} \tag{2-20}$$

将式（2-20）代入（2-19）得：

$$d\Phi = L \frac{dS_1 \cos\theta_1 dS_2 \cos\theta_2}{r^2} \tag{2-21}$$

式（2-21）即为光传播定律。

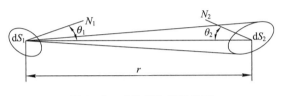

图 2-9　光传播定律示意图

2.4　物体的光谱特性

当光照射到物体上时，会产生诸如透射、反射、散射、吸收、折射、衍射等许多物理现象，对于颜色产生起主要作用的是透射、反射、吸收，以及荧光物质的激励。

2.4.1　透射

光照射在透明体或半透明体（如玻璃、滤色片等）后，经过折射穿过物体后照射出来的现象叫作透射。透明体透过光的程度用透射率来表示，即入射光通量 Φ_i 与透过后的光通量 Φ_τ 之比 τ，如图 2-10 所示。表示为：

$$光透射率（比）\tau = \frac{\Phi_\tau}{\Phi_i} \tag{2-22}$$

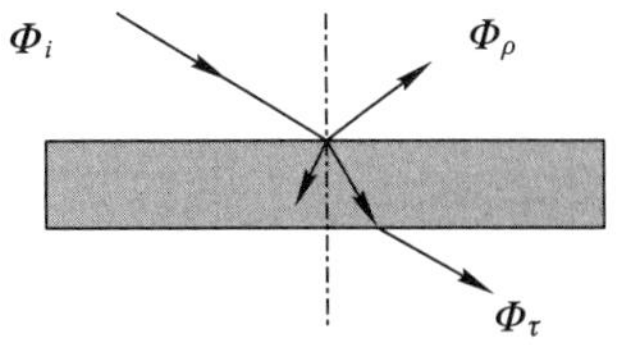

图 2-10　透射、吸收和反射示意图

Φ_i–入射光通量；Φ_ρ–反射光通量；Φ_τ–透射光通量

从色彩的观点来说，每一个透明体都能够用光谱透射率分布曲线来描述，此光谱透射率分布曲线为一相对值分布。所谓光谱透射率定义为从物体透射出的波长 λ 的光通量 $\Phi_\tau(\lambda)$ 与入射于物体上的波长 λ 的光通量 $\Phi_i(\lambda)$ 之比。表示为

$$光谱透射率（比）\tau(\lambda) = \frac{\Phi_\tau(\lambda)}{\Phi_i(\lambda)} \tag{2-23}$$

因此，由式（2-22）和（2-23）可以得到物体的总的透射比为：

$$\tau = \frac{\int_\lambda \Phi_\tau(\lambda)\,\mathrm{d}\lambda}{\int_\lambda \Phi_i(\lambda)\,\mathrm{d}\lambda} = \frac{\int_\lambda \Phi_i(\lambda)\tau(\lambda)\,\mathrm{d}\lambda}{\int_\lambda \Phi_i(\lambda)\,\mathrm{d}\lambda} \qquad (2-24)$$

通常在测量透射样品的光谱透射率时，还应以与样品相同厚度的空气层或参比液作为标准进行比较测量。

2.4.2 反射

一束光线投射到一个不透明的物体上，将有一部分光被反射，余下的光将被物体表面吸收。

为了表征不透明物体对光的反射程度，用反射率表示。光反射率可以定义为"被物体表面反射的光通量 Φ_ρ 与入射到物体表面的光通量 Φ_i 之比"。用公式表示为：

$$光反射率（比）\rho = \frac{\Phi_\rho}{\Phi_i} \qquad (2-25)$$

同理。从色彩的观点来说，每一个反射物体对光的反射效应，能够以光谱反射率分布曲线来描述。光谱反射率 $\rho(\lambda)$ 定义为在波长 λ 的光照射下，样品表面反射的光通量 $\Phi_\rho(\lambda)$ 与入射光通量 $\Phi_i(\lambda)$ 之比。表示为：

$$光谱反射率（比）\rho(\lambda) = \frac{\Phi_\rho(\lambda)}{\Phi_i(\lambda)} \qquad (2-26)$$

因此，由式（2-25）和（2-26）可以得到物体的总的反射比为：

$$\rho = \frac{\int_\lambda \Phi_\rho(\lambda)\,\mathrm{d}\lambda}{\int_\lambda \Phi_i(\lambda)\,\mathrm{d}\lambda} = \frac{\int_\lambda \Phi_i(\lambda)\rho(\lambda)\,\mathrm{d}\lambda}{\int_\lambda \Phi_i(\lambda)\,\mathrm{d}\lambda} \qquad (2-27)$$

印刷品是典型的反射样品，黄、红、绿、蓝等典型的光谱反射曲线如图 2-11 所示。

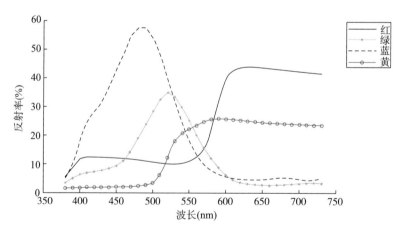

图 2-11　部分典型颜色的光谱反射率曲线

2.4.3 吸收

物体对光的吸收有两种形式。如果物体对入射白光中所有波长的光都等量吸收，称为非选择性吸收。例如白光通过灰色滤色片时，一部分白光被等量吸收，使白光能量减弱而变暗。如果物体对入射光中某些色光比其他波长的色光吸收程度大，或者对某些色光根本不吸收，这种不等量地吸收入射光称为选择性吸收。例如白光通过黄色滤色片时，蓝光被吸收，其余色光均可透过。

物体表面的物质之所以能吸收一定波长的光，是由物质的化学结构所决定的。可见光的频率为 $4.3 \times 10^{14} \sim 7.2 \times 10^{14}$，不同物体由于其分子和原子结构不同，就具有不同的本征频率，因此，当入射光照射在物体上，某一光波的频率与物体的本征频率相匹配时，物体就吸收这一波长（频率）光的辐射能，使电子的能级跃迁到高能级的轨道上，这就是光吸收。

在光的照射下，光粒子与物质的微粒作用，这些物质吸收某些波长的光粒子，而不吸收另外一些波长的光粒子，使得不同物质具有不同的颜色。例如，油墨的颜色是颜料的分子结构所决定的。分子结构的某些基团吸收某种波长的光，而不吸收另外波长的光，从而使人觉得好像这一物质"发出颜色"似的，因此把这些基团称为"发色基团"。例如，无机颜料结构中有发色团，如铬酸盐颜料的发色团是 $Cr_2O_7^{2-}$（重铬酸根），呈黄色；氧化铁颜料的发色团是 Fe^{2+}、Fe^{3+} 呈红色；铁蓝颜料的发色团是 $Fe(CN)_6^{4-}$ 呈蓝色。这些不同的分子结构对光波有选择性地吸收，反射出不同波长的光。

表面覆盖了涂料的物体，对于不透明的涂料来说，颜料颗粒反射回的光还受到颜料连结料性质的影响；如果涂料是透明的，物体的颜色不仅取决于涂料的颜色，还很大程度上决定于涂料层下物体的颜色。

白光投射到非选择性吸收物体上时，各种波长的光被吸收的程度一样，所以，从物体上反射或透射出来的光谱成分不变，即这类物体对于各种波长的光的吸收是均等的，产生消色的效果。

光照射到非选择性吸收的物体上，反射或透射出来的光与入射光的强度相比，有不同程度的减少。反射率不到10%的非选择性吸收的物体的颜色称为黑色；反射率在75%以上的非选择性吸收的物体的颜色称为白色。非选择性吸收的物体对白光反射率的大小标志着物体的黑白的程度。

2.4.4 荧光

荧光是一种光致发光的冷发光现象。当某种常温物质经某种波长的入射光（通常是紫外线或 X 射线）照射，吸收光能后进入激发态，并且立即退激发并发出出射光（通常波长比入射光的波长长，在可见光波段）；而且一旦停止入射光，发光现象也随之立即消失。具有这种性质的出射光就被称为荧光。

为了提高印刷材料，如纸张的白度，常常使用荧光增白剂。荧光增白剂是一种荧光染料，或称为白色染料，也是一种复杂的有机化合物。它的特性是能激发入射光线产生荧光，使所染物质获得类似荧石的闪闪发光的效应，使肉眼看到的物质很白，达到增白的效果。

荧光增白剂可以吸收不可见的紫外光（300～400nm），转换为波长较长的蓝光或紫色的可见光（400～500nm），因而可以掩盖纸张中不想要的微黄色，同时反射出比原来入射的波长在400～600nm范围更多的可见光，从而使制品显得更白、更亮、更鲜艳。在日常生活中，接触荧光剂的机会很多，只要不超过一定标准，会给我们生活带来不少好处，如果过量地与它接触，会对人体造成伤害。

复习思考题

1. 什么是颜色？
2. 颜色形成的要素有哪些？
3. 什么是光源的光谱功率相对分布？
4. 什么的照明体，什么是标准光源？二者是否相同？
5. 常用的标准照明体有哪些？
6. 什么是亮度和照度，二者有何区别？
7. 什么的反射率，什么是光谱反射率？二者有何关系？
8. 请画出品红、青的光谱反射率曲线示意图。

第三章

眼睛和视觉

　　眼睛是人最重要的感觉器官，它所提供的视觉信息量大约是所有感觉器官获得信息总量的80％以上。眼睛每天承担着繁重的捕捉外部视觉信息的任务，人们从每天早上睁开眼睛那一刻始，直到休息时闭上眼睛为止，眼睛一直在从事着观察、收集光信号的工作，并且把这些信号通过视神经迅速传递给大脑。如果没有眼睛的辛勤工作，人们就与五颜六色的世界无缘了。

　　作为从事颜色复制的工作者，了解眼睛的结构和概念及其功能是十分必要的。

3.1　眼球的构造及各部分的主要功能

　　人的眼睛近似球状体，前后直径约为 23～24mm，横向直径约为 20mm，通常称为眼球。眼球是由屈光系统和感光系统两部分构成的。如彩图 3 所示。

3.1.1　眼球壁

　　眼球壁由三层质地不同的膜组成。

　　（1）角膜和巩膜。

　　眼球壁的最外层是角膜和巩膜。角膜在眼球的正前方，约占整个眼球壁面积的1/6，是一层厚约1mm的透明薄膜，折射率为1.336。角膜的作用是将进入眼内的光线进行聚焦，即使光线折射并集中进入眼球。巩膜是最外层中、后部色白而坚韧的膜层，约占整个眼球壁面积的5/6，厚度约为0.4～1.1mm，也就是我们的"眼白"，它的作用是保护眼球。

　　（2）虹膜、脉络膜和睫状体。

　　虹膜、脉络膜和睫状体组成了眼球壁的中层。虹膜是位于角膜之后的环状膜层，它将角膜和晶状体之间的空隙分成两部分：眼前房和眼后房。虹膜的内缘称为瞳孔，它的作用如同照相机镜头上的光圈，可以自动控制入射光量。虹膜可以收缩和伸展，使瞳孔在光弱时放大，光强时缩小，直径可在2～8mm范围内变化。

　　睫状体在巩膜和角膜交界处的后方，由脉络膜增厚形成，它内含平滑肌，功能就是支持晶状体的位置，调节晶状体的凸度（曲率）。脉络膜的范围最广，紧贴巩膜的内面，厚约0.4mm，含有丰富黑色素细胞。它如同照相机的暗箱，可以吸收眼球内的杂散光线，保证光

线只从瞳孔内射入眼睛，以形成清晰的影像。

（3）视网膜。

这是眼球壁最里面的一层透明薄膜，贴在脉络膜的内表面，厚度约 0.1～0.5mm。视网膜上面分布着大量的视觉感光细胞：锥体细胞和杆体细胞，是眼睛的感光部分，其作用如同照相机中的感光材料。在眼球后面的中央部分，视网膜上有一特别密集的细胞区域，其颜色为黄色，称为黄斑区，直径约 2～3mm，黄斑区中央有一小窝，叫作中央窝，该处是视觉最敏锐的地方。黄斑距鼻侧约 4mm，有一圆盘状为视神经乳头，由于它没有感光细胞，也就没有感光能力，所以称为盲点。外界物体的光信号在视网膜上形成影像，并由此处的视神经内段向大脑传递信息。

3.1.2 眼球内容物

眼球的屈光系统除了角膜外还包括眼球内容物（晶状体、房水和玻璃体），它们的一个共同特点是透明，可以使光线畅通无阻。

（1）晶状体。

晶状体是有弹性的透明体，位于视网膜和玻璃体之间，通过悬韧带和睫状体连接，性质如双凸透镜，作用如同照相机的镜头。它能够由周围肌肉组织调节厚薄，根据观察景物的远近自动拉扁减薄或缩圆增厚，对角膜聚焦后的光线进行更精细的调节，保证外界景物的影像恰好聚焦在视网膜上。在未调节的状态下，它前面的曲率半径大于后面的曲率半径，折射率从外层到内层约为 1.386～1.437。

（2）房水。

角膜与晶体之间充满了透明的液体——房水，它是水样透明液体，折射率为 1.336。房水由睫状体产生，充满于眼球房（角膜和虹膜之间）和眼后房（虹膜和晶状体之间）。它的功能是使角膜和晶状体无血管组织的新陈代谢，维持眼睛的内压。

（3）玻璃体。

晶状体的后面则是透明的胶状液——玻璃体，内含星形细胞，外面包以致密的纤维层。它的折射率约为 1.336。

由角膜、虹膜、房水、晶状体和玻璃体等共同组成了一个接收光线的精密的光学系统。

3.1.3 视网膜

视网膜是一层很薄但又非常复杂的结构，它贴于眼球的后壁部，传递来自视网膜感受器冲动的神经纤维跨越视网膜表面，经由视神经到达出口。视网膜的分辨力是不均匀的，在黄斑区，其分辨能力最强。视网膜主要由三层组成。第一层是视细胞层，用于感光，它包括锥体细胞和杆体细胞；第二层是双节细胞层，约有十到数百个视细胞，通过双节细胞与一个神经节细胞相联系，负责联络；第三层是节细胞层，专管传导。

从光学观点出发，视网膜是眼光学系统的成像屏幕，它是一凹形的球面。视网膜的凹形弯曲有两个优点：一是眼光学系统形成的像有凹形弯曲，所以弯曲的视网膜作为成像屏具有适应的效果；二是弯曲的视网膜具有更宽广的视野。

在视网膜上既有锥体细胞，又有杆体细胞，它们在整个视网膜上的分布如图 3-1 所示。

杆体细胞大约有 1.2 亿个，均匀地分布在整个视网膜上，其形状细长，可以接受微弱光线的刺激，能够分辨物体的形状和运动，但是不能够分辨物体的颜色和细节。由于杆体细胞对光线极为敏感，使得我们能够在微弱光线下（如月光、星光）也能够观察到物体的存在。

锥体细胞分布在视网膜的中央窝，其密度由中间向四周逐渐减少，到达锯齿缘处完全消失。锥体细胞在解剖学中呈锥形，是人眼颜色视觉的神经末梢，与视神经是一对一的连接，便于在光亮的条件下精细地接受外界的刺激，所以锥体细胞能够分辨物体的颜色和细节。大约700万的锥体细胞密集在2°视场内，超出2°视场，则既有锥体细胞也有杆体细胞。所以在要求高清晰度、高分辨力的场合，应该采用2°视场，使物像直对视轴，而其影像恰好聚焦在中央窝内。

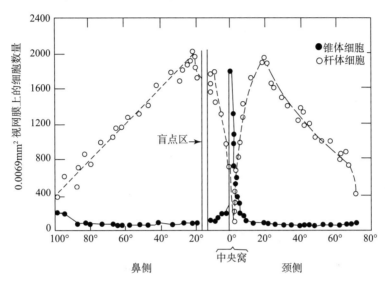

图 3 - 1　视网膜内杆体细胞和锥体细胞的密度分布

3.1.4　视网膜上像的形成

人的眼睛就像一个照相机，如图 3 - 2 所示。来自外界的光线，经过角膜以及水晶体的折射后，成像在视网膜上。物体上每一点的光线进入眼球以后会聚到视网膜的不同点上，这些点在视网膜上形成左右换位、上下倒置的影像。但是我们所感觉到的物体由于"心理回倒"，看到的并不是倒像，而是自然状态的正立的影像。

"心理回倒"是一个被证明了的心理自行调节问题。心理学家斯托顿做过一个实验，他用两片聚焦很短的凸透镜装在一个管子的两端，做成一个小型的室内望远镜，装在他的右眼上，使旁边不漏光，并且将左眼遮蔽起来。通过右眼上的望远镜来观察物体，因为望远镜所成的像是倒立的，所以在视网膜上形成的像与物体相同，是正立的。但是大脑的感觉则与平常相反，一切物体看起来都是倒立的。在开始实验的时候，他很不习惯这种情形，视觉与触觉、动觉之间经常矛盾，用手触摸物体，在空间感觉和实际行动都发生了困难，想拿上面的物体，手却伸到下面，想取右边的物体，手却伸到了左边，"觉得自己的手不听指挥"。虽然他对这种混乱现象很不习惯，但是他还是耐心坚持锻炼下去，三天后，混乱的现象消除了一些，到了第八天，混乱的现象完全消失，视觉与触觉动作非常协调，行动自如，适应这些新的空间关系了。要取什么地方的东西，就会把手伸到那里，看物体的感觉也和平常一样。

人们用眼睛去观察不同距离的物体时，要在视网膜上形成清晰的图像，必须靠眼睛的晶状体的调节作用来实现。晶状体是透明的，形状像两个凸透镜，扁圆形，中间厚，边缘薄，富有弹性的固体。随着注视物体距离的远近，晶状体前面的曲率半径能够自动精细调节，以达到形成清晰图像的目的。

对应视觉正常的人，当远近处于没有调节的自然状态时，"无限远"的物体正好成像在视网膜上，即眼睛的像方焦面正好与视网膜重合。当观察近距离物体时，晶状体周围的肌肉向内收缩，使晶状体的半径变小，这使眼睛的焦距缩短，后焦距向前移，形成清晰的影像。一般人的眼睛能够从"无限远"到250mm的范围进行调节。但是眼睛的调节能力会随着人的年龄的变化而变化，年龄越大，肌肉的调节性能越弱，因而能够看清的物体的最短距离也就越大，即"老花"。在适当的照度下，正常视觉的人看到眼前250mm的距离的物体是不费力的，而且很清楚，这个距离就称为明视距离，因此就产生了物体大小、形状及颜色的感觉和知觉，即形成了视觉。

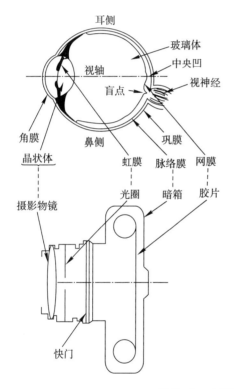

照相机	人眼
暗箱	巩膜和脉络膜
镜头	角膜和晶状体
快门	眼皮
光圈	虹膜
胶片	网膜

人眼与照相机的构造之对应关系

图3－2　人眼构造与照相机的比较

3.2　视　觉　功　能

由人们的视觉器官去完成视觉任务的能力，称为视觉功能。主要包括视觉敏锐度和对比辨认等方面。

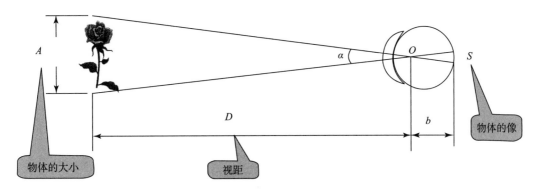

图 3 - 3　眼睛的成像示意图

3.2.1　视角、视力与视场

3.2.1.1　视角

物体在视网膜上成像的大小决定了视觉上的清晰度，可用视力和视角表示。如图 3 - 3 所示，A 为物体的大小，D 为视距（即物体距离眼睛节点的距离）。从物体的上、下两点画线相交于眼睛的节点 O，并在视网膜上成像 S，如果 A 物体在眼睛里形成一个张角 α，即为视角。可用如下公式表示：

$$tg\frac{\alpha}{2}=\frac{A}{2D} \tag{3-1}$$

当 α 较小时，有：

$$tg\frac{\alpha}{2}=\alpha/2 \tag{3-2}$$

所以有：　　　　　　　　　　$\alpha=A/D$（弧度）$=57.3A/D$（度）

如果观察一个圆形范围，其直径为 10mm，视距为 300mm，对眼睛所形成的视角为：

$\alpha=10/300$（弧度）$=0.033$ 弧度 $=1.89$ 度

从上述公式中也可以看出，视角的大小与物体的距离成反比，物体离人眼越近，视角越大，如图 3 - 4 所示。物体在离眼睛 30mm 时对眼睛形成一定大小的视角，在视网膜上形成相应大小的像，如果让物体逐渐远离人眼，到 60mm 时，视角缩小 1/2，视网膜上的像也相应缩小，如果把物体移至 90mm 处，视角缩小为原来的 1/3，像亦相应缩小。

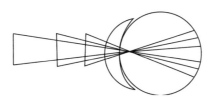

图 3 - 4　视角随距离变化示意图

还可以得出：

$$\alpha=S/b（弧度）=57.3S/b（度） \tag{3-3}$$

上述公式中 b 为眼睛的节点到视网膜上成像处的距离，b 大约为17mm。于是物体 A 在视网膜上的像 S 的大小就可以计算出来：

$$S = 17 \cdot \alpha = 17 \cdot A/D \, (\text{mm}) \quad (b = 17\text{mm}) \qquad (3-4)$$

可见物体 A 在视网膜上成像的大小取决于视角的大小。具有正常视力的人能够分辨物体空间两点所形成的最小视角是 $1'$（视角可用弧度和度"°"分"′"秒"″"表示）。当视角为 $1'$，视距为 250mm 时，对应的物像和视网膜上像的大小是：

$$物像 \quad A = D \times \alpha = 250/(60 \times 57.3)\text{mm} = 0.072\text{mm}$$

即具有正常视力的人在 250mm 处所能够看到的最小的像的大小是 0.07mm；

$$视网膜上像的大小：S = 17 \times \alpha = 17/(60 \times 57.3)\text{mm} = 0.0049\text{mm}$$

3.2.1.2 视力

视力也叫视觉敏锐度或视敏度，表示眼睛辨认物体细节和空间轮廓的能力。视觉辨认物体的比例与视距有很大的关系，一个原来看不清的细小物体，移动到离眼睛比较近的距离时就可以看清楚了。这是因为物体对眼睛形成的视角比原来大了，视网膜上的像也相应增大，所以看起来更清晰。

视力是以视角进行计算的，视力 V 是以视觉所能够分辨的以角度（分）为单位的视角 α 的倒数，即：

$$V = \frac{1}{\alpha(\text{分})} \qquad (3-5)$$

我国规定，当人的视觉能够分辨 $1'$ 角度对应的物体的细节时，视力为 1.0，并以此作为正常视力的标准。表3-1 是在 5m 的标准距离正常照明条件下，不同视力所对应的视角 α、物像 A 和视网膜上像的大小。

表3-1　不同视力下的视角、物像和视网膜像的大小

视力	视角（′）	视距（m）	物像（mm）	视网膜像（10^{-3}mm）
1.2	0.83		1.25	4.1
1.0	1		1.50	4.9
0.8	1.25	5	1.875	6.1
0.5	2		3.00	9.9
0.2	5		7.50	24.5

3.2.1.3 视场

眼睛视角 α 所对应形成的圆面积，称为视场。如，当观察视距 $D = 250$mm，视角 $\alpha = 10°$时，所对应的视场半径是：

$$r = \frac{1}{2} \times A = D \times \tan\frac{\alpha}{2} \approx 250 \times \frac{10}{2 \times 57.3} = 21.9 \; (\text{mm})$$

图3-5 表示，观察距离均为 250mm，视角分别为 1°、2°、4°所形成的视场圆面积及其半径的大小。

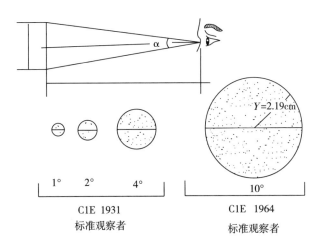

图 3 - 5　不同视角下视场的大小

3.2.2　光谱光视效率

在谈到光的能量与视觉亮度的关系时，人们总是认为，光的能量越大，其亮度也就越大，这对于颜色相同的光源是正确的。当色光不同时，该关系就不成立。这是因为人的眼睛对不同波长的光的感受性是不同的，即不同波长的色光在相同辐射能的情况下，在视觉上产生的明亮程度的感觉不同。当光的波长大于 780nm 或小于 380nm 时，可以认为眼睛的感受性为 0，当色光的波长在 380nm 至 780nm 之间时，人眼的感受性也是不同的，即在具有相同辐射能的情况下，人眼感觉有的色光比较亮，有的色光比较暗，人们总是感觉最亮的是黄绿色，红色和紫色较暗。

当考察强度不同但颜色相同的光源时，可以用消衡法进行测量。图 3 - 6 所示为一个简单的光度测量装置，以三棱镜 MNP 为屏，实验时，用对比的方法，把两个光源的光 L_1 和 L_2 分别透射到 MNP 的两边，改变其中的强度直到人眼在 A 处观察时，看不到 MP 和 NP 有分界线的感觉，从而可以推断出视觉与光源的亮度以及其他因素的关系。

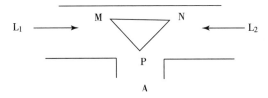

图 3 - 6　光度测量示意图

当考察颜色不同的光源时，上述方法欠妥当，可以用闪变法和逐步法进行测量。

简单来讲，当两个波长很临近的光进行比较时，由于两个波长的临近，以致人眼分辨不出它们的不同颜色，可以使用消衡法得出两个临近波长的光的视觉亮度和辐射能的关系，然后对波长进行微小的移动，逐阶进行比较，就可以得到整个光谱波长范围的相对数值。这就是逐步法。它的缺点是误差的积累，如果其中一个测量出现误差，则会一错到底。

另外一种测量光源的辐射能和亮度关系的方法就是闪变法。基本原理是当不同色的光轮流照射到屏幕上，并且以一定的频率进行交替，当频率达到一定的数值时，不同颜色的感觉首先消失，然后只剩下不同亮度的闪烁。再调节光的强度，直至闪烁消失。这时候就可以比较出两种色光的关系。如果其中的一个色光选择一个标准光源，光谱中的其他色光逐个与其比较，则可以得出光谱色的各个波长的色光之间的关系。

研究结果表明，眼睛对波长为555nm（黄绿色）的色光的感受性最高，即该波长的光在较小的能量下就可以和其他较大能量的光相匹配。为了衡量各个不同波长的光在视觉上所产生的效果，引入一个物理量叫作光通量 $\Phi_v(\lambda)$。如果用 $\Phi_e(\lambda)$ 表示辐通量，则光通量和辐通量的关系可用下式表示：

$$\Phi_v(\lambda) = K \cdot V(\lambda) \cdot \Phi_e(\lambda) \tag{3-6}$$

其中 $V(\lambda)$ 是随波长变化的函数，称为光谱光视效率（spectral luminous efficiency）或视见函数，K 称为辐射能当量。光视效率就是辐射能转化为人眼可见光的程度，它只与光的波长有关，实际上它是不同波长的光通量与辐通量的比。光通量可以理解为光谱辐射能对人眼产生光亮感觉作用的数量特征的度量。

对于两个波长的光 λ_1、λ_2 进行比较，由上式可知：

$$\Phi_v(\lambda_1) = K \cdot V(\lambda_1) \cdot \Phi_e(\lambda_1)$$
$$\Phi_v(\lambda_2) = K \cdot V(\lambda_2) \cdot \Phi_e(\lambda_2) \tag{3-7}$$

当光通量相同时，即对于等明度光谱有：$\Phi_v(\lambda_1) = \Phi_v(\lambda_2)$

所以：

$$\frac{V(\lambda_1)}{V(\lambda_2)} = \frac{\Phi_e(\lambda_2)}{\Phi_e(\lambda_1)} \tag{3-8}$$

上式表示：当明度相同的时候，光视效率与辐通量成反比。

如果光通量相同，即 $\Phi_e(\lambda_1) = \Phi_e(\lambda_2)$，则：

$$\frac{V(\lambda_1)}{V(\lambda_2)} = \frac{\Phi_v(\lambda_1)}{\Phi_v(\lambda_2)} \tag{3-9}$$

也就是说，当辐通量相同的时候，光谱光视效率与光通量成正比，即感觉越亮的光，其光视效率越大。

明视觉条件下，由于眼睛对555nm处的黄绿光的感受性最好，即555nm处的光视效率最大，所以将555nm处的光视效率定为1.0，即 $V(555) = 1.0$。其他波长处的光视效率是与555nm处的光视效率做比较而得出。表3-2为CIE推荐的光谱光视效率的数值（间隔波长为10nm）。将此数据绘制成曲线，得到如图3-7的光谱光视效率和波长之间关系的钟形曲线，该曲线叫作等能光谱光视效率曲线（spectral luminous efficient curve），或简称光视效率曲线。因此光谱光视效率可以定义为"把峰值归一化为1的人眼对不同波长的光能量产生光感觉的效率"。光谱光视效率曲线是"把光谱光视效率最大值作为1，相应各波长上的光谱光视效率与波长之间的关系曲线"，见图3-7。在此图上，$V(\lambda)$ 代表等能光谱波长上的单色辐射所引起的明亮感觉程度，故又可称为相对光谱感受性。这条曲线是在较高照度水平条件下，测得的中央窝的光谱感受性能。一切光的度量，也就是评价光或照度的单位都必须依靠这条曲线。光度计接受器的光谱灵敏度也要符合这条曲线，才能与人眼的视觉特性相一致。

暗视觉条件下，光谱光视效率 $V'(\lambda)$ 在 507nm 处的感受性最好，如表 3-2 和图 3-7 所示。

表 3-2　光谱光视效率函数

波长（nm）	$V(\lambda)$	$V'(\lambda)$	波长（nm）	$V(\lambda)$	$V'(\lambda)$
380	0.00004	0.000589	580	0.870	0.1212
390	0.00012	0.002029	590	0.757	0.0655
400	0.0004	0.009292	600	0.631	0.03315
410	0.0012	0.03484	610	0.503	0.01593
420	0.0040	0.09661	620	0.381	0.007374
430	0.0116	0.1998	630	0.265	0.003335
440	0.023	0.3281	640	0.175	0.001497
450	0.038	0.4550	650	0.107	0.000667
460	0.060	0.5672	660	0.061	0.0003129
470	0.091	0.6760	670	0.032	0.0001480
480	0.139	0.7930	680	0.017	0.00007155
490	0.208	0.904	690	0.0082	0.0000353
500	0.323	0.9818	700	0.0041	0.00001780
507	–	1.000	710	0.0021	0.0000091
510	0.503	0.997	720	0.00105	0.00000478
520	0.710	0.9352	730	0.00052	0.0000026
530	0.862	0.811	740	0.00025	0.000001379
540	0.954	0.6497	750	0.00012	0.00000076
550	0.995	0.481	760	0.00006	0.000000425
555	1.000	–	770	0.00003	0.0000024
560	0.995	0.3288	780	0.000015	0.000000139
570	0.952	0.2076			

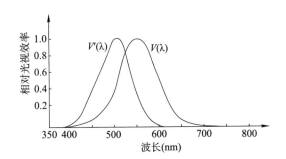

图 3-7　光谱光视效率曲线

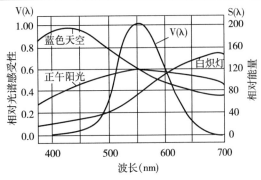

图 3-8　光源的相对光谱能量分布和
光谱光视效率关系曲线

从图 3 - 8 中的光源相对能量分布曲线 $S(\lambda)$ 和光谱光视效率 $V(\lambda)$ 曲线可以看出，一个光源的某些波长的光谱辐射虽然客观存在，但若对人眼不产生光感觉，则它的光谱光视效率接近于 0。在人眼可以感受到的光谱能量部分，由于人眼对各个波长的感受性不同，所以各个波段所产生的光感觉程度也不同。因而，按照光谱光视效率 $V(\lambda)$ 来评价辐通量 Φ_e 即为光通量 Φ_v，在整个可见光谱区间可由下式计算：

$$\Phi_v = K \cdot \int_{380}^{780} \Phi_e(\lambda) \cdot V(\lambda) \cdot d\lambda \qquad (3-10)$$

式中 K 称为辐射能光当量，由实验求得其数值 $K=683$（流明/瓦）。因 380~400nm 和 700~780nm 区域波长对眼睛不敏感，可忽略不计，故常取 400~700nm 为可见光区间。

3.2.3 色觉异常

色觉是人眼视觉的重要组成部分。色彩的感受与反应是一个充满无穷奥秘的复杂系统，辨色过程中任何环节出了毛病，人眼辨别颜色的能力就会发生障碍，称为色觉障碍即色盲或色弱。1875 年，在瑞典拉格伦曾发生过一起惨重的火车相撞事故，因为司机是位色盲患者，看错了信号。从那以后，辨色力检查就成为体检中必不可少的项目了。通常，色盲是不能辨别某些颜色或全部颜色，色弱则是指辨别颜色的能力降低。色盲以红绿色盲为多见，红色盲者不能分辨红光，绿色盲者不能感受绿色，这对生活和工作无疑会带来影响。色弱主要是辨色功能低下，比色盲的表现程度轻，也分红色弱、绿色弱等。色弱者，虽然能看到正常人所看到的颜色，但辨认颜色的能力迟缓或很差，在光线较暗时，有的几乎和色盲差不多或表现为色觉疲劳。色盲与色弱以先天性因素为多见。

先天性色盲或包弱是遗传性疾病，且与性别有关。临床调查显示，男性色盲占 4.9%，女性色盲仅占 0.18%，男性患者人数大大超过女性，这是因为色盲遗传基因存在于性染色体的 X 染色体上，而且采取伴性隐性遗传方式。通常男性表现为色盲，而女性却为外表正常的色盲基因携带者，因此色盲患者男性多于女性。

先天性色觉障碍终生不变，目前尚缺乏特效治疗，可以针对性地戴用红或绿色软接触眼镜来矫正。有人试用针灸或中药治疗，据称有一定效果，但仍处于临床研究阶段。由于色盲和色弱是遗传性疾病，可传给后代，因此避免近亲结婚和婚前调查对方家族遗传病史，及时采取措施，减低色盲后代的出生率，不失为一有效的预防手段。

少数色觉异常亦见于后天性者，是视器官疾病引起的，多伴有视力障碍及视野暗点。视网膜疾病常伴黄蓝色觉异常，而视神经疾病常伴红绿色觉障碍。早期青光眼可以出现黄蓝色觉障碍，随着病情进展，出现红绿色觉障碍，甚至全色觉障碍。后天性色觉障碍的防治主要是治疗原发病，原发病治愈和好转，色觉障碍也常常随之消失或减轻。

色觉异常者不宜从事与色彩相关的工作，如交通运输、化工、印染、美术、医学等。印刷行业是一个色彩复制的行业，它要求印刷工作者具有较高的颜色分辨力，色觉异常者不宜从事印刷行业的工作。

复习思考题

1. 眼睛是如何构成的，各部分的功能是什么？

2. 请说明眼睛和照相机的异同点？

3. 何谓视力与视角？人眼视力的好坏是如何规定的？

4. 什么是光谱光视效率？

5. 当红光（700nm）、绿光（540nm）和蓝光（430nm）三种色光的明度相同时，若绿光所需的辐通量 Φ_e（540）=0.7（瓦），试求 Φ_e（700）和 Φ_e（430）。

6. 对于等能光谱来说，如果蓝光的光通量 Φ_v（430）=0.5（lm），试求 Φ_v（540）和 Φ_v（700）。又已知辐射能光当量 $K=683$（lm/W），求此时各色光所需的辐射能。

4 第四章

色光加色法和色料减色法

颜色可以相互混合，两种或两种以上的颜色经过混合之后便可以产生新的颜色，这在日常生活中几乎随处可见。无论是绘画、印染，还是彩色印刷，都以颜色的混合为最基本的工作方法。

颜色的混合有色光的混合和色料的混合两种，我们分别称之为色光加色法和色料减色法。充分理解这两种方法对于我们的学习、工作和生活都有非常重要的意义。

4.1 色光加色法

4.1.1 色光三原色的确定

三原色是指本身具有独立性，三原色中的任何一种颜色都不可以由其他两种颜色混合而成，但是其他的颜色可以用三原色按照不同的比例混合产生。三原色的确定可以从光的物理特性和人眼的视觉生理特性考虑。

由牛顿的色散实验可知：白光通过三棱镜后会分解成红（R）、橙（O）、黄（Y）、绿（G）、青（C）、蓝（B）、紫（P）七种单色光，这七种单色光不能够再分解，但是它们能够重新再组合成白光。但是，对色散后得到的鲜艳清晰的可见光谱仔细审视，我们会发现各单色光所占的波长范围的宽度不同，比较突出的是红光、绿光、蓝光，这三种并不相邻的单色光所占的区域较宽，而其余橙、黄、青、紫等单色光所占的区域较窄。如果适当地调整棱镜的折射角度还会发现，当色散不太充分时，屏幕上最醒目的光就是红光、绿光和蓝光，其余的几种单色光几乎会消失。此时这三种明显的单色光所对应的光谱范围是红光 600 ~ 700nm；绿光 500 ~ 570nm；蓝光 400 ~ 470nm。

从光的物理刺激角度出发，人们首先选定了以上三种在光谱中波长范围最宽、最鲜明、最突出的单色光——红光、绿光和蓝光。

从能量的观点来看，色光混合是亮度的叠加，混合后的色光必然要亮于混合前的各个色光，只有明亮度低的色光作为原色才能混合出数目比较多的色彩，否则，用明亮度高的色光作为原色，其相加则更亮，这样就永远不能混合出那些明亮度低的色光。同时，三原色应具有独立性，三原色不能集中在可见光光谱的某一段区域内，否则，不仅不能混合出其他区域的色光，而且所选的原色也可能由其他两色混合得到，失去其独立性，而不是真正的原色。

从人眼的视觉生理特性来看，人眼的视网膜上有三种感色锥体细胞——感红细胞、感绿细胞、感蓝细胞，这三种细胞分别对红光、绿光、蓝光敏感。当其中一种感色细胞受到较强的刺激，就会引起该感色细胞的兴奋，则产生该色彩的感觉。人眼的三种感色细胞，具有合色的能力。当一复色光如黄光刺激人眼时，它能够使人眼中的感绿细胞和感红细胞同时兴奋，从而使人产生黄的感觉。如果是白光进行刺激，则感红细胞、感绿细胞、感蓝细胞产生相同程度的兴奋，从而产生白色的感觉。当三种感受细胞接受了不同比例的刺激后，就产生了不等的兴奋，就形成了相应的颜色感觉。由此可见，从人的视觉生理角度看，能够分别引起人眼感红细胞、感绿细胞、感蓝细胞三种感受细胞兴奋的单色光——红光、蓝光和绿光应该作为色光中的基本单色光。

综上所述，我们可以确定：色光中存在三种最基本的色光，它们的颜色分别为红色、绿色和蓝色。这三种色光既是白光分解后得到的主要色光，又是混合色光的主要成分，并且能与人眼视网膜细胞的光谱响应区间相匹配，符合人眼的视觉生理效应。这三种色光以不同比例混合，几乎可以得到自然界中的一切色光，混合色域最大；而且这三种色光具有独立性，其中一种原色不能由另外的原色光混合而成，由此，我们称红光、绿光、蓝光为色光三原色。为了统一认识，1931 年 CIE 规定了三原色的波长 $\lambda_R = 700.0\text{nm}$，$\lambda_G = 546.1\text{nm}$，$\lambda_B = 435.8\text{nm}$。在色彩学研究中，为了便于定性分析，常将白光看成是由红、绿、蓝三原色等量相加而合成的。

4.1.2　色光加色法

4.1.2.1　加色法的定义

由两种或两种以上的色光相混合时，会同时或者在极短的时间内连续刺激人的视觉器官，使人产生一种新的色彩感觉。我们称这种色光混合为加色混合。这种由两种以上色光相混合，呈现另一种色光的方法，称为色光加色法。

色光加色法的三原色色光等量相加混合效果如下：

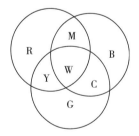

　　红光（R）＋绿光（G）＝黄光（Y）

　　红光（R）＋蓝光（B）＝品红光（M）

　　绿光（G）＋蓝光（B）＝青光（C）

　　红光（R）＋绿光（G）＋蓝光（B）＝白光（W）

可用图 4-1 和彩图 4 表示。

图 4-1　色光加色法混色示意图

如果两种原色光以不同的比例混合，就会得到一系列渐变的混合色。以黄光和绿光混合为例，两种色光等量混合时得到黄光，然后，红光不变，逐渐减少绿光的含量，便可用看到由黄→橘黄→橙→红等一系列颜色的变化；反之，绿光不变，逐渐减少红光的量，又会看到黄→黄绿→嫩绿→绿等一系列颜色的变化。在上述的颜色混合过程中，混合色光的颜色总是比例大的那种颜色。

当三原色色光等量混合时，就得到了白光，如果三原色色光逐渐等量减少，则会得到一系列由浅渐深的灰色，也可认为是由明逐渐转暗的白光。

如果三原色色光不等量混合，便会得到更丰富的颜色混合效果。

从色光混合的能量角度分析，色光加色法的混色方程为：

$$C = \alpha(R) + \beta(G) + \gamma(B) \qquad\qquad (4-1)$$

式中　C——混合色光总量；

　　　（R）、（G）、（B）——三原色的单位量；

　　　α、β、γ——三原色分量系数。

此混色方程十分明确地表达了复色光中的三原色成分。

在色光加色法实验中，已知三原色等量相加可以得到白光。由于红光和绿光等量混合的效果是黄光，所以也可以认为黄光和蓝光混合而成白光，即

$$红光（R）+青光（C）=白光（W）$$
$$绿光（G）+品红光（M）=白光（W）$$
$$蓝光（B）+黄光（Y））=白光（W）$$

在色光加色法中，任何两种色光相加混合后得到白光，那么这两种色光就称为互补色光（complementary colors）。因此，红光和青光是互补色光，绿光和品红光是互补色光等。

自然界和现实生活中，存在很多色光混合加色现象。例如太阳初升或将落时，一部分色光被较厚的大气层反射到太空中，一部分色光穿透大气层到地面，由于云层厚度及位置不同，人们有时可以看到透射的色光，有时可以看到部分透射和反射的混合色光，使天空出现了丰富的色彩变化。

4.1.2.2　加色法的实质

当我们把加色混合得到的新的色光和混合的原色的色光相比较时，就会发现新色光总是比原色光更亮。例如，红光和绿光等量混合后得到的是黄光，黄光明显地比红光和绿光都亮；红光和蓝光等量混合后得到的是品红光，品红光比红光和蓝光都亮；同样，青光比组成它的绿光和蓝光都亮；白光的亮度则大于其他的各种色光。

这是因为，参与加色混合的每一种色光都具有一定的能量。新产生的色光的能量是参与混合的原色色光的能量之和。由于能量的增大，使得新色光的亮度明显增高。由此可见，色光加色法的实质是色光相加混合后，色光能量相加，所以，加色混合的结果是得到能量值更高、更明亮的新色光。简言之，色光相加，能量相加，越加越亮。

4.1.3　加色混合种类

色光加色混合按照不同的标准可以分为不同的类型。

按照光源的不同可以分为直接光源的加色混合和间接光源的加色混合；按照色光对人眼的刺激方式的不同可以分为静态混合和动态混合；按照人眼的感受程序的不同可以分为视觉器官内的加色混合和视觉器官外的加色混合。

4.1.3.1　视觉器官外的加色混合

视觉器官外的加色混合是指两种或两种以上的色光在进入人眼之前就已经混合成新的色光，色光的直接匹配就是视觉器官外的加色混合。光谱上各种单色光形成白光，是最典型的视觉器官外的加色混合。这种加色混合的特点是：在进入人眼之前各色光的能量就已经叠加在一起，混合色光中的各原色光对人眼的刺激是同时开始的，是色光的同时混合。除白光外，还有后面将要讲到的颜色匹配实验，都是典型的视觉器官外的加色混合。

4.1.3.2　视觉器官内的加色混合

视觉器官内的加色混合是指参加混合的各单色光，分别刺激人眼的三种感色细胞，使人

产生新的综合色彩感觉，它包括静态混合与动态混合两种。

（1）静态混合。

当两个颜色不同的色块并列在一起，距离人眼较近，能够明显分辨出这是两个不同的颜色，随着色块和人眼的距离的加大，已经不能够分辨两个色块了，而是看成了一个新的颜色的色块了，这就是典型的静态混合。所谓静态混合是指各种颜色处于静态时，反射的色光同时刺激人眼而产生的混合，如细小色点的并列与各单色细线的纵横交错，所形成的颜色混合，均属静态混合，各色反射光是同时刺激人眼的，也是色光的同时混合。

由人眼的视觉生理特征我们知道，在正常视距下（25cm），对于视力正常的人（1.0），只能分辨1.50mm大小的东西，如果物体小于1.50mm，则人眼就已经分辨不出来了，看成了一个物体。根据加色法原理，也就有可能产生了新的颜色。

彩色复制印刷正是充分利用了这一现象。印刷品上的图像十分精美，色彩艳丽，给人一种赏心悦目的感觉，但是，如果用放大镜观看我们的印刷品，就会发现图像是由一个个的网点组成，而且网点只有几种颜色，并不像画面上的色彩一样多姿多彩。画面的艳丽是由于网点太小，人眼在正常的情况下无法分辨出来，只有借助一定的工具或手段，才能够看出网点。这也是充分利用了静态混合的现象。

彩色纺织品中，不同色的经线和纬线交织后，在一定的距离内也可以产生静态混合的效果；在彩色电视机上，密集地分布着细小的红、绿、蓝色的光点，人的眼睛很难区分它们。当这三原色光点受显像管发出的电子束的控制，各色的光强度比例不断变化时，就会在视觉上产生各种加色混合的效果，并组成各种彩色图像。

（2）动态混合。

动态混合是指各种颜色处于动态时，反射的色光在人眼中的混合，如彩色转盘的快速转动，各种色块的反射光不是同时在人眼中出现，而是一种色光消失，另一种色光出现，先后交替刺激人眼的感色细胞，由于人眼的视觉暂留现象，使人产生混合色觉。

人眼之所以能够看清一个物体，乃是由于该物体在光的照射下，物体所反射或透射的光进入人眼，刺激了视神经，引起了视觉反应。当这个物体从眼前移开，对人眼的刺激作用消失时，该物体的形状和颜色不会随着物体移开而立即消失，它在人眼还可以做一个短暂停留，时间大约为1/10s。物体形状及颜色在人眼中这个短暂时间的停留，就称为视觉暂留现象。正因为有了这种视觉暂留现象，人们才能欣赏到电影、电视的连续画面。视觉暂留现象是视错觉的一种表现。

人眼的视觉暂留现象是色光动态混合呈色的生理基础，如图4-2所示的彩色转盘。

在转盘上以1:1的比例间隔均匀地涂上红、绿两种颜色。快速转动转盘，可以看到转盘上已不再是红、绿两种颜色，而是一个黄色。这是因为：当转盘快速转动时，如果红色反射光进入人眼，就会刺激感红细胞。当红色转过，绿色反射光进入人眼，就刺激了感绿细胞。此时，感红细胞所受刺激并没有消失，它继续停留1/10s的时间。在这个瞬间，感红细胞与感绿细胞同时兴奋，就产生了综合的黄色感觉。彩色转盘转动得越快，这种混合就越彻底。

动态混合是由参加混合的色光先后交替连续刺激人眼，因此又称为色光的先后混合。

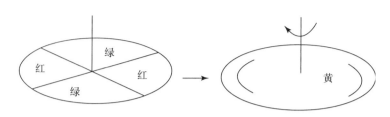

图 4 - 2　色光动态混合

通常情况下，人眼可以正确地观察及判断外界事物的状态，如大小、形状、颜色等，但如果商品包装的颜色分布太杂，颜色面积太小或多种颜色的交替速度过快，人眼的分辨能力则受到影响，就会使所观察到的颜色与实际有所差别。

4.1.4　颜色混合的基本规律

4.1.4.1　色光连续变化规律

由两种或两种以上的色光组成的混合色中，如果一种色光连续变化，混合色的外貌也连续变化。可以通过色光的不等量混合实验观察到这种混合色的连续变化。例如，红光与绿光混合形成黄光，若绿光不变，改变红光的强度使其逐渐减弱，可以看到混合色由黄变绿的各种过渡色彩，反之，若红光不变，改变绿光的强度使其逐渐减弱，可以看到混合色由黄变红的各种过渡色彩。

4.1.4.2　补色律

每一种色光都有一种相应的补色光，如果某一色光与其补色光以适当的比例混合，便会产生白光；如果按照其他比例混合，则产生颜色偏向于比例大的色光的新的颜色，这就是补色律（law of complementary colors）。把两种混合后可以得到白光的色光称为互补色光，这两种颜色称为补色。

补色混合具有以下规律：每一个色光都有一个相应的补色光，某一色光与其补色光以适当比例混合，便产生白光。最基本的互补色有三对：红与青，绿与品红，蓝与黄。补色的一个重要性质是，一种色光照射到其补色的物体上，则被吸收。如用蓝光照射黄色物体，则物体呈现黑色。

补色律可以用来解释许多生活和生产中的现象，与印刷、印染、纺织等工业有着密切的关系。在印刷工业中，从印品的设计开始，在分色、调墨、印刷、印后加工等各个工艺环节上都应该注意补色律的应用。

4.1.4.3　中间色律

所谓中间色律（law of intermediary colors），就是指任何两种非补色光混合，便产生中间色。其颜色取决于两种色光的相对能量，其鲜艳程度取决于二者在色相顺序上的远近。

由于互补色光相互混合只能够得到无彩色的白光，所以要获取丰富的中间色，可以排除互补色的混合。将两种原色光混合可以得到最常见的中间色，如果不断改变两种色光的比例，便可以得到一系列的中间色。

中间色律可以解释为什么能够在彩色电视机和彩色电影中用少量的几种颜色复制出自然界成千上万种绚丽的色彩了。

4.1.4.4　代替律

颜色外貌相同的光，不管它们的光谱成分是否一样，在色光混合中都具有相同的效果。

凡是在视觉上相同的颜色都是等效的，即相似色混合后仍相似，这就是替代律（law of sub-stitution）。

如果颜色光 A = B、C = D，那么 A + C = B + D。

色光混合的代替规律表明：颜色只要在感觉上是相似的便可以相互代替，所得的视觉效果是等效的。设 A + B = C，如果没有直接色光 B，而 X + Y = B，那么根据代替律，可以由 A + X + Y = C 来实现 C。由代替律产生的混合色光与原来的混合色光在视觉上具有相同的效果。

色光混合的代替律是非常重要的规律。根据代替律，可以利用色光相加的方法产生或代替各种所需要的色光。色光的代替律，更加明确了同色异谱色的应用意义。

4.1.4.5　亮度相加律

由几种色光混合组成的混合色的总亮度等于组成混合色的各种色光亮度的总和。这一定律叫作色光的亮度相加律。色光的亮度相加规律，体现了色光混合时的能量叠加关系，反映了色光加色法的实质。

4.1.5　颜色环

颜色环是用来表达颜色混合规律的一个理想的示意性模型。如图 4 - 3 所示，把彩度最高的光谱色依红、橙、黄、绿、青、蓝、紫的顺序排列而成，在这个行列两端是红光和紫光，从物理学的角度来说，可见光谱是不能成环的，而是呈开放彩色的一条光带。但是，可见光两端的色光混合后可以产生谱外光，如红光加蓝光得到品红光，红光加紫光可得到品红系的紫红色光。这样一来，就找到了连接光谱色两端色光的纽带——谱外光。于是在心理上可以把它们连接成环，只要将紫红光和品红光做连接即可形成颜色环。在颜色环上，每一种色光都在圆环上或者圆环内占有一确定的位置，白色位于圆环的中心。颜色的彩度越小，其位置离中心越近。在圆环上的颜色则是彩度最大的光谱色。

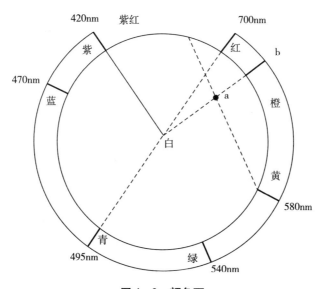

图 4 - 3　颜色环

我们知道，任何一种色光均有其补色光，补色光在颜色环上的确定方法如下：连接该色光和颜色环的中心，并延长和颜色环相交于一点，该点的色光即为其补色光。也就是说，一对互补色光是颜色环上隔着圆心相对应的两种色光，只要通过颜色环的圆心作一条直线，直线两端与颜色环相交点的两种色光就是一对互补色光。

颜色环上任意两种非互补色混合出的所有中间色都位于连接两色的直线上。例如，品红光和黄光混合后所得的中间色均位于两色之间的连线上，如图4-3所示。其颜色取决于两种色光的比例大小，并且总是偏向于比例大的一方。如60%的品红光和40%的黄光相混合，要确定混合后的颜色，则先在品红光和黄光之间作一连线，自品红端起按40%比例截取线段得一交点即为中间色的位置点，参见图4-3中的a点。再由圆心开始过a点作连线并延长至颜色环外环，交于b点，b点的颜色即为60%的品红光和40%的黄光相混合的中间色。中间色的饱和度取决于混合前的两种色光在颜色环上的距离，两色距离越近，混合后的中间色越靠近颜色环边线，越接近光谱色，因而就越鲜艳；反之，两色光距离越远，其中间色越接近中心白色光，饱和度越小。两色光距离最远时便成为一对互补色光。

4.2　色料减色法

在万紫千红的自然界中，更多的物体是非发光体，它们本身并不产生光，却能够呈现给人们各种各样的颜色，其呈色机理就是色料减色法。

4.2.1　色料三原色

在光的照耀下，各种物体都具有不同的颜色。其中很多物体的颜色是经过色料的涂染而具有的。凡是涂染后能够使无色的物体呈色、有色物体改变颜色的物质，均称为色料。色料可以是有机物质，也可以是无机物质。色料有染料与颜料之分。

色料和色光是截然不同的物质，但是它们都具有众多的颜色。在色光加色法中，确定了红、绿、蓝三色光为最基本的原色光。在众多的色料中，是否也存在几种最基本的原色料，它们不能由其他色料混合而成，却能调制出其他各种色料？通过色料混合实验，人们发现：采用与色光三原色相同的红、绿、蓝三种色料混合，其混色色域范围不如色光混合那样宽广。红、绿、蓝任意两种色料等量混合，均能吸收绝大部分的辐射光而呈现具有某种色彩倾向的深色或黑色。从能量观点来看，色料混合，光能量减少，混合后的颜色必然暗于混合前的颜色。因此，明度低的色料调配不出明亮的颜色，只有明度高的色料作为原色才能混合出数目较多的颜色，得到较大的色域。

在色料混合实验中人们发现，能透过（或反射）光谱较宽波长范围的色料青、品红、黄三色，能匹配出更多的色彩。在此实验基础上，人们进一步明确：由青、品红、黄三色料以不同比例相混合，得到的色域最大，而这三色料本身，却不能用其余两种原色料混合而成。

从人的视觉生理角度看，我们知道，人眼视网膜的中央窝内有感红、感绿、感蓝三种感色锥体细胞。自然界的各种颜色可以认为是这三种锥体细胞受到不同刺激所产生的反应，也就是红、绿、蓝三原色光的刺激量比例不同，从而形成不同颜色的感觉。因此，我们只要能够有效地控制（增加或减少）进入人眼的红、绿、蓝三原色光的刺激量，也就相对控制了自然界各种物体的表面色彩。在颜色的相加混合中，通过红、绿、蓝三原色光能够混合出很多的颜色，有更大的色域，为此，我们选择黄色来控制蓝光，黄色是蓝色的补色，它能够有效地控制蓝光；同理，选择绿色的补色品红来控制绿光，选择青色来控制红光。因为黄、品红、青通过改变自身的浓度（或厚度），能够很容易地改变对红、绿、蓝三原色光的吸收量，以完成控制进入人眼的红、绿、蓝三刺激值的数量。

因此，从以上的分析可以得知，可以选择青、品红、黄三色作为色料的三原色。实际上，是利用黄、品红、青从照明光源广阔的光谱中吸收某些光谱的颜色，以使剩余的色光完成相加混合作用，这也就是色料减色法的相加混合作用。

需要说明的是，在包装色彩设计和色彩复制中，有时会将色料三原色称为红、黄、蓝，而这里的红是指品红（洋红），而蓝是指青色（湖蓝）。

4.2.2　色料减色法

4.2.2.1　色料减色法的定义

当白光照射到色料上时，色料从白光中吸收一种或几种单色光，从而呈现另外一种颜色的方法称为色料减色法，简称减色法（subtractive mixture）。对于三原色基本色料的减色过程，可以下式表示：

$$黄色料：\qquad W - B = R + G = Y$$
$$品红色料：\qquad W - G = R + B = M$$
$$青色料：\qquad W - R = G + B = C$$

减色法如图 4 – 4 和彩图 5 所示。

色料呈色的原理是减色法原理，各种彩色物体呈色原理同样是减色法原理，两种以上色料混合后调出新颜色也属于减色法原理。如果把色料三原色黄、品红、青经过等量混合，可由下式表示：

黄（Y）+ 品红（M）= 白（W）– 蓝（B）– 绿（G）= 红（R）

黄（Y）+ 青（C）= 白（W）– 蓝（B）– 红（R）= 绿（G）

品红（M）+ 青（C）= 白（W）– 绿（G）– 红（R）= 蓝（B）

品红（M）+ 青（C）+ 黄（Y）= 白（W）– 绿（G）– 红（R）– 蓝（B）= 黑(Bk)

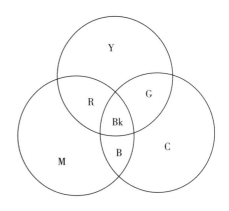

图 4 – 4　色料减色法混色示意图

如果将两种原色料以不同的比例混合，则会得到一系列渐变的颜色。例如，黄色料和青色料混合，当二者等量混合时得到绿色，固定黄色料的量不变，逐渐减少青色料的量，可得到由绿→草绿→黄绿→浅黄绿→黄色等一系列的颜色；若保持青色料的量不变，逐渐减少黄色料的量，则可得到绿→翠绿→青绿→青色等多种颜色。通常，混合色的颜色总是倾向于比例大的原色料的颜色。

当我们将三种原色料等量混合时，就可以得到黑色。如果将三原色色料逐渐等量减少，就会得到一系列由深到浅的灰色。如果将三原色色料进行不等量混合，便会得到变化多端的混合色。

综上所述，三原色色料按照减色法混合后，便可产生自然界中几乎所有的颜色，各种色料和彩色物体，呈色都是减色法的原理，绘画、彩色摄影也是以减色法为理论基础的。在传统彩色印刷复制过程中，分色工具——滤色片是减色物质，利用它的减色作用，从彩色原稿中提取记录下三原色的比例关系，制成三色印版，用三原色油墨，按照上述比例关系在纸等承印物上复制出原稿色彩。彩色印刷复制的过程同样是依据减色法原理来完成的。

4.2.2.2 色料减色法的实质

减色法有一个明显的特点就是，混合后的新颜色总是比混合前的颜色暗。例如，黄色料和品红色料混合后得到红色，红色的明度就比黄色和品红色的要小。这是由于减色法是通过色料对光的选择性吸收，减去一种或几种单色光，使得反射或透射的光的能量减少。色料进行减色法混合时，则分别减去各自应吸收的单色光，使得混合后的混合色光能量进一步降低，颜色自然会更加深暗。

由此可见，色料减色法的实质是，色料的选择性吸收，使色光能量削弱。由于色光能量降低，新颜色的明亮程度就会降低而趋于深暗。简言之，色料相加，能量减弱，越加越暗。

4.2.2.3 间色、复色和互补色

间色（secondary color）是指由两种原色料混合得到的颜色，又称为第二次色。典型的间色就是红、绿、蓝色，还包括黄、品红、青色料两两进行不等量混合后所产生的其他颜色。

复色（tertiary color）是指三种原色料混合形成的颜色，又称为第三次色。三原色色料等量混合时得到黑色或灰色，当不等量混合时，可以分为以下三种情况，如图4-5所示。

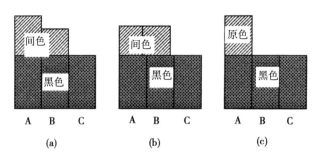

图4-5 三原色色料不等量混合示意图

（a）图表示：当色料 A > B > C 时，以 C 为标准的三原色等量部分构成黑色，只影响复色的明度和彩度，复色的色相主要由 A 和 B 的比例大小来决定。

（b）图表示：当色料 A = B > C 时，以 C 为标准的三原色等量部分构成黑色，复色的色相倾向于 A 和 B 的间色的色相。

（c）图表示：当色料 A > B = C 时，以 C 为标准的三原色等量部分构成黑色，复色的色相倾向于原色 A 的更暗淡的色相。

色料减色法的互补色是指，两种色料混合后如果是黑色，则这两种颜色为互补色，最典型的三对互补色是：Y ↔ B，M ↔ G，C ↔ R。其他的互补色可以到颜色环中去找。

4.2.3　加色法与减色法的关系

加色法与减色法都属于颜色混合的方法，都与色光有关，同时也都有能量的变化。

加色法与减色法又是迥然不同的两种呈色方法。加色法是色光混合呈色的方法。色光混合后，不仅色彩与参加混合的各色光不同，同时亮度也增加了；减色法是色料混合呈色的方法。色料混合后，不仅形成新的颜色，同时亮度也降低了。加色法是两种以上的色光同时刺激人的视神经而引起的色效应；而减色法是指从白光或其他复色光中减某些色光而得到另一种色光刺激的色效应。从互补关系来看，有三对互补色：R ↔ C、G ↔ M、B ↔ Y。在色光加色法中，互补色相加得到白色；在色料减色法中，互补色相加得到黑色。

色光三原色是红（R）、绿（G）、蓝（B），色料三原色是青（C）、品红（M）、黄（Y）。人眼看到的永远是色光，色料三原色的确定与三原色光有着必然的联系。

利用青、品红、黄对反射光进行控制，实际上是利用它们从照明光源的光谱中选择性吸收某些光谱的颜色，以剩余光谱色光完成相加混色作用，同时也是对色光三原色红、绿、蓝的选择和认定。色光三原色红、绿、蓝和色料三原色青、品红、黄是统一的，具有共同的本质，是一个事物的两个方面。它们都能得到较大的色域，因为照射到人眼的是色光。

色光加色法与色料减色法的联系与区别，见表 4 - 1。

表 4 - 1　加色法和减色法的对比

	色光加色法	色料减色法
三原色	R、G、B	Y、M、C
呈色基本规律	（R）＋（G）＝（Y） （R）＋（B）＝（M） （G）＋（B）＝（C） （R）＋（G）＋（B）＝（W）	（Y）＋（M）＝（R） （Y）＋（C）＝（G） （M）＋（C）＝（B） （M）＋（C）＋（Y）＝（Bk）
实质	色光相加，能量相加，越加越亮	色料相加，能量减弱，越加越暗
效果	明度增大	明度减小
呈色方法	视觉器官内的加色混合 视觉器官外的加色混合 静态混合 动态混合	色料掺合 透明色层的叠合
补色关系	互补色光相加形成白光	互补色料相加形成黑色
主要用途	颜色测量、彩色电视、剧场照明	彩色绘画、彩色印刷、彩色摄影、彩色印染

4.2.4　物体的选择性吸收和非选择性吸收

4.2.4.1　颜色的分类

根据物体对光的吸收情况，颜色可以分为彩色和非彩色两大类。非彩色是指白色、黑色以及处于两者之间的一系列的灰色。纯白是理想的完全反射的物体，即反射率为100%；纯黑色是理想的完全吸收的物体，反射率为0；灰色则是反射率大于0、小于100%的颜色，有时候，又可以分为深灰、灰、浅灰等。光谱反射率曲线如图4-6所示。换言之，非彩色是能够引起人眼的三种感色细胞等比变化的颜色，颜色越白，反射率越大，引起的人眼的感色细胞也就越大，感觉也就越明亮。研究表明，人眼大约能够分辨60级非彩色。

彩色则是能够引起人眼的感红、感绿、感蓝三种感色锥体细胞的不等的变化。光谱反射率曲线如图4-7所示。

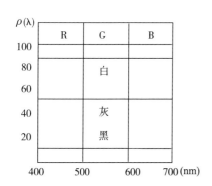

图4-6 黑、白、灰的光谱反射率曲线

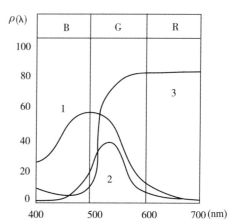

图4-7 彩色物体的光谱反射率曲线

4.2.4.2 彩色和选择性吸收

光线照射在物体上，由于物体对光各个波长范围的吸收率不同，它吸收某些波长的光，而对其他的波长的光不吸收或者吸收很少，这种吸收的不均匀性称为物体的选择性吸收。物体的选择性吸收是颜色形成的根本的物理原因。当光照射在物体上时，由于物体的选择性吸收，使得光谱中各个波长的光的反射率各不相等，从而在人眼中的感红、感绿、感蓝三种感色细胞上引起不同的刺激，也就形成了彩色的感觉。

根据光线照射在物体上时发生的物理现象，可以把物体分为透明体和不透明体。透明体是指能够让光线全部或部分通过的物体，如日常生活中的照相底片、玻璃和印刷中常用的胶片、滤色片等。光线照射在透明体上时，会发生折射、透射、吸收、反射等物理现象，但是在印刷中，我们只研究吸收和透射。不透明体是指对光线有阻挡作用的物体，生活中的大部分物体都是不透明体，如桌子、铁皮等。当光线照射在不透明体上时，通常会发生折射、透射、吸收、反射等很多物理现象，如印刷常用的纸张，光线照射在纸张上时，一部分光线被吸收，一部分被反射，还有少量的光线透过纸张透射了出去，但是透射的光线只是占很少的一部分，在研究纸张时，往往把它作为不透明体来进行处理。

当白光照射在红滤色片上的时候，由于红滤色片具有选择性吸收的作用，使得白光中的400~500nm的蓝光和500~600nm的绿光被吸收，而600~700nm的红光可以通过，进入到人眼，引起感红细胞的反应，从而人就感觉到了红色。同样的道理，当白光照射在绿叶上时，400~500nm的蓝光和600~700nm的红光被吸收，500~600nm的绿光被反射，刺激了人眼的感绿细胞，从而使人眼感觉到了绿色。如果不是白光照在绿叶上，而是蓝光照射，由于绿叶可以吸收 400～500nm 的蓝光，没有形成反射，即没有光线刺激人的眼睛，也就没有引起锥体细胞的刺激，这时候感觉叶子就是黑色。同样的道理，用黄光照射时，仍然可以感觉到绿色。

也就是说，不论是透明体还是不透明体，之所以能够呈现彩色，归根结底是由于它们本身对入射光线的选择性吸收的缘故。物体所呈现的颜色是由入射光中减去被物体选择吸收的色光的颜色，符合减色法原则。

4.2.4.3　无彩色和非选择性吸收

非选择性吸收是指物体对入射到其表面的光线，在不同的波长处进行等比例的吸收。当入射光是白光时，经过物体的等比例吸收后所呈现的颜色是从白到黑的一系列中性灰，也叫作消色。

如果入射光照射在物体上，经过程度极小的非选择性吸收，绝大部分入射光被反射出来，这种物体色就是白色，如图 4－8 所示。如果物体能够将入射光全部等比例吸收，几乎只有很少的光反射出来，那么这种物体色就是黑色。如果等比例吸收一部分，反射另外一部分，则物体色就是灰色。根据等比例吸收的多少，会有不同深浅的灰色。吸收的多，反射的少，灰色就深；反之，吸收的少，反射的多，灰色就浅。

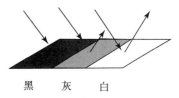

黑　　灰　　白

图 4－8　非选择性吸收示意图

复习思考题

1. 什么是色光加色法，有何特点？为什么？

2. 什么是色料减色法，有何特点？

3. 色光加色法和色料减色法有何不同？

4. 理想情况下，红灯照射在黄色和蓝色物体上，物体分别呈现什么颜色？品红光照射在黄色和青色物体上呢？

5. 三原色油墨印在白纸上，它们各吸收白光中的什么光？反射什么光？画出它们的光谱反射曲线。

6. 何谓补色？画出印刷六色色相环。

5

第五章

颜色视觉和颜色视觉理论

5.1 颜 色 视 觉

颜色的形成是光源、物体、眼睛和大脑综合作用的结果，它遵循一定的物理规律，同时还受到生理以及心理学规律的制约。同样的物理刺激在不同的条件下，如背景、观察者的心情等，观察到的颜色会有所区别，这是人类在长期的历史进化过程中所产生的适应性。颜色的呈现过程是一个复杂的过程。在这里，我们主要讨论颜色的适应性和颜色对比。

5.1.1 颜色的适应性

由于光对眼睛的持续作用，从而使视觉感受性发生变化的现象称为颜色的适应性。颜色的适应性包括亮度适应和颜色适应。

5.1.1.1 亮度适应

人们既能够在夏天中午强烈的阳光下工作，在灯光明亮的车间里观察物体，也能够在朦胧的月光或者微弱的灯光下观察物体，这是人眼的优越的功能。也就是说，人眼可以工作在照明条件相差较大的条件下。从人眼的结构中知道，当光线强烈时，瞳孔会缩小，减少进入眼睛的光线，反之，光线较弱时，瞳孔放大，增加进入眼睛的光线，这样通过生理上的调节，对光线的强度进行适应，从而就可以获得清晰的影像，这个过程称为亮度适应。亮度适应分为明适应和暗适应。

（1）暗适应。

当我们从明亮的阳光下走进已经开演的电影院时，开始时眼前一片漆黑，过了几分钟，能够隐隐约约看到观众的影子，十几分钟后，基本上能够适应了周围的环境，甚至还可以借助银幕上影像的微弱的光线看清椅子上的号码。这种光线由明变暗，人眼在黑暗中的感受性逐步增强的过程叫作暗适应。在暗适应的过程中，一方面虹膜中的瞳孔自动放大，由 2mm 逐步扩大到 8mm，使进入眼睛的光线增加数倍；另一方面，在黑暗中由锥体细胞视觉转变为杆体细胞视觉，即由明视觉转变为暗视觉，看不清物体的颜色和细节，只能够看清形状和运动。经测定，人眼在黑暗中停留 15min 后，视觉感受性可比开始时提高数万倍。

红光只对锥体细胞起作用，对杆体细胞不起作用，所以红光不会阻碍杆体细胞的暗适应过程。在暗室工作的人员进出暗室时，如果戴上红色眼镜，从明亮的地方回到暗室时，就不需要重新暗适应，既节约了工作时间，又保护了眼睛。车辆的尾灯采用红灯也是有利于司机在夜晚行车时的暗适应。夜间飞机驾驶舱的仪表采用红光照明，既保证飞行员看清仪表，又能够保持视觉的暗适应状态。

（2）明适应。

在暗室工作了一段时间后，走到明亮的地方，最初会感到耀眼，什么也看不到，大约经过一分钟，视觉又恢复正常，这种当光线由暗转亮时，视网膜对光线刺激的感受性逐步降低的过程，称为明适应。明适应是暗适应的逆过程，在明适应的过程中，瞳孔缩小，由8mm缩为最小2mm，同时杆体细胞失去作用，锥体细胞开始工作，又能够看清物体的颜色和细节了。

人眼感光灵敏度的一般的变化规律是：感光灵敏度降低时快，即明适应需要的时间短，感光灵敏度提高时慢，即暗适应需要的时间长。

5.1.1.2　颜色适应

如果我们在日光下观察一张纸，感觉这是一张白纸，将该纸拿到400瓦的白炽灯下，第一眼印象是纸张带有淡黄色，经过几分钟后，又觉得纸张不再发黄，仍然是白色的；再将该纸拿到日光下，开始时又觉得纸张是淡蓝色的，几分钟后又趋向于白色了。感觉纸张由淡黄色变为白色或由淡蓝色变为白色，物体颜色没有改变，唯一改变的就是人眼的视觉。这种情况主要表现在当照明方式突然改变时，人眼会感觉到物体颜色的变化，但是经过一段时间之后，眼睛便习惯了新的光源，物体又重新显现出它原始的不失真的外貌。通常人眼适应一定的颜色刺激后，再观察另一种颜色时，后者的色彩会受到前者的影响，通常是带有前者的补色成分。我们将先看到的色光对后看到的颜色的影响所造成的颜色视觉的变化叫作颜色适应。

对于从事彩色印刷复制工作的人员来说，在观察颜色时，强调要保持最初的印象和新鲜感，并规定"夜不观色"，就是说不要在色温太低的光源下研究色彩，目的就在于消除由光源光色而产生的颜色适应的影响。

5.1.2　颜色对比

颜色对比是指两种或两种以上的颜色放在一起时，由于相互影响的作用显示出差别的现象。在我们的视觉中，可以说任何色都是在对比状态下存在的，或者是在相对条件下存在的。因为任何物态或者是一种颜色都不可能孤立地存在。它都是从整体中显现出来的；而我们的知觉也不可能单独地去感受某一种色，总是在大的整体中去感觉各个部分。再进一步讲，对一种颜色的认识，与它存在的环境有关。

比如画色彩写生，初学者往往出现这样的问题：调色板上的颜色似乎调准了，可是涂到画面上又觉得不"准"，有的学生甚至每调一笔就走到对象前面对比一下。但结果还是和感觉中的对象色彩不一样。原因何在？首先要明白对象、调色板、画面是三个不同的色彩环境，同样一个色在不同的地方会得到不同的视觉效果。所以，在观察色彩时，应该记住的是客观物象之间的对比关系，只要画面的总体感觉"对"了，则颜色也就"准"了。反之，总的感觉不"准"，即使个别颜色与对象完全一样，也不可能有"准"的感觉。从中可以看出，对比的存在对于视觉是绝对的，对于对比的效果则是相对的。

5.1.2.1　明度对比

因明度差别而形成的色彩对比，称为明度对比。根据明度色标，凡明度在0～3的色彩称为低调色，4～6的色彩称为中调色，7～10的色彩称为高调色。

色彩间明度差别的大小，决定明度对比的强弱。差别在3以内的对比又称为短调对比；差别3～5的对比称明度中对比，又称为中调对比；差别5以上的对比，称明度强对比，又称为长调对比。

在明度对比中，如果其中面积最大，作用也最大的色彩或色组属高调色，和另外色的对比属长调对比，整组对比就称为高长调。用这种方法可以把明度对比大体划分为以下10种：高长调、高中调、高短调、中间长调、中间中调、中间短调、低长调、低中调、低短调、最长调。

由于明度倾向和明度对比程度的不同，这些调子的视觉作用和感情影响各有特点。

高长调具有积极的、刺激的、快速明了的效果。高短调具有幽雅、柔和、有明亮的女性的沉默的效果。中长调可以由黑、白、灰三色构成，有强的、男性的、丰富的效果。中间短调具有如做梦似的薄暮感，显得含蓄、模糊而平板。低长调较强烈，有爆发性，具有苦恼和苦闷感。低短调则薄暗、低沉，具有如死一般的忧郁感。

一般来说，高调愉快、活泼、柔软、弱、辉煌、轻；低调朴素、丰富、迟钝、重、雄大、有寂寞感。明度对比较强时光感强，形象的清晰程度高，锐利，不容易出现误差。明度对比弱、不明朗、模糊不清，则如梦，显得柔和静寂、柔软含混、单薄、晦暗，形象不易看清，效果不好。明度对比太强时，如最长调，会产生生硬、空旷、眩目、简单化等感觉。

对装饰色彩的应用来说，明度对比的正确与否，是决定配色的光感、明快感、清晰感，以及心理作用的关键。历来的图案配色，都重视黑、白、灰的训练。因此在配色中，既要重视非彩色的明度对比的研究，更要重视有彩色之间的明度对比的研究，注意检查色的明度对比及其效果，这是应掌握的方法。

5.1.2.2　色相对比

因色相的差别而形成的色彩对比叫色相对比。色相的差别虽是因可见光度的长短差别所形成，但不能完全根据波长的差别来确定色相的差别和确定色相的对比程度。因为红色光与紫色光的波长差虽然最大，但都处于可见光的两极，都接近不可见光的波长。从眼睛感觉的角度分析，它们的色相是接近的，色相环反应了这一规律。因此在度量色相差时，不能只依靠测光器和可见光谱，而应借助色相环。

色相对比的强弱，决定于色相在色相环上的距离。色相距离在15°以内的对比，一般看作用色相的不同明度与纯度的对比，因为距离15°的色相属于模糊的较难区分的色相。这样的色相对比称为同类色相对比，是最弱的色相对比。色相距离在15°以上，45°左右的对比，称为邻近色相对比，或近似色相对比，是较弱的色相对比。色相距离在130°左右的对比，一般称为对比色相对比，是色相中对比。色相距离在180°左右的对比，称互补色相对比，是色相强对比。色相距离如果大于180°，从余下的弧度来看，必然小于180°。所以距离恰好在180°的对比，称最强色相对比。任何一个色相都可以自为主色，组成同类、近似、对比或互补色相对比。

人们欢迎色彩。这就是说有一定纯度的色彩，不同程度的色相对比，既有利于人们识别不同程度的色相差异，也可以满足人们对色相感的不同要求。实际上同类色相对比是同一色相里的不同明度与纯度色彩的对比。这种色相的统一，不但不是各种色相的对比因素，而是色相调和的因素，也是把对比中的各色统一起来的纽带。因此，这样的色相对比，色相感就显得单纯、柔和、协调，无论总的色相倾向是否鲜明，调子都很容易统一调和。这种对比方法比较容易为初学者掌握。仅仅改变一下色相，就会使总色调改观。这类调子和稍强的色相对比调子结合在一起时，则感到高雅、文静，相反则感到单调、平淡而无力。

邻近色相对比的色相感，要比同类色相对比明显些、丰富些、活泼些，可稍稍弥补同类色相对比的不足，但不能保持统一、协调、单纯、雅致、柔和、耐看等优点。

当各种类型的色相对比的色调放在一起时，同类色相及邻近色相对比，均能保持其明确的色相倾向与统一的色相特征。这种效果则显得更鲜明、更完整、更容易被看见。这时，色调的冷暖特征及其感情效果就显得更有力量。

对比色相对比的色相感，要比邻近色相对比鲜明、强烈、饱满、丰富，容易使人兴奋激动和造成视觉以及精神的疲劳。这类调子的组织比较复杂，统一的工作也比较难做。它不容易单调，而容易产生杂乱和过分刺激，造成倾向性不强，缺乏鲜明的个性。

互补色相对比的色相感，要比对比色相对比更完整、更丰富、更强烈、更富有刺激性。对比色相对比也会觉得单调，不能适应视觉的全色相刺激的习惯要求，互补色相对比就能满足这一要求，但它的短处是不安定、不协调、过分刺激，有一种幼稚、原始的和粗俗的感觉。要想把互补色相对比组织得倾向鲜明、统一与调和，配色技术的难度就更高了。

5.1.2.3　彩度对比

因纯度差别而形成的色彩对比叫彩度对比。

前面已讲过，不同色相的纯度，因其彩度相差较大，很难规定一个划分高、中、低纯度的统一标准。这里只能提示一个笼统的办法：把各主要色相的彩度标均分成三段，处于零度色所在段内的称低彩度色，处于纯色所在段内的称高彩度色，余下的称中彩度色。

一般来说，对比色彩间纯度差的大小，决定彩度对比的强弱，不同的色相情况就不完全一样，像与红（R）一样的色相，就能达到较好的彩度。差10个阶段以上的彩度对比，应称为彩度强对比，差3个阶段以下的，称彩度弱对比，其余即称彩度中对比。

在彩度对比中，假如其中面积最大的色和色组属高彩度色（又称鲜色），而对比的另一色彩度低，就构成了彩度鲜明对比。用这样的办法可把彩度对比大体划分为：鲜明对比、鲜中对比、鲜弱对比、中中对比、中弱对比、灰弱对比、灰中对比、灰强对比、最强对比等。

由于彩度倾向和彩度对比的程度不同，这些调子的视觉作用与感情影响则各具特点。

一般来说，鲜色的色相明确、注目、视觉兴趣强，色相的心理作用明显，但容易使人疲倦，不能持久注视。含灰色等低纯度的色相则较含蓄，但不容易分清楚，视觉兴趣弱，注目程度低，能持久注视，但因平淡乏味，久看容易厌倦。

在色相、明度相等的条件下，纯度对比的总特点是柔和，越是彩度差小，柔和感愈强。对视觉来说，一个阶段差的明度对比，其清晰度等于3个阶段差的彩度对比，因此，单一彩度弱对比表现的形象比较模糊。

彩度对比的另一特点是增强用色的鲜艳感，即增强色相的明确感。彩度对比较强，颜色艳丽、生动、活泼、注目及其感情倾向越明显。

彩度对比不足时，往往会出现粉、脏、灰、黑、闷、单调、软弱、含混等毛病；彩度对比过强时，则会出现生硬、杂乱、刺激、眩目等不好的感觉。

5.2　色彩心理学

　　人的心理活动是一个极为复杂的过程，它由各种不同的形态所组成，如感觉、知觉、思维、情绪、联想等，而视觉只是包括听觉、味觉、嗅觉、触觉等在内的感觉的一种。因此，当视觉形态的形和色作用于心理时，并非是对某物或某色个别属性的反映，而是一种综合的、整体的心理反映。另外，色彩的嗜好和色彩的象征性也会给色彩带来某种特别的心理效应。总之，色彩心理的研究，可使我们对色彩的认识不仅仅停留在表面，而且能够更深入地去掌握它、享受它和创造它。

5.2.1　色彩的心理表现类型

5.2.1.1　色彩的联想

　　色彩的联想是人脑一种积极的、逻辑性与形象性相互作用的、富有创造性的思维活动过程。当我们看到色彩时，能够联想回忆起某些与此色彩相关的事物，进而产生情绪上的变化，成为色彩的联想。

　　英国心理学家 C. W. Valentine 将色彩的联想分为三种类型：下意识类型、一般类型、个别类型。有些学者把色彩的联想分为具体联想和抽象联想两大类。

　　（1）具体联想。

　　具体联想是指人的视觉作用于某种色彩而联想到自然环境里的具体的相关事物。

　　（2）抽象联想。

　　抽象是相对于"具体"而言的，指从具体事物中抽取出来的相对独立的各个方面、属性和关系等。色彩的抽象联想是指视觉作用于色彩引起的联想的概念。比如，看到红，具体联想的可能是火焰、血液、太阳，而抽象联想可能是热情、献身、温暖等抽象名词。色彩的具体联想和抽象情感如表 5-1 所示。

表 5-1　色彩的具体联想和抽象情感

色彩	具体联想	抽象的情感
红	火、血、太阳	喜气、热忱、青春、警告
橙	橘橙、秋叶	温暖、健康、喜欢、和谐
黄	橙光、闪电	光明、希望、欢快、富贵
绿	大地、草原	和平、安全、成长、新鲜
蓝	天空、大海	平静、科技、理智、速度
紫	葡萄、菖蒲	优雅、高贵、细腻、神秘
黑	夜晚、煤炭	颜色、刚毅、法律、信仰
白	云、雪	纯洁、神圣、安静、光明
灰	水泥、老鼠	平凡、谦和、失意、中庸

由色彩产生的联想因人而异，受到年龄、性别、阅历、兴趣、性格、民族等各方面的影响。比如，儿童的色彩联想因阅历浅，社会接触有限，他们的阅历多和身边的具体物品有关；而成年人会随生活阅历而扩展，甚至会从具体事物过渡到抽象的精神文化和社会价值观的领域。

5.2.1.2 色彩的象征

色彩的象征既是历史积淀的特殊文化的结晶，也是约定俗成的文化现象，并且在社会行为中起到了标示和传播的双重作用。同时又是生存于同一时空氛围的人们共同遵循的色彩尺度。自然界色彩的熏陶，人类对于色彩的认知、运用，是人们形成色彩感情象征意义的最根本的基础。

由于时代、地域、民族、历史、宗教、文化背景、阶层以及政治信仰的差异，对色彩的喜好、理解就大有差别，色彩也就逐步从具体的物体中分离出来。不同的国家、种族和人群对色彩逐渐拥有了自己的偏爱和象征意义。

许多哲学家、艺术家都对色彩的象征意义进行过探索和分析，其中最著名的德国诗人歌德，在他的《色彩论》一书中，用文字给几种主要的色彩进行了生动的剖析。歌德认为，所有的色彩都处于黄（"最接近光的一种颜色"）和蓝（"总包含一些黑暗"）这两种颜色之间，他还由此将颜色分为两类，一类是阳性的积极的色彩，它们是黄、橙和朱红，认为它们呈现出一种"积极、活跃和奋斗"的姿态；另一类是阴性的消极的色彩，它们是蓝、红蓝和蓝红，认为它们与"不安的、柔和的向往"的情绪相默契。歌德在纯正的红色中看到的是一种高度的庄严肃穆，他认为红色能够把所有的其他颜色都统一在自身之中。另一位在探索色彩象征意义上的著名人物是康定斯基，他也对色彩的象征意义提出了自己的看法。

在中国的传统文化中，关于色彩的象征意义有非常悠久的文化渊源，主要包含在阴阳五行说这一宇宙观中。中国在上古时期便以玄象天，以黄象地，这是最早的色彩的象征。西汉末期，五色（青、黄、红、白、黑，其中青概指从绿到蓝，乃至于近乎黑的冷色）与阴阳五行（水、木、金、火、土），方位（东、南、中、西、北），音律的五音（宫、商、角、徵、羽），人体的五脏（心、肝、脾、肺、肾），五味（酸、甜、苦、辣、咸），五气中的燥阳和湿阴等都有一一对应的象征关系。方位的色彩象征更被形象化：东–青龙，南–朱雀，西–白虎，北–玄武，这些方位形象与色彩。已经与龙凤图案一样，成为中国传统文化符号体系的一个重要组成部分。

现代企业充分认识到色彩的象征在企业文化和企业宣传等中的重要作用，逐渐形成了本企业的标准色或行业的标准色。

"标准色"是企业指定某一种特定色彩或一组色彩系统，运用在所有视觉设计的媒体上，像商标、标志、包装、广告等一切企业用品上，通过色彩的视觉刺激和心理反应，传达企业的经营理念或产品的内容特征。

企业标准色正是利用色彩的象征作用，使人看到色彩，就会产生各种联想或情感。如可口可乐公司选用红色作为标准色，洋溢着青春、健康、欢乐的气息；柯达胶片公司的黄色充分表现色彩饱满、璀璨辉煌的产品性质。从色彩的象征意义考虑企业标准色可按表5–2分类。

表5-2 企业形象色

色彩	企业形象色
红色系	食品业、交通业、药品业、金融业、百货业
橙色系	食品业、石化业、建筑业、百货业
黄色系	电器业、石化业、照明业、食品业
绿色系	金融业、林业、蔬菜业、建筑业、百货业
蓝色系	交通业、体育用品业、药品业、化工业、电子业
紫色系	化妆品、装饰品、服装业、出版业

5.2.2 色彩的感觉

我们知道，不同的色性和调性都具备着各自的特征，人受其影响后也就产生了各色各样的感情反应。尽管这种反应由于民族、性别、年龄、职业等不同而不同，但其中共性的感觉还是很多。像色彩的冷暖、空间感、大小感、轻重感，软硬感等，都明显地带有色彩直感性心理效应的特征。

5.2.2.1 色彩的冷暖感

色彩的冷暖是人体本身的经验习惯赋予我们的一种感觉，绝不能用温度来衡量。

"冷"和"暖"这两个词的原意是指对温度的感觉。如太阳、火本身的温度很高，它们所射出的红橙色光有导热的功能，使人的皮肤被照后有温暖感。像大海、远山、冰、雪等环境有吸热的功能，这些地方的温度总是比较低的，有寒冷感。这些生活经验和印象的积累，使视觉变成了触觉的先导，只要一看到红橙色，心里就会产生温暖和愉快的感觉；一看到蓝色，就会觉得冰冷、凉爽。所以，从色彩的心理学来考虑，红橙色被定为最暖色，蓝绿色被定为最冷色。它们在色立体上的位置分别被称为暖极、冷极，离暖极近的称暖色，像红、橙、黄等；离冷极近的称冷色，像蓝绿、蓝紫等；绿和紫被称为冷暖的中性色。

日本色彩学家大智浩曾做过一个试验：将两个工作间分别涂成灰蓝色和红橙色，两个工作间的客观温度条件即物理上的温度相同，劳动强度也一样。在冷色工作间工作的员工，于59华氏度时感到冷，而暖色工作间工作的员工，当温度自59华氏度降到52华氏度时，仍然不觉得冷。美国心理学家R·阿恩海姆在他的《色彩论》中也引用了一位足球教练的报告："把球队的更衣室油漆成蓝色的，使队员在半场休息的时候处于缓和放松的气氛中。但外室却涂成红色的，这是为了给我（教练）做临阵前的打气讲话提供一个更为兴奋的背景。"其原因是蓝色能引起人的血压稍降、血液循环稍慢等"冷"的生理反应，红色能引起人的血压略高，血液循环稍快等"暖"的生理反应。

从色彩的心理学来说，还有一组冷暖色，即白冷、黑暖的概念。当白色反射光线时，也同时反射热量，黑色吸收光线时，也同时吸收热量。因此，黑色衣服使我们感觉暖和，适于冬季、寒带；白色衣服适于夏季、热带。有关色彩对热量的吸收，大智浩举过一个显著的例子：原子弹在广岛爆炸时，穿着花纹衣服的人皮肤受到的灼伤面积与花纹大小相同，暗色部分灼伤重，明色部分只有一点表皮灼伤。穿白花纹或近于白色的衣服都免于灼伤。

不论冷色还是暖色，加白后有冷感，加黑后有暖感。在同一色相中也有冷色感与暖色感之别。冷暖实际上只是一个相对概念，如大红比玫红暖，但比朱红冷，朱红又比红橙冷，只有处于相对关系的红橙和绿蓝才是冷暖的极端。

5.2.2.2 色彩的空间感

在平面上如想获得立方体的、有深度的空间感，一方面可通过透视原理，用对角线、重叠等方法来形成；另一方面也可运用色彩的冷暖、明暗、彩度以及面积对比来充分体现。

造成色彩空间感觉的因素主要是色的前进和后退。色彩中我们常把暖色称为前进色，冷色称为后退色。其原因是暖色比冷色波长长，长波长的红光和短波长的蓝光通过眼睛水晶体时的折射率不同，当蓝光在视网膜上成像时，红光就只能在视网膜后成像。因此，为使红光在视网膜上成像，人眼水晶体就要变厚一些，把焦距缩短，使成像位置前移。这样，就使得相同距离内的红色感觉迫近，蓝色远去。从明度上看，亮色有前进感，暗色有后退感。在同等明度下，色彩的彩度越高越往前，彩度越低越向后。

然而，色的前进与后退与前景色紧密相关。在黑色背景上，明亮的色向前推进，深暗的色却潜伏在黑色背景的深处。相反，在白色背景上，深色向前推进，而浅色则融在白色背景中。

面积的大小也影响着空间感，大面积色向前，小面积色向后；大面积色包围下的小面积色则向前推进。作为形来讲，完整的形、单纯的形向前，分射的形、复杂的形向后。

空间感在许多设计中就是体量感和层次感，其中有纯与不纯的层次，冷与暖的层次，深、中、浅的层次，重叠和透叠的层次等。这种色的秩序、形的秩序本身就具备空间效应。当形的层次和色的层次达到一致时，其空间效应是一致的。不然，则会形成色彩的矛盾空间。

5.2.2.3 色彩的大小感

造成色彩大小感的因素是色的前进感和后退感。感觉靠近的前进色，因膨胀而比实际显大，也称膨胀色；看来远去的后退色，又因收缩而比实际显小，也叫收缩色。也就是说，暖色以及明色看着大，冷色以及暗色看着小。翻看杂志时稍稍留心，就会发现白地黑字显得小，而黑地白字显得略大。所以，设计中一般暖色系的色和明色面积要小，冷色系的色和暗色面积要适当大些，这样才易取得平衡（特殊设计除外）。

5.2.2.4 色彩的轻重感

色彩的轻重感主要与明度相关。明亮的色感到轻，如白、黄等高明度色；深暗的色感到重，如蓝、藏蓝、褐等低明度色。明度相同时，彩度高的比彩度低的感到轻。就色相来讲，冷色轻，暖色重。通常描述作品用到的"飘逸"、"柔美"、"深沉"、"稳重"、"雕塑感"等修饰语，其中都含着色彩重量的意义（当然也包括形的意义）。

5.2.2.5 色彩的柔软感

色彩的柔软感主要取决于明度和彩度，与色相关系不大。明度高、彩度低的色有柔软感，如粉彩色；明度低、彩度高的色有坚硬感；中性色系的绿和紫有柔和感，因为绿色使人联想起草坪或草，紫色使人联想到花卉；无彩色系中的白和黑是坚固的，灰色是柔软的。从调性上看，明度的短调、灰色调、蓝色调比较柔和，而明度的长调、红色调显得坚硬。

5.2.2.6 色彩的明暗感

任何一种颜色都有自己的明暗特征，我们知道色彩的明暗感是由明度要素来决定的，这当然没有错。而我们这里讲的却是与色相相关的明暗感，如蓝色比绿色亮，黄色比白色亮。

蓝绿、紫、黑不给人以亮感，红、橙、黄、黄绿、蓝、白不给人以暗感。绿是给人以中性的感觉。

5.2.2.7 色彩的强弱感

色彩的强弱感主要受明度和彩度的影响。高彩度、低明度的色感到强烈，低彩度、高明度的色感到弱。从对比的角度讲，明度的长调、色相中的对比色和补色关系的色有种强感，而明度的短调（高短调、中短调）、色相相关中的同类色、类似色有种弱感。

5.2.2.8 色彩的兴奋与沉静感

色彩的兴奋与沉静感主要取决于色相的冷暖感。暖色系红、橙、黄中明亮而鲜艳的颜色给人以兴奋感，冷色系蓝绿、蓝、蓝紫中的深暗而深浊的颜色给人以沉静感。中性的绿和紫既没有兴奋感也没有沉静感。另外，色彩的明度、彩度越高，其兴奋感越强。

色彩的积极与消极感和兴奋与沉静感完全相同。无彩色系的白与纯色组合有兴奋感、积极感，而黑与其他纯色组合则有沉静感。此外，黑色以及彩度高的色给人以紧张感，灰色及彩度低的色给人以舒适感。

5.2.2.9 色彩的明快与忧郁感

色彩的明快与忧郁感主要受明度和彩度的影响，也与色相有关。高明度、高彩度的暖色有明快感，低明度、低彩度的冷色有抑郁感。无彩色的白色明快，黑色忧郁，灰色是中性的。从调性来说，高长调明快，低短调忧郁。

5.2.2.10 色彩的华丽与朴实感

色彩的华丽与朴实感与色彩的三属性都有关联，明度高、彩度也高的色显得鲜艳、华丽，如霓虹灯、舞台布置、新鲜的水果等色；彩度低、明度也低的色显得朴实、稳重，如古代的寺庙、退了色的衣物等。红橙色系容易有华丽感，蓝色系给人的感觉往往是文雅、朴实、沉着。但漂亮的钴蓝、朔蓝、宝石蓝同样有华丽的感觉。以调性来说，大部分活泼、强烈、明亮的色调给人以华丽感，而暗色调、灰色调、土色调有种朴素感。

从对比规律上看，以上这些色彩感觉的划分都属一种相对概念。比如一组朴实的色放在另一组更为朴实的色彩旁，立刻就显出相对的华丽来。当然，在这些客观特征中也带有很大的主观性心理因素。比如对华丽的理解，有人认为结婚、过新年时用的大红色是华丽的，有人则认为宫殿里的金黄色是华丽的。所以，色彩心理的分析是不能一概而论的，只能在普遍意义上进行归纳、总结。

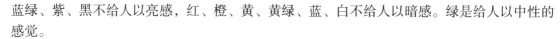

5.3　颜色视觉理论

一般地说，人类视觉系统分辨颜色的能力远高于动物。例如，猫难以区分绿色和红色，虽然这二者之间波长相差高达 150nm。而相比之下人可轻易地区分波长为 590nm 和 595nm 的两种颜色，这可能是由于人具有高度的智能。也正是由于这样高度的智能才使人类能以艺术的眼光欣赏丰富多彩的色彩。动物之中只有从生物进化角度来说最接近于人类的短尾猴具有与人类相近的颜色视觉。因此对短尾猴颜色视觉的研究有特殊的重要性。但令人感兴趣的是短尾猴眼睛中锥体细胞的视色素与人眼锥体细胞不同。

众所周知，在人类视觉系统中存在着两种感光细胞：杆体细胞和锥体细胞。前者是暗视器官，后者是明视器官，后者在照度足够高时起作用，并能分辨颜色。颜色视觉的三色理论认为在视网膜中存在着三个独立的颜色处理通道，并且这些通道是由于不同锥体细胞中不同类型的视色素所造成的。三色理论能说明为什么三种颜色可以起原色的作用，它还说明某种颜色不只是由某几个固定波长的光组合而成，而且它也可以由其他波长的光组合而成。这个理论最初是由 Young 在 1807 年提出的，后由 Helmholtz 在 1862 年做了进一步发展，并且得到实验结果的支持。1872 年 Hering 又提出了颜色的对立机制理论，即四色理论，这个理论似乎与当时已有的三色理论相矛盾，他认为在视网膜的层次中存在着以颜色差异为基础的处理机制。这种模型也得到了许多证据的支持。最近的研究证明上述这两种颜色视觉处理模型都是正确的，但它们各自在不同的颜色信息处理层次上起作用。后来两者统一为阶段学说。

5.3.1　三色学说

1807 年 Young 提出了红、绿、蓝三种原色以不同比例混合可以产生各种颜色的假设。这个假设为以后的颜色混合实验所证实。在此基础上 1862 年 Helmholtz 提出了一个颜色视觉的生理学理论。他假设在人眼内有三种基本的颜色视觉感觉纤维，后来发现这些假设的纤维和视网膜的锥体细胞的作用相类似。所以近代的三色理论认为三种颜色感觉纤维实际上是视网膜的三种锥体细胞。每一种锥体细胞包含一种色素，三种锥体细胞色素的光吸收特性不同，所以在光照射下它们吸收和反射不同的光波。根据心理物理学实验的结果，Helmholtz 假设三种颜色感觉纤维或锥体细胞的光谱吸收曲线如图 5-1 所示。

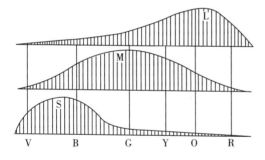

图 5-1　Helmholtz 假设的 3 种颜色纤维的
光谱吸收曲线

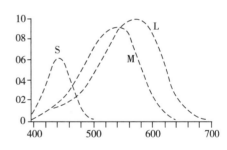

图 5-2　根据生理学数据测得锥体细胞的
光谱吸收曲线

当色素吸收光时，锥体细胞发生生物化学变化，产生神经兴奋。锥体细胞吸收的光越多，反应越强烈；吸收的光越少，反应就越小。因此，当光谱红端波长的光射到第一种锥体细胞上时它的反应强烈，而光谱蓝端的光射到它上面时反应就很小。黄光也能引起这种锥体细胞的反应，但比红光引起的反应要弱。由此可见，第一种锥体细胞是专门感受红光的。相似地，第二和第三种锥体细胞则分别是感受绿光和蓝光。

我们已经知道红、绿、蓝三种原色以不同比例混合可以产生各种颜色。白光包括光谱中各种波长的成分。当用白光刺激眼睛时，会同时引起三种锥体细胞的兴奋，在视觉上就会产生白色感觉。当用黄光刺激眼睛时，将会引起红、绿两种锥体细胞几乎相等的反应，而只引起蓝细胞很小的反应。这三种细胞不同程度的兴奋结果产生黄色的感觉（图 5－1 中的垂直线）。这正如颜色混合时，等量的红和绿加上少量的蓝会产生黄色一样。一个短波长的蓝紫光将会引起第三种锥体细胞的强烈反应，也引起第二种锥体细胞的一些活动，而几乎不能引起第一种锥体细胞的活动。与此相应，我们用大量的蓝光、少量的绿光和极少量的红光进行混合就能复现这种蓝紫光。

由此可见，由于这三种锥体细胞不同的光谱吸收曲线，使不同波长的光所造成的三种锥体细胞反应的强度不同。三者不同程度兴奋的比例关系决定我们看到的将是什么颜色。Helmholtz 假定的三种锥体细胞的吸收特性不完全一致，但却非常接近。现代的研究测得存在长、中、短三种色素，它们分别单独存在于三种锥体细胞中。这些锥体细胞可分别被称为 L、M、S 锥体细胞。这三种色素的吸收峰分别在 445nm、535nm 和 570nm 附近，并具有较宽范围的光谱感觉性（图 5－2）。L、M、S 锥体细胞相应于前面所讲的感红、感绿、感蓝锥体细胞。

三色学说可以解释不少颜色现象，现代的彩色印刷、照相分色、彩色电视机等都是基于三色学说。但还有许多颜色现象仅用三色理论模型难以解释，例如色盲现象，同时，由图 5－1 和图 5－2 所示的锥体细胞光谱吸收曲线可知，蓝色锥体细胞对波长大于 600nm 的光波是不敏感的。所以可认为在此波长以上的刺激将产生带绿的红色感觉。但实际上我们看到的是黄红色或橙色。此外，在 580nm 波长处，红、绿两种锥体细胞的光谱吸收曲线相交，这意味着这两者的反应相同，而实际上人在这时看到的是黄色。同时上述三色模型不考虑白和黑。这些现象意味着在锥体细胞以后还有一层信号处理，把经过三通道变换后的信号再变换成新的空间。这个新空间的特征似乎应该用 Hering 提出的颜色对立机制理论来说明。

5.3.2　四色学说

四色学说又叫对立学说。早在 1864 年 Hering 就根据心理物理学的实验结果提出了颜色的对立机制理论，又叫四色理论。他的理论是根据以下的观察得出的：有些颜色看起来是单纯的，不是其他颜色的混合色，而另外一些颜色则看起来是由其他颜色混合得来的。一般人都会认为橙色是红和黄的混合色，紫色是红和蓝的混合色。而红、绿、蓝、黄则看来是纯色，它们彼此不相似，也不像是其他颜色的混合色。因此，Hering 认为存在红、绿、蓝、黄四种原色。

Hering 理论的另一个根据是我们找不到一种看起来是偏绿的红或偏黄的蓝，即橙色以及绿蓝色。红和绿，以及黄和蓝色的混合得不出其他颜色，只能得到灰色或白色。这就是，绿刺激可以抵消红刺激的作用；黄刺激可以抵消蓝刺激的作用。于是 Hering 假设在视网膜中有三对视素，白－黑视素、红－绿视素和黄－蓝视素，这三对视素的代谢作用给出四种颜色感觉和黑白感觉。每对视素的代谢作用包括分解和合成两种对立过程，光的刺激使白－黑视素分解，产生神经冲动引起白色感觉；无光刺激时，白－黑视素便重新合成引起黑色感觉。白灰色的物体对所有波长的光都产生分解反应。对红－绿视素来说，红光作用时，使红－绿视素分解引起红色感觉；绿光作用时使红－绿视素合成产生绿色感觉。对黄－蓝视素来说，黄光刺激使它分解于是产生黄色感觉；蓝光刺激使它合成于是引起蓝色感觉。因为各种颜色都有一定的明度，即含有白色的成分。所以，每一颜色不仅影响其本身视素的活动，而且也影响白 - 黑视素的活动。

根据 Hering 学说，三种视素的对立过程的组合产生各种颜色和各种颜色混合现象。当补色混合时，某一对视素的两种对立过程形成平衡，因而不产生与该视素有关的颜色感觉。但所有颜色都有白色成分，所以引起白 - 黑视素的分解，从而产生白色或灰色感觉。同样情况，当所有颜色同时都作用到各种视素，红 - 绿、黄 - 蓝视素的对立过程都达到平衡，而只有白 - 黑视素活动，这就引起白色或灰色感觉。

Hering 的学说很好地解释了色盲、颜色负后像等现象。色盲是缺乏一对视素（红 - 绿，或黄 - 蓝）或两对视素的结果。Hering 学说的最大问题是对三原色能产生光谱上一切颜色这一现象没有给予说明。

5.3.3　阶段学说

三色学说和四色学说一个世纪以来一直处于对立的地位，如要肯定一个学说似乎非要否定另一学说不可。在一个时期，三色学说曾占上风，因为它有更大的实用意义。然而，最近一二十年，由于新的实验材料的出现，人们对这两个学说有了新的认识，证明二者并不是不可调和的。事实上，每一学说都只是对问题的一个方面获得了正确的认识，而必须通过二者的相互补充才能对颜色视觉获得较为全面的认识。

现代生理学研究指出，视网膜中可能存在三种不同的颜色感受器，它们是三种感色的锥体细胞，每种锥体细胞具有不同的光谱敏感特性。同时在视网膜和神经传导通路的研究中，发现视神经系统中可以分为三种反应，光反应（L）、红绿反应（R - G）和黄蓝反应（Y - B），这符合赫林的对立学说。因此可以认为，在视网膜的锥体感受水平是一个三色机制，而在视觉信息向脑皮层视区的传导通路中变成四色机制。

颜色视觉过程可以分成几个阶段。第一阶段，视网膜有三组独立的锥体感色物质，它们有选择地吸收光谱不同波长的辐射，同时每一物质又可单独产生白和黑的反应。在强光作用下产生白的反应，无外界刺激时是黑的反应。第二阶段是把第一阶段的三种锥体细胞的刺激进行重新编码，并向大脑皮层传导。第一种颜色编码信号是红 - 绿信号，它接受来自红、绿两种锥体细胞的输入，然后依照它们的相对强度发生信号。第二种信号编码是黄 - 蓝信号，在这里黄色信息是来自红和绿两种锥体的输入加以混合而得出的。由这三种锥体的输入而编码的信息是一个光的亮度（白 - 黑）信息。可见在视神经传导通路水平是四色的，这就是第二阶段。而在大脑皮层的视觉中枢，接受这

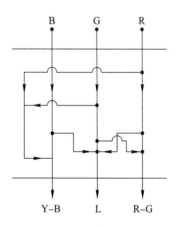

图 5 - 3　阶段学说示意图

些输送来的信息，产生各种颜色的感觉，为颜色视觉过程的第三阶段。可见，三色学说和对立学说终于在颜色视觉的阶段学说中得到了统一。阶段学说的示意图如图 5 - 3 所示。

复习思考题

1. 什么是明适应和暗适应？试举例说明。
2. 色彩的感觉有哪几种，如何在印刷过程中应用？
3. 什么是三色学说，有什么优缺点？
4. 什么是四色学说（对立学说），有什么优缺点？它和三色学说有何不同？
5. 三色学说和四色学说如何统一于阶段学说？

第二篇

描 述 颜 色

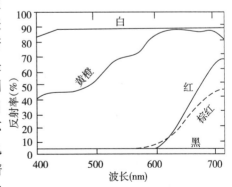

第六章 6

颜色的显色系统

6.1 色彩的心理三属性

自然界的色彩是千差万别的，人们之所以能对如此繁多的色彩加以区分，是因为每一种颜色都有自己的鲜明特征。

日常生活中，人们观察颜色，常常与具体事物联系在一起。人们看到的不仅仅是色光本身，而是光和物体的统一体。当颜色与具体事物联系在一起被人们感知时，在很大程度上受心理因素（如记忆、对比等）的影响，形成心理颜色。为了定性和定量地描述颜色，国际上统一规定了鉴别心理颜色的三个特征量，即色相、明度和饱和度。心理颜色的三个基本特征，又称为心理三属性，大致与色度学的颜色三属性——主波长、亮度和纯度相对应。色相对应于主波长，明度对应于亮度，饱和度对应于纯度。这是颜色的心理感觉与色光的物理刺激之间存在的对应关系。每一特定的颜色都同时具备这三个特征。

6.1.1 色相

色相并不等于色调。

色相是指颜色的基本相貌，它是颜色彼此区别的最主要最基本的特征，它表示颜色质的区别。从光的物理刺激角度认识色相：是指某些不同波长的光混合后，所呈现的不同色彩表象。光源的色相取决于辐射的光谱组成对人眼所产生的感觉；物体的色相取决于光源的光谱组成和物体表面选择性吸收后所反射的各波长辐射的比例对人眼所产生的感觉。从人的颜色视觉生理角度认识色相，是指人眼的三种感色视锥细胞受不同刺激后引起的不同颜色感觉。因此，色相是表明不同波长的光刺激所引起的不同颜色心理反应。例如红、绿、黄、蓝都是不同的色相。但是由于观察者的经验不同会有不同的色觉。然而每个观察者几乎总是按波长的顺序，将光谱按顺序分为红、橙、黄、绿、青、蓝、紫以及许多中间的过渡色。红色一般指610nm以上，黄色为570～

图6-1 不同色彩的分光曲线

600nm，绿色为 500~570nm，500nm 以下是青及蓝色，紫色在 420nm 附近，其余是介于它们之间的颜色。因此，色相决定于刺激人眼的光谱成分。对单色光来说，色相决定于该色光的波长；对复色光来说，色相决定于复色光中各波长色光的比例。如图 6-1 所示，不同波长的光，给人以不同的色觉。因此，可以用不同颜色光的波长来表示颜色的相貌，即主波长。如红（700nm），黄（580nm）。

色相和主波长之间的对应关系，会随着光照强度的改变而发生改变，如图 6-2 所示的是颜色主波长随光照强度的改变而发生偏移的情况。只有黄（572nm）、绿（503nm）、蓝（478nm）三个主波长恒定不变，称之为恒定不变颜色点。通常所谈的色相是指在正常的照度下的颜色。

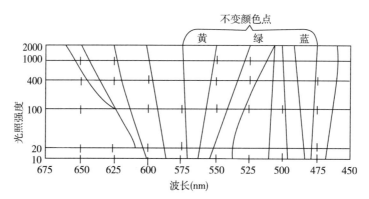

图 6-2　颜色主波长随光照强度的改变而偏移

在正常条件下，人眼能分辨光谱中的 150 多种色相，再加上谱外品红色 30 余种，共约 180 种。为应用方便，就以光谱色序为色相的基本排序，即红、橙、黄、绿、青、蓝、紫。印刷包装行业是以三原色油墨黄、品红、青为主色，加上其间色红、绿、蓝共 6 种基本色彩组成印刷色相环。

6.1.2　明度

明度不等于亮度。根据光度学的概念，亮度是可以用光度计测量的、与人视觉无关的客观数值，而明度则是颜色的亮度在人们视觉上的反映，明度是从感觉上来说明颜色性质的。

明度是表示物体颜色深浅明暗的特征量，是判断一个物体比另一个物体能够较多或较少地反射光的色彩感觉的属性，是颜色的第二种属性。简单地说，色彩的明度就是人眼所感受的色彩的明暗程度。对于发光体（光源）发出的光的刺激所产生的主观感觉量，则常用"明亮度"一词。

通常情况下是用物体的反射率或透射率来表示物体表面的明暗感知属性的。图 6-1 也表示了不同色相由于反射率的不同引起的明度差异，图 6-3 所示的是相同色相、不同反射率引起的明度不同的情况，图 6-4 所示的是不同饱和度颜色的反射率曲线。

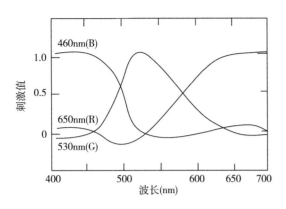

图 6 - 3　相同色相、不同反射率的明度差异曲线

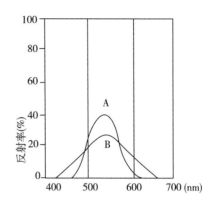

图 6 - 4　色相的差异

反射或透射光的能量取决于两个量：物体的表面照度和物体本身的表面状况。物体的表面照度与入射光的强度有关；物体的表面是否光洁，将直接影响光的反射率或透射率大小。

对消色物体来说，由于对入射光线进行等比例的非选择吸收和反（透）射，因此，消色物体无色相之分，只有反（透）射率大小的区别，即明度的区别。如图6-5所示，白色 A 最亮，黑色 E 最暗，黑与白之间有一系列的灰色，深灰 D、中灰 C 与浅灰 B 等，就是由于对入射光线反（透）射率的不同所致。

在观察物体颜色的明暗程度时，还会受到该物体所处环境色的影响，如图6-6所示，中间为均匀灰度的物体，由于物体与背景的不同亮度对比作用，增强或减弱

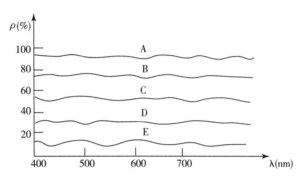

图 6 - 5　消色物体明度与反射率的关系

图 6 - 6　物体的明度受环境色影响的变化

了物体的固有亮度，因此，在包装色彩设计和印刷辨色时，一定要特别注意这种情况。

在彩色摄影、彩色印刷、彩色包装等色彩的应用中，色彩的明暗变化是十分重要的。一个画面只有颜色而没有深浅的变化，就显得呆板，缺乏立体感，不生动，从而失去真实性。因此，明度是表达彩色画面立体空间关系和细微层次变化的重要特征。

6.1.3　饱和度

饱和度是指颜色的纯洁性。可见光谱的各种单色光是最饱和的彩色。当光谱色加入白光成分时，就变得不饱和。因此光谱色色彩的饱和度，通常以色彩白度的倒数表示。在孟塞尔系统中饱和度用彩度来表示。

物体色的饱和度取决于该物体表面选择性反射光谱辐射能力。物体对光谱某一较窄波段的反射率高，而对其他波长的反射率很低或没有反射，则表明它有很高的选择性反射的能

力，这一颜色的饱和度就高。如图6-4所示，分光反射率曲线A比曲线B显示的颜色饱和度高。

物体的饱和度还受物体表面状况的影响。在光滑的物体表面上，光线的反射是镜面反射，在观察物体颜色时，我们可以避开这个反射方向上的白光，观察颜色的饱和度。而粗糙的物体表面反射是漫反射，无论从哪个方向都很难避开反射的白光，因此光滑物体表面上的颜色要比粗糙物体表面上颜色鲜艳，饱和度大些。例如丝织品比棉织品色彩艳丽，就是因为丝织品表面比较光滑的缘故。雨后的树叶、花果颜色显得格外鲜艳，就是因为雨水洗去了表面的灰尘，填满了微孔，使表面变得光滑所致。有些彩色包装要上光覆膜，目的就是增加包装表面的光滑程度，使色彩更加饱和鲜艳。

6.1.4　颜色三属性的相互关系

颜色的三个属性在某种意义上是各自独立的，但又是互相制约的。一个颜色的某一个属性发生了改变，那么，这个颜色必然要发生改变。

为了便于理解颜色三属性的独立性和制约性，以图来加以说明。图6-7表示明度相同而色相发生变化的情况；图6-8表示色相相同、饱和度相同而明度不同的情况；图6-9表示色相相近，饱和度不同的情况。

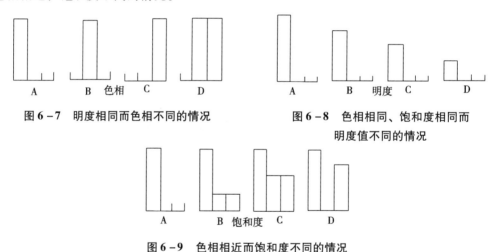

图6-7　明度相同而色相不同的情况　　　　图6-8　色相相同、饱和度相同而
　　　　　　　　　　　　　　　　　　　　　　　　　　　明度值不同的情况

图6-9　色相相近而饱和度不同的情况

6.2　颜色感觉空间的几何模型

由于每一个颜色都具有色相、明度、饱和度三个视觉心理属性，因此，如果要将自然界所有的颜色进行有序的排列，就必须使用三维的空间几何模型，我们称之为颜色立体或颜色空间。颜色的几何模型一般有几种：双锥形模型、柱形模型、立方体模型及空间坐标模型。

图6-10、图6-11、图6-12所表示的三种几何模型是比较常用的表示方法。图6-10用一个三维空间的双锥形立体来描述色彩的色相、明度和饱和度三个基本属性，在此色彩空

间中，垂直轴代表白黑系列明度的变化，顶端是白色，底端是黑色，中间是各种灰色的过渡，表示非彩色，称为明度轴或中性灰轴。色相由水平面的圆周上点的位置来表示，圆周上的各点代表光谱上各种不同的色相（红、黄、绿、蓝、紫）。圆形的中心是中性灰色，各级灰色的明度同平面圆周上各种色相的明度相同。各平面圆的径向表示饱和度，在圆周上的点的色彩饱和度最大，从圆周向圆心过渡表示色彩饱和度逐渐降低，圆心的饱和度为0，故为中性灰色（非彩色）。从圆周向上、下（白、黑）方向变化时，色彩饱和度降低，因此，最亮或最暗的颜色都不是饱和的色彩。明度不同，颜色饱和度不同，在中等明度下，颜色可以获得最大的饱和。在图6－10中任意一种颜色，可用空间点P来表示，它可以沿着色相（h）、明度（l）、饱和度（s）三个方向变化。这个双锥形立体是一个理想化了的示意模型，目的是使人们更容易理解颜色三属性的相互关系。在真实颜色关系中，饱和度最高的黄色，在靠近顶部白色明度较高的地方，而饱和度最大的蓝色，在靠近下端黑色明度较低的地方，因此各种色相的最大饱和度，并不完全在此颜色立体的中部，而且同一明度平面上的各饱和色相离开垂直中性灰轴的距离也不一样，换句话说，就是各圆形平面并不是真正的圆形。

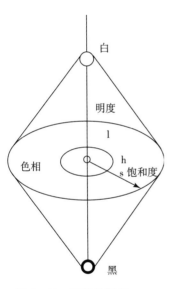

图6－10　双锥体模型

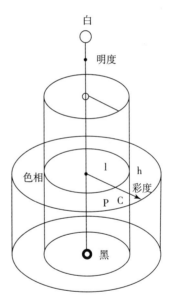

图6－11　柱形模型

图6－11用一个三维空间的柱形立体把色彩的三个基本属性——色相、明度与彩度表示出来；色相、明度的表示方法与图6－10相同，所不同的是用彩度取代了饱和度；等彩度的颜色，距离中性轴的距离相同，可用同心圆柱来表示。在这种三维系统中，如果增加或减少物体色的明度，观察者所感受到的将只是色彩明度的变化，而色相和彩度仍然保持不变。

有些色彩学家和心理学家用所谓的心理颜色空间来描述人的色彩感觉，这就是如图6－12所示用三个相互垂直的坐标轴表示的几何模型系统。垂直轴表示明度，黑在底端，白在顶端，黄－蓝色轴和红－绿色轴与白－黑轴相互垂直。黄、蓝、红、绿是判断色彩时心理上的原色，称为心理原色。其他任意一种颜色色相与特征，都可用类似于如上述这些心理原色的程度来唯一确定。例如，橙色的色相可用类似于黄—红的程度来确定，而它的明度则可用类似于白—黑的程度来确定。这样就可以在三个互相垂直轴的心理色彩空间中，有相应于某色彩的唯一的空间点 P。

立方体模型也是应用比较广泛的一种模型。以色料三原色黄、品红、青为基色，对应三维空间做色量的均匀变化，互相交织起来，组成一个理想的颜色立方体，如图6 - 13 所示。

首先将两个基色，利用 x、y 轴方向，交叉成一个平面，每个基色的色量做从 0～100% 的变化。然后再用第三个基色在 z 轴方向上也做色量从 0～100% 的变化，这样就组成了一个理想的颜色立方体。

在这样的颜色立方体中，任何一点的颜色都能以一个数字来表示，这个数字就是三原色黄、品红、青的分量，例如颜色752 为黄 7 成、品红 5 成、青 2 成合成后的颜色；

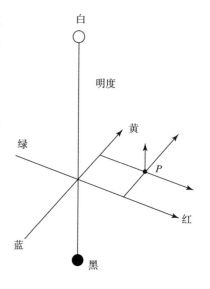

图 6 - 12　空间坐标模型

颜色267 为黄 2 成、品红 6 成、青 7 成合成后的颜色；颜色545 为黄 5 成、品红 4 成、青 5 成合成后的颜色。如图 6 - 14 所示。

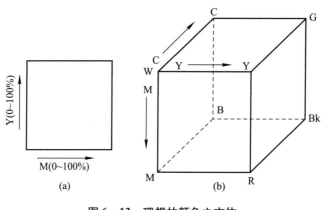

图 6 - 13　理想的颜色立方体

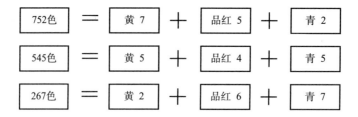

图 6 - 14　色立体中颜色编号的意义

颜色立方体从某种意义上可以认为是色谱的立体化，在颜色立方体中分割成 10^3 个即 1000 个颜色。当然这是人为的，如果每个基色分割成 20 个等级，则颜色数量就大大增加了。

6.3　孟塞尔颜色系统

美国画家孟塞尔（Albert Henry Munsell，1858～1918）于1915年创建了用颜色立体模型方法表示的孟塞尔表色系统。

6.3.1　孟塞尔颜色立体

孟塞尔颜色立体是一个三维类似球体的空间模型，如彩图6所示，把物体各种表面色的三种基本属性色相、明度、饱和度全部表示出来。以颜色的视觉特性来制定颜色分类和标定系统，以按目视色彩感觉等间隔的方式，把各种表面色的特征表示出来。目前国际上已广泛采用孟塞尔颜色系统作为分类和标定表面色的方法。

在孟塞尔颜色立体中，中央轴代表色彩的明度，颜色越靠近上方，明度越大；垂直于中央轴的圆平面周向代表颜色的色相；在垂直于中央轴的圆平面上，距离中央轴越近的颜色彩度越小，反之越大。

6.3.2　孟塞尔色相 H

孟塞尔颜色立体水平剖面上表示10种基本色。如彩图7所示，它含有5种原色：红（R）、黄（Y）、绿（G）、蓝（B）、紫（P）和5种间色：黄红（YR）、绿黄（GY）、蓝绿（BG）、紫蓝（PB）、红紫（RP）。然后，再进一步把这10个色相各自从1到10细细划分，总计得到100个刻度的色相环。用5R、8R等方式表示。这时各色相的第5号，即5R、5YR、5Y……是该色相的代表色相。也可以概略表示成R、YR、Y……等。另外，也有把RP和R中间的10RP表示成PR－R，把R和YR中间的10R表示成R－YR的情况。孟塞尔各主要色相对应的主波长如表6－1所示（明度值V＝5）。

表6－1　孟塞尔10个主要色相的波长（明度值V＝5）

孟塞尔号	5R	5YR	5Y	5GY	5G	5BG	5B	5PB	5P	5RP
名称	红	橙	黄	黄绿	绿	蓝绿	蓝	青紫	紫	红紫
波长（nm）	660	588	578	565	505	493	482	472	－560	－510

6.3.3　孟塞尔明度 V

在孟塞尔颜色立体中，以中央轴代表无彩色黑白系列中性色的明度等级，黑色在底部，白色在顶部，称为孟塞尔明度值。按照视觉上等距的原则，将明度分为0～10共11个等级，理想白色定为10，理想黑色定为0。在0（黑）和白（10）之间加入等明度渐变的9个灰色，用N0、N1……N10表示。对不同色相的彩色则用与它等明度的灰色来表示该颜色的明度，记为 V1/、V2/、V3/……，如彩图 8 所示。

6.3.4　孟塞尔彩度 C

在孟塞尔系统中，颜色样品离开中央轴的水平距离代表饱和度的变化，称之为孟塞尔彩度。彩度也是分成许多视觉上相等的等级。中央轴上的中性色彩度为 0，离开中央轴越远，彩度数值越大。该系统通常以每两个彩度等级为间隔制作一颜色样品。各种颜色的最大彩度是不相同的，个别颜色彩度可达到 20。

任何颜色都可以用颜色立体上的色相、明度值和彩度这三项坐标来标定，并给一标号。标定的方法是先写出色相 H，再写明度值 V，在斜线后写彩度 C。

$$HV/C = 色相　明度值/彩度$$

例如标号为 10Y8/12 的颜色：它的色相是黄（Y）与绿黄（GY）的中间色，明度值是 8，彩度是 12。这个标号还说明，该颜色比较明亮，具有较高的彩度。3YR6/5 标号表示：色相在红（R）与黄红（YR）之间，偏黄红，明度值是 6，彩度是 5。

对于非彩色的黑白系列（中性色）用 N 表示，在 N 后标明度值 V，例如标号 N5/ 的意义：明度值是 5 的灰色。

另外对于彩度低于 0.3 的中性色，如果需要做精确标定时，可采用下式：

$$NV/(H, C) = 中性色明度值/(色相，彩度)$$

例如标号为 N8/（Y，0.2）的颜色，该色是略带黄色明度为 8 的浅灰色。

6.3.5　孟塞尔图册

用 HVC 把各种表面色的特性表示出来，给以颜色标号，并按此精心制作成许多标准颜色样品，汇编成颜色图册。1915 年，在美国最早出版了《孟塞尔颜色图谱》（Munsell Atlas of Color）。1929 年和 1943 年美国国家标准局（National Bureau of Standards，缩写为 NBS）和美国光学会（Optical Society of America，缩写 OSA）对孟塞尔颜色系统做了进一步研究，由孟塞尔颜色编排小组委员会对孟塞尔色样进行了光谱光度测量及视觉实验，并按视觉上等距的原则对孟塞尔图册中的色样进行了修正和增补，重新编排了孟塞尔图册中的色样，制定了"孟塞尔新标系统"（Munsell renovation system）。新标系统中的色样编排在视觉上更接近等距，而且对每一色样都给出相应的 CIE 1931 色度学系统的色度坐标，即 Y、x、y 值。

现在出版发行的《The Munsell Book of Color（孟塞尔颜色图册）》分为光泽版（Glossy Edition）、亚光版（Matte Edition）和近中性色版（Nearly Neutrals Edition）。光泽版包含了 1600 多个孟塞尔高光泽的颜色，每个颜色都按照 40 个固定的色相排列，并且可以自由抽取，同时还新增了 37 个孟塞尔的灰系列，每张活页大小为：9.75″×11″（25cm×28cm），每个颜色样本大小为：3/4″×15/8″（2cm×4cm）。亚光版包含了 1300 多个孟塞尔半光泽的颜色，同时还新增了 31 个孟塞尔的灰系列。近中性色版提供了接近中性灰的颜色，这些颜色包含了 37 个灰色等级，明度从 0.5/ –9.5，间距以四分之一递增。

《孟塞尔颜色图册》是以颜色立体的垂直剖面为一页依次列入。整个立体划分成 40 个垂直剖面，图册共 40 页，在一页里面包括同一色相的不同明度值、不同彩度值的样品。如彩图 9 所示，是颜色立体 5Y 和 5PB 两种色相的垂直剖面。中央轴表示明度值等级 1~9，右侧的色相是黄（5Y）。当明度值为 9 时，黄色的彩度最大，该色的标号为 5Y9/14，其他明度值的黄色都达不到这一彩度。中央轴左侧的色相是紫蓝（5PB），当明度值为 3 时，紫蓝色的彩度最大。该色的标号：5PB3/12。

6.4　其他显色系统表色方法

除了孟塞尔颜色系统以外，还有很多其他显色系统正在得到广泛的应用，比如德国 DIN 表色系统、美国光学委员会表色系统（OSA Uniform color scale system）、瑞典自然色系统（Natural Color System）、奥斯瓦尔德表色系统（Ostwald Color System）、日本的彩度顺序表色系统（Chroma cosmos 5000）等。

6.4.1　自然色系统

NCS 是 Natural Colour System（自然色彩系统）的简称。NCS 的研究始于 1611 年，后来在色彩学、心理学、物理学以及建筑学等十几位专家数十年的共同努力下，经过了反复的科学试验，于 1979 年完成。NCS 系统已经成为瑞典、挪威、西班牙等国的国家检验标准，它是欧洲使用最广泛的色彩系统，并正在被全球范围采用。

6.4.1.1　NCS 基本原理

NCS 以 6 个心理原色：白色（W）、黑色（S），以及黄色（Y）、红色（R）、蓝色（B）、绿色（G）为基础。黑白是非彩色，黄、红、蓝、绿是彩色。在这里，黄不是由红和绿混合产生的颜色，而是由人的颜色视觉所感受到的颜色。在这个系统中用"相似"，而不是用"混合"的术语，就是因为它是根据直接观察的色彩感觉，而不是根据混色实验对颜色进行分类和排列的。按照人们的视觉特点，黄色可以和红、绿相似而不可能和蓝相似；蓝色可以和红、绿相似而不可能和黄相似；红、绿彼此不相似；所有其他的颜色均可以看作是和黄、红、蓝、绿、黑、白这 6 种颜色有不同程度的相似的颜色。根据这一特点，NCS 采用的色彩感觉几何模型如彩图 10 所示。

在这个三维的立体模型中，立体的上下两端是两种非彩色原色，顶端是白色，底端是黑色。立体在中间部位由黄、红、蓝、绿 4 种彩色原色形成一个色相环。在这个立体系统中，每一种颜色都占有一个特定的位置，并且和其他颜色有准确的关系。

颜色立体的横剖面是圆形的色相环，如彩图 11 所示。色相环上有 4 种彩色原色，黄、红、蓝、绿，它们把整个圆环分成 4 个象限，每一个象限又分为 100 个等级。要想判断某一个颜色的色相，首先要判别出该色相位于哪个象限内，然后再判断产生这一色相所需两原色的相对比例。以象限 Y–R 为例，从 Y 到 Y50R，黄对红的优势逐渐减少；从 Y50R 到 R，红对黄的优势逐渐增加，一直到红原色为止。若用百分比来说明颜色的这种标法，就容易理解颜色标号的意义。例如一个颜色的标号为 Y70R，就表示这个颜色中红色对黄色有 70% 的优势，而黄只是占到 30%。

NCS 颜色立体的垂直剖面图的左右半侧各是一个三角形，如彩图 12 所示。三角形的 W 角代表白，S 角代表黑，也就是颜色立体的顶端和底端，C 代表一个纯色，与黑白都不相似。用 NCS 判定颜色时，第二步是由目测判别出该颜色中含有彩色和非彩色量的相对多少。颜色三角形中有两种标尺：彩度标尺说明一个颜色与纯彩色的接近程度，黑白标尺说明一个颜色与黑色的接近程度，这两种标尺被均分成 100 等份。NCS 规定，任何一种颜色所包含的原色数量总量为 100，即白 + 黑 + 彩色 = 100，其具体的计算和表示方法如下：

若某颜色表示为 2030 – Y90R，2030 表示该颜色包含有 20% 的黑和 30% 的彩色，也就是说，该颜色还有 100% – 20% – 30% = 50% 的白。在 30% 的彩色中，Y90R 表示色相，也就是与黄色 Y 与红色 R 之间的对应关系，Y90R 表示红色占彩色的 90% 和黄色占彩色的 10%。所以说在这一颜色中，各原色的比例关系是：黑 – 20%、白 – 50%（100% – 20% – 30%）、红 – 27%（30% × 90%）、黄 – 3%〔30% × （100% – 90%）〕、蓝 – 0%、绿 – 0%。

纯粹的灰色是没有色相的，标注以 – N 来表示非彩色。其范围从 0500 – N（白色）到 9000 – N（黑色）。NCS 色彩编号前的字母 S 表示 NCS 第 2 版色样。这一版的色彩标准下的涂料油漆中不含有毒成分。

当我们熟悉了 NCS 系统，就可以根据颜色的编号判断其属性。例如多少明度，多少艳度，是什么色相等。这有助于颜色的交流和检验，还有助于识别那些未标注以 NCS 编号的颜色。

6.4.1.2　NCS 与色彩应用

（1）NCS 主要使用对象。

①设计师：无论是平面设计还是工业设计、纺织品设计、室内设计，NCS 都能够用于设计和色彩识别。

②建筑行业：从建筑色彩规划、设计、施工到监理，乃至建筑产品及室内装饰，NCS 都能够用于设计、色彩识别和质量控制。

③工厂：适用于对色彩有较高要求的生产者，如颜料、印刷、包装等，特别是涂料油漆厂。NCS 可以适用于生产、质量控制及营销等各个环节。

④其他：贸易、产品色彩管理及公司组织形象等。

目前，总共有超过 250 个 NCS 授权许可用户，遍及 52 个国家的约 1000 个公司。总之，NCS 能胜任一切对于色彩的高质量要求，完成从概念到展示、识别和实现等过程。

（2）NCS 的优点。

①全部 1750 种颜色通过色立体进行了有规律的排列，是便于理解的、实用的和设计精良的色谱。

②提供了色彩交流的国际化语言，保证了无障碍的色彩沟通。

③一系列高质量的色彩产品，能够适应各种不同的色彩设计、选择和识别的需要。

④卓越的色彩质量使得从概念到展示、识别及成品之间达到准确的色彩控制。

⑤被全球众多制造商所采用，广泛应用于高质量色彩管理。

（3）NCS 广泛的应用领域。

①研究：NCS 系统在全球范围内被应用于所有不同的色彩研究，被广泛印刷成上百种科

学论文、书籍、演讲稿等。

②教育：NCS 系统被很多欧洲国家的色彩教育机构所采用。欧洲大多数的建筑、设计、工程、绘画高等学院均采用 NCS，同时作为跨学科的颜色参照系统，NCS 被推荐给不同的科系。

③建筑：在欧洲，超过 10 万人次，1000 多家工厂使用 NCS，而建筑师们更是以其作为色彩参照。欧洲大多数油漆厂生产的产品均标有 NCS 说明并且是 NCS 注册用户。

④工业：NCS 作为一种产品质量标准被很多厂家用以进行色彩生产控制及管理。

⑤企业形象：NCS 系统已成为挪威、西班牙、瑞典等国的国家检验标准；同时作为高质量颜色标准，NCS 也被众多大公司用于企业形象识别。

⑥软件：现在 NCS 可作为一个颜色库用在 Photoshop、CorelDraw 等软件中，工厂和一些重要的软件设计公司也专门注册使用 NCS。

⑦商贸：和尽可能多的机构和厂家之间开展有关 NCS 色彩系统的各种合作。

6.4.2　色谱表色法

色谱（color standard）又叫色表或色彩图，是供用色部门参考的色彩排列表。色谱表色法是一种以有规律的一系列实际色块作为参考色样的最直观、通俗易懂的颜色表示方法。色谱表色法在与颜色打交道的各行各业和部门得到了广泛的应用。不同国家的许多行业都根据自己特定的需求，用不同的排列方法编排了色谱，也有单一行业用的专用色谱，如印刷行业的印刷色谱。各种色谱中包含的颜色数目也各不相同，对颜色的命名方法也有所差异。但它们一般是按照颜色的三属性变化规律排列，直观地提供各种常用颜色的色样，便于理解、交流和应用。

色谱是用色料表现颜色。由于目前彩色复制技术条件和原材料质量的限制，还无法复制出我们希望的所有颜色，所以它只能对在一定范围内的典型颜色提供参考依据。

6.4.2.1　普通色谱

普通色谱一般由国家有关部门统一制定，是供多个行业，如印染、纺织、交通、建筑、设计等通用的颜色参考工具。

中国色谱是 1957 年 10 月由中国科学院出版的色谱。这本色谱分为彩色和无彩色两部分，共 1631 个色块。

中国色谱中的彩色部分包含 8 种基本色，分别是：黄、橙、红、品红、紫、蓝、青、绿，分别用罗马数字 Ⅰ、Ⅱ、Ⅲ、Ⅳ、Ⅴ、Ⅵ、Ⅶ、Ⅷ表示。每个基本色由浅到深分为 7 个等级，组成一页 49 个深浅不同色块的色谱。如表 6-2 所示，是黄和橙两种基本色的配合情况。图中越往左上角，颜色的明度越大，彩度越小。越往右下角，则颜色的明度越小，彩度越大。表中许多颜色是以习惯命名法加以命名，在整个色谱中，已经命名的颜色有 625 种，其余则以数字来表示。

表6-2　中国色谱中黄、橙配合页

		黄						
		1'	2'	3'	4'	5'	6'	7'
橙	1	乳白	杏仁黄	茉莉黄	麦杆黄	油菜花黄	佛手黄	迎春黄
	2	21'	22'	箆黄	葵扇黄	柠檬黄	金瓜黄	藤黄
	3	31'	酪黄	香水玫瑰黄	浅蜜黄	大豆黄	素馨黄	向日葵黄
	4	41'	42'	43'	44'	鸭梨黄	黄连黄	金盏黄
	5	51'	蛋壳黄	肉色	54'	鹅掌黄	鸡蛋黄	鼬黄
	6	61'	62'	63'	榴萼黄	浅橘黄	枇杷黄	橙皮黄
	7	71'	北瓜黄	73'	杏黄	雄黄	万寿菊黄	77'

6.4.2.2　印刷色谱

印刷色谱是根据印刷工业的特点和要求，汇集大量实际色样分类排列，在实际印刷生产中更有针对性和实用性。印刷色谱又叫印刷网纹色谱，是用标准的黄、品红、青、黑四色油墨，按照不同的网点面积率叠合印成各种色彩的色块的总和。

印刷过程中，彩色图像复制通常是由三原色油墨外加黑色油墨以大小不等的网点套印而成。在这个印刷过程中，印刷色谱对制版、打样、调墨、印刷等各个工序都起着很大的参考和指导作用。

（1）印刷色谱的基本组成。

对于常规的印刷色谱，虽然由于条件、使用对象的不同，其组成、色块的排列方式和色块数目有一定的差别，但是都必须包含由CMYK原色以不同比例组成的单色、双色、三色、四色部分。

以《设计与印刷标准色谱（亮光铜版纸）》为例，该色谱按照印刷油墨比例来编排，分为双色、三色和四色印刷颜色。每页上的色样按两个颜色变化、其他颜色固定的方式排列，每个颜色按5%、10%、20%、30%、40%、50%、60%、70%、80%、90%、100%的网点比例变化，四色印刷的黑色墨量最大限制为80%。彩图13为$K = 40$和50、$Y = 50$、$C = 0 \sim 100$、$M = 0 \sim 100$的两页色谱举例。因此，单色梯尺暗含在各页色谱上侧和外侧的油墨标尺中；双色6页，共$12 \times 12 \times 6 = 864$个色块；三色37页（$C + M + Y$组合时，Y从10%到100%，共10级；两色$+ K$组合时，K从10%到90%，共9级），共$12 \times 12 \times 37 = 5328$个色块；四色80页（Y从10%到100%，共10级，K从10%到80%，共8级），共$12 \times 12 \times 80 = 11520$个色块。每个色块的面积为11.5mm×12mm，中间用1.5mm的白线分开。在明视觉距离观察的条件下，色块与眼睛形成的视角大约为4°以内，符合观察和计算印刷品颜色使用CIE 1931 XYZ标准观察者函数的条件。

（2）色谱的其他组成。

除了各印刷原色叠印的单色、双色、三色和四色效果外，印刷色谱图册一般还包含有一些其他的内容。如《设计与印刷标准色谱（亮光铜版纸）》介绍了颜色的由来、颜色的视觉属性、三原色与颜色的混合、颜色的和谐理论、颜色环，以及淡纯色系列、浓纯色系列、明亮色系列、浅淡色系列、深浓色系列、深暗色系列、暖色系、冷色系的各种效果。《四色配色印艺图典》除了标准色谱外，还包含了金银色谱、色彩的情感搭配，以及一系列的印艺纸艺效果，如铜版纸四色印刷局部 UV、硫酸纸四色印刷、双胶纸四色印刷、印银、烫印、烫黑、烫红、印金、烫金等效果。

（3）印刷色谱的作用。

色谱以其直观性和实用性成为印刷行业最常用的颜色表示方法，是一种对多个工序具有指导意义的颜色参考工具。它的使用有利于整个印刷工艺过程的标准化、数据化、规范化。客户的业务人员可以由色谱得知现有条件下所能获得的彩色复制效果；打样及调墨人员可以根据色谱调配出各种彩色印品所需要的专色油墨；印刷人员可以根据色谱各种纸张和油墨的呈色效果，评定彩色印刷品的质量。

从理论上讲，印刷色谱只能用于纸张、油墨、制版工艺、印刷工艺条件完全一样的复制过程，如《设计与印刷标准色谱（亮光铜版纸）》的印刷条件见表 6－3 所示，所以，印刷色谱最好由各印刷厂家在本厂的具体条件下印刷。因为色谱的印刷制作过程中涉及原材料以及印刷各种相关条件等许多可变的因素，只有在本厂特定的环境中，利用本厂现有的分色、加网、修版、晒版、打样、印刷设备以及常用的感光胶片、印版、纸张、油墨等原材料，发挥本厂各个工序操作人员的技术水平，才能够印刷出对本厂最具有实际指导作用和参考价值的色谱。另外，随着时间的推移，调墨和纸张的物理化学性质会发生变化，会降低色谱的参考价值，因此印刷色谱应定期更新，同时将印制过程中使用的各种原材料的种类、设备型号等数据做详细的记录。

表 6－3　《设计与印刷标准色谱（亮光铜版纸）》的印刷条件

项目	参数
纸张	金东太空梭 $128 \mathrm{g/m^2}$ 双面亮光铜版纸和亚光铜版纸
纸张颜色	$L^* = 93.65$，$a^* = 1.02$，$b^* = -4.28$（亮光铜版纸） $L^* = 93.65$，$a^* = 1.02$，$b^* = -4.28$（亚光铜版纸）
印刷油墨	东洋油墨
制版方式	CTP 直接制版（柯达 LOTEM 800）
版材	柯达 CTP 版
加网角度	C15°，M45°，Y90°，K75°
网点形状	圆形网点
加网线数	175dpi
印版输出网点误差	小于 1%
印刷机型号	海德堡 CD102－4 对开四色印刷机
印刷速度	8000 印/时
印刷色序	黑、青、品红、黄

复习思考题

1. 什么是颜色的心理三属性？并举例说明如何区分颜色的三属性？

2. 简述孟塞尔系统的构成。

3. 颜色样品的孟塞尔标号如下，请说明各自的色相、明度与饱和度。

　（a）5R4/10　　　（b）5G6/2　　　（c）5B7/14　　　（d）10GY8/10

　（e）N1　　　（f）N7　　　（g）5PB5/12　　　（h）7.5RP6/13

4. 什么是"自然颜色系统"？它与孟塞尔系统有何不同？

5. 说明下列各颜色样标号的意义：

　（a）2060Y50R　　　（b）3060B60G

　（c）1080G　　　（d）4060R80B

第七章 7

CIE 标准色度学系统

7.1　颜色匹配实验

混色系统（color mixing system）是根据色度学的理论和实验证明任何色彩都可以由色光三原色混合得到而建立的。色度三原色是红、绿、蓝。利用红、绿、蓝三色光可以混合匹配出任何想要的颜色。对于物体的表面色，需用仪器测定其所反射或者透射的三原色光的数量，此三原色色光的作用量称为色彩的三刺激值。

由颜色的基本混合定律知道，外貌相同的颜色可以相互替代，而且可以通过匹配实验的方法来获得。颜色匹配就是将两个颜色调节到在视觉上完全一致或者相等的方法。颜色匹配的方法有转盘实验法和色光匹配法。

7.1.1　转盘实验法

转盘实验法是比较普通的一种方法，简单快捷，但是精度较低，多用于颜色匹配的示意。颜色转盘由几块不同颜色的圆盘组成，通常是由红（R）、绿（G）、蓝（B）三种彩色和黑色四种颜色的四块圆盘。每一圆盘由中心至边缘剪开一直缝，以便于四块圆盘交叉叠放，成为四块扇形颜色的表面。为了单独地改变红、绿、蓝色扇形的面积比例，需有一块黑色扇形面，这一黑色扇

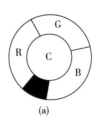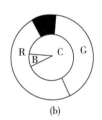

图 7 - 1　颜色转盘

形面还可以用来调节亮度。当转盘高速旋转时，眼睛便看到一混合色，如果将另一被匹配的颜色转盘放在转盘的中心部位，如图 7 - 1（a）所示，而把四个扇形面放在转盘的外圈。调节三种颜色的面积比，就可以使外圈的混合色看起来和内圈的颜色相同，从而实现了颜色的匹配。

在颜色的转盘实验中，三种颜色刺激先后作用到视网膜的同一部位。当第一种颜色的刺激在视网膜上还没有消失时，第二种颜色的刺激已经发生作用，当第二种颜色刺激的视后效应还没有消失时，第三种颜色的刺激又开始发生了作用。由于三种颜色的刺激快速先后作用，视觉上便产生了混合色。

7.1.2　色光匹配法

颜色匹配的另外一种方法就是色光匹配法，它是一种精确的匹配方法。色光的颜色匹配实验如图 7－2 所示。左方是一块白色屏幕，上方为红（R）、绿（G）、蓝（B）三原色光，下方为待配色光（C），三原色光照射白屏幕的上半部，待配色光照射白屏幕的下半部，白屏幕上下两部分用一黑挡板隔开。由白屏幕反射出来的光通过小孔抵达右方观察者的眼内。人眼看到的视场如图右下方所示，视场范围在 2°左右，被分成两部分。图右上方还有一束光，照射在小孔周围的背景白板上，使视场周围有一圈色光作为背景。实验时，调节红、绿、蓝三原色的强度比例，便产生看起来和另一颜色相同的混合色，便

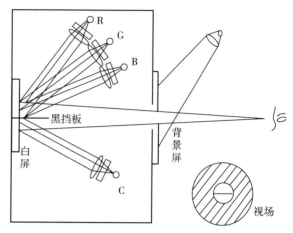

图 7－2　色光匹配实验

实现了颜色匹配。例如，若需要匹配从红到绿的各种颜色，可关闭蓝光，改变红和绿的比例，便能够产生红、橙、黄、绿等一系列的颜色，当关闭绿光，改变红光和蓝光的比例时，便可产生红、紫、蓝等一系列的颜色。因此，在此实验装置上可以进行一系列的颜色匹配实验。待配色光可以通过调节上方三原色的强度来混合形成，当视场中的两部分色光相同时，视场中的分界线消失，两部分合为同一视场，此时认为待配色光的光色与三原色光的混合光色达到色匹配。

色光匹配实验和转盘匹配实验不同，它是颜色的色光在外界发生混合之后才到达人的视觉器官即人眼的，而转盘匹配实验是先后混合。这也说明不同的刺激方法，都可以对人的视觉产生颜色混合的效果。

7.1.3　颜色方程

颜色转盘和色光的匹配可以用数学形式表示，以（C）表示待匹配的颜色（颜色转盘中间的颜色，色光匹配实验中的待匹配的单色光），以（R）、（G）、（B）代表红、绿、蓝三原色，由以 R、G、B 分别代表红、绿、蓝三原色的数量（三刺激值），则颜色方程可以表达为：

$$(C) \equiv R(R) + G(G) + B(B) \tag{7-1}$$

式中　　"≡"——代表匹配，即视觉上相等。

7.1.4　负刺激值

在颜色转盘实验中，如果被匹配的颜色（转盘中心的颜色）的饱和度很大，仍用红、绿、蓝三原色可能实现不了匹配，在这种情况下，如图 7－1（b）所示，可以将外圈的一种颜色加到中心被匹配的颜色上，而外圈上只用两种颜色（加黑色）和中心的颜色匹配，当

各种颜色的扇形面积调节到一定的比例时，便可以达到与外圈的颜色的匹配，若用（C）表示待匹配的饱和色，则颜色方程可以表示为：

$$(C) + B(B) \equiv R(R) + G(G)$$

即

$$(C) \equiv R(R) + G(G) - B(B) \tag{7-2}$$

同理，在色光的匹配实验中，当匹配相等能量的光谱色时，所需三原色光的数量叫作光谱三刺激值，用 $\overline{r}$、$\overline{g}$、$\overline{b}$ 表示。则匹配波长为 λ 的等能光谱色（C_λ）的颜色方程为：

$$C_\lambda \equiv \overline{r}(R) + \overline{g}(G) + \overline{b}(B) \tag{7-3}$$

如果屏幕上被匹配的颜色是非常饱和的光谱色，仍然用红、绿、蓝进行匹配时，就会发现光谱色的饱和度太高，用三原色混合得不到满意的效果，这时就应将少量的三原色色光的其中一个加到待匹配的高饱和度的色光一侧，用其余两个原色光去实现匹配。例如，光谱色的黄光就不能够用红、绿、蓝混合得到满意的效果，如果将少量的蓝光加到黄光一侧，用红光和绿光匹配，就可以得到满意的效果。则颜色方程可以表示为：

$$C_\lambda + \overline{b}(B) \equiv \overline{r}(R) + \overline{g}(G)$$

即

$$C_\lambda \equiv \overline{r}(R) + \overline{g}(G) - \overline{b}(B) \tag{7-4}$$

在这里，可以理解为某颜色可以由 $\overline{r}$ 个单位的红、$\overline{g}$ 个单位的绿，同时减去 $\overline{b}$ 个单位的蓝匹配而成。

7.2　CIE 1931 RGB 表色系统

由于外界的光辐射作用于人眼，因而产生颜色的感觉，这说明，物体的颜色既取决于物理刺激，又取决于人眼的特性。颜色的测量和标定应符合人眼的观察结果。为了定量地表示颜色，首先必须研究人眼的视觉特性。然而不同的观察者的视觉特性并不是完全相同的，这就要求根据许多观察者的颜色视觉实验来确定为匹配等能光谱色所必须的三原色数据。CIE 1931 RGB 真实三原色表色系统就是根据莱特（W. D. Wright）和吉尔德（J. Guild）分别实验的结果，取其光谱三刺激值的平均值，作为该系统的光谱三刺激值，全部的光谱三刺激值又常称为"标准色度观察者"。

1928～1929 年，莱特用红（650nm）、绿（530nm）、蓝（460nm）作为三原色，由 10 名观察者在 2° 视场条件下做了颜色匹配实验。其三原色的单位是这样规定的，相等数量的红和绿刺激匹配，获得 582.5nm 的黄色，相等数量的蓝和绿刺激匹配，获得 494.0nm 的蓝绿色，匹配结果如图 7-3 所示。从图中可知，为了匹配 460～530nm 的光谱色，原色红的刺激值是负值，说明必须将少量的红加到光谱色的一侧，以降低光谱色的饱和度，才能使原色绿和蓝的混合色与之匹配。

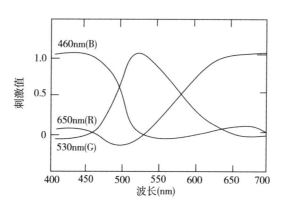

图7-3 莱特用三原色匹配光谱色的实验结果

同样，吉尔德选择用红（630nm）、绿（542nm）、蓝（460nm）作为三原色，由7名观察者做了颜色匹配实验。他是以三原色色光匹配色温为4800K的白光为条件，规定三者的数量关系。实验结果如图7-4所示。从图中可知，无论匹配哪一个波长上的光谱色，总有负值出现，在510nm处，原色红的负值最大。

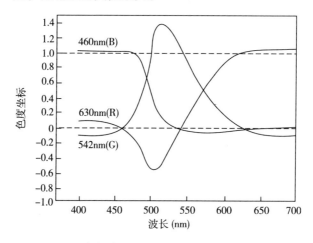

图7-4 吉尔德用三原色匹配光谱色的实验结果

根据两人的实验结果，如果把三原色光转换成700nm、546.1nm、435.8nm，并将三原色的单位调整到相等的数量，相加匹配出等能白光的条件，两人实验的结果非常一致。因此，CIE规定红、绿、蓝三原色的波长分别为700nm、546.1nm、435.8nm，在颜色匹配实验中，当这三原色光的相对亮度比例为1.0000：4.5907：0.0601，或它们的辐射能之比为72.0962：1.3971：1.0000时就能匹配出等能白光，所以CIE选取这一比例作为红、绿、蓝三原色的单位量，即（R）：（G）：（B）=1：1：1。尽管这时三原色的亮度值并不等，但CIE却把每一原色的亮度值作为一个单位看待。因此，波长为λ的光谱色的匹配方程可以表示为：

$$C_\lambda \equiv \bar{r}_\lambda \cdot (R) + \bar{g}_\lambda \cdot (G) + \bar{b}_\lambda \cdot (B) \qquad (7-5)$$

表7-1的第2、3、4列列出了各波长光谱色的三刺激值。图7-5则是光谱三刺激值曲线，这一组函数称为"CIE 1931 RGB色度观察者光谱三刺激值"。

表 7-1　国际 R. G. B 坐标制（CIE 1931 标准色度观察者）

波长	光谱三刺激值			色度坐标		
（nm）	$\bar{r}(\lambda)$	$\bar{g}(\lambda)$	$\bar{b}(\lambda)$	$r(\lambda)$	$g(\lambda)$	$b(\lambda)$
380	0.00003	-0.00001	0.00117	0.02720	-0.01150	0.98430
385	0.00005	-0.00002	0.00189	0.02680	-0.01140	0.98460
390	0.00010	-0.00004	0.00359	0.02630	-0.01140	0.98510
395	0.00017	-0.00007	0.00647	0.02560	-0.01130	0.98570
400	0.00030	-0.00014	0.01214	0.02470	-0.01120	0.98650
405	0.00047	-0.00022	0.01969	0.02370	-0.01110	0.98740
410	0.00084	-0.00041	0.03707	0.02250	-0.01090	0.98840
415	0.00139	-0.00070	0.06637	0.02070	-0.01040	0.98970
420	0.00211	-0.00110	0.11541	0.01810	-0.00940	0.99130
425	0.00266	-0.00143	0.18575	0.01420	-0.00760	0.99340
430	0.00218	-0.00119	0.24769	0.00880	-0.00480	0.99600
435	0.00036	-0.00021	0.29012	0.00120	-0.00070	0.99950
440	-0.00261	0.00149	0.31228	-0.00840	0.00480	1.00360
445	-0.00673	0.00379	0.31860	-0.02130	0.01200	1.00930
450	-0.01213	0.00678	0.31670	-0.03900	0.02180	1.01720
455	-0.01874	0.01046	0.31166	-0.06180	0.03450	1.02730
460	-0.02608	0.01485	0.29821	-0.09090	0.05170	1.03920
465	-0.03324	0.01977	0.27295	-0.12810	0.07620	1.05190
470	-0.03933	0.02538	0.22991	-0.18210	0.11750	1.06460
475	-0.04471	0.03183	0.18592	-0.25840	0.18400	1.07440
480	-0.04939	0.03914	0.14494	-0.36670	0.29060	1.07610
485	-0.05364	0.04713	0.10968	-0.52000	0.45680	1.06320
490	-0.05814	0.05689	0.08257	-0.71500	0.69960	1.01540
495	-0.06414	0.06948	0.06246	-0.94590	1.02470	0.92120
500	-0.07173	0.08536	0.04776	-1.16850	1.39050	0.77800
505	-0.08120	0.10593	0.03688	-1.31820	1.71950	0.59870
510	-0.08901	0.12860	0.02698	-1.33710	1.93180	0.40530
515	-0.09356	0.15262	0.01842	-1.20760	1.96990	0.23770
520	-0.09264	0.17468	0.01221	-0.98300	1.85340	0.12960
525	-0.08473	0.19113	0.00830	-0.73860	1.66620	0.07240
530	-0.07101	0.20317	0.00549	-0.51590	1.47610	0.03980
535	-0.05136	0.21083	0.00320	-0.33040	1.31050	0.01990
540	-0.03152	0.21466	0.00146	-0.17070	1.16280	0.00790
545	-0.00613	0.21487	0.00023	-0.02930	1.02820	0.00110

续表

波长 （nm）	光谱三刺激值			色度坐标		
	$\bar{r}(\lambda)$	$\bar{g}(\lambda)$	$\bar{b}(\lambda)$	$r(\lambda)$	$g(\lambda)$	$b(\lambda)$
550	0.02279	0.21178	-0.00058	0.09740	0.90510	-0.00250
555	0.05514	0.20588	-0.00105	0.21210	0.79190	-0.00400
560	0.09060	0.19702	-0.00130	0.31640	0.68810	-0.00450
565	0.12840	0.18522	-0.00138	0.41120	0.59320	-0.00440
570	0.16768	0.17807	-0.00135	0.49730	0.50670	-0.00400
575	0.20715	0.15429	-0.00123	0.57510	0.42830	-0.00340
580	0.24526	0.13610	-0.00108	0.64490	0.35790	-0.00280
585	0.27989	0.11686	-0.00093	0.70710	0.29520	-0.00230
590	0.30928	0.09754	-0.00079	0.76170	0.24020	-0.00190
595	0.33184	0.07909	-0.00063	0.80870	0.19280	-0.00150
600	0.34429	0.06246	-0.00049	0.84750	0.15370	-0.00120
605	0.34756	0.04776	-0.00038	0.88000	0.12090	-0.00090
610	0.33971	0.03557	-0.00030	0.90590	0.09490	-0.00080
615	0.32265	0.02583	-0.00022	0.92650	0.07410	-0.00060
620	0.29708	0.01828	-0.00015	0.94250	0.05800	-0.00050
625	0.26348	0.01253	-0.00011	0.95500	0.04540	-0.00040
630	0.22677	0.00833	-0.00008	0.96490	0.03540	-0.00030
635	0.19233	0.00537	-0.00005	0.97300	0.02720	-0.00020
640	0.15968	0.00334	-0.00003	0.97970	0.02050	-0.00020
645	0.12905	0.00199	-0.00002	0.98500	0.01520	-0.00020
650	0.10167	0.00116	-0.00001	0.98880	0.01130	-0.00010
655	0.07857	0.00066	-0.00001	0.99180	0.00830	-0.00010
660	0.05932	0.00037	0.00000	0.99400	0.00610	-0.00010
665	0.04366	0.00021	0.00000	0.99540	0.00470	-0.00010
670	0.03149	0.00011	0.00000	0.99660	0.00350	-0.00010
675	0.02294	0.00006	0.00000	0.99750	0.00250	0.00000
680	0.01687	0.00003	0.00000	0.99840	0.00160	0.00000
685	0.01187	0.00001	0.00000	0.99910	0.00090	0.00000
690	0.00819	0.00000	0.00000	0.99960	0.00040	0.00000
695	0.00572	0.00000	0.00000	0.99990	0.00010	0.00000
700	0.00410	0.00000	0.00000	1.00000	0.00000	0.00000
705	0.00291	0.00000	0.00000	1.00000	0.00000	0.00000
710	0.00210	0.00000	0.00000	1.00000	0.00000	0.00000
715	0.00148	0.00000	0.00000	1.00000	0.00000	0.00000

续表

波长	光谱三刺激值			色度坐标		
(nm)	$\bar{r}(\lambda)$	$\bar{g}(\lambda)$	$\bar{b}(\lambda)$	$r(\lambda)$	$g(\lambda)$	$b(\lambda)$
720	0.00105	0.00000	0.00000	1.00000	0.00000	0.00000
725	0.00074	0.00000	0.00000	1.00000	0.00000	0.00000
730	0.00052	0.00000	0.00000	1.00000	0.00000	0.00000
735	0.00036	0.00000	0.00000	1.00000	0.00000	0.00000
740	0.00025	0.00000	0.00000	1.00000	0.00000	0.00000
745	0.00017	0.00000	0.00000	1.00000	0.00000	0.00000
750	0.00012	0.00000	0.00000	1.00000	0.00000	0.00000
755	0.00008	0.00000	0.00000	1.00000	0.00000	0.00000
760	0.00006	0.00000	0.00000	1.00000	0.00000	0.00000
765	0.00004	0.00000	0.00000	1.00000	0.00000	0.00000
770	0.00003	0.00000	0.00000	1.00000	0.00000	0.00000
775	0.00001	0.00000	0.00000	1.00000	0.00000	0.00000
780	0.00000	0.00000	0.00000	0.00000	0.00000	0.00000

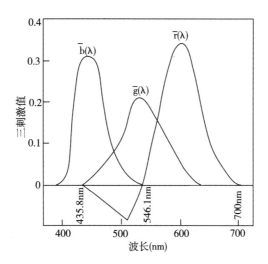

图 7 – 5 CIE 1931 RGB 系统标准色度观察者光谱三刺激值曲线

在色度学体系中，不直接用三刺激值来表示颜色，而是用三原色各自在三原色总量（R + G + B）中的比例来表示颜色，三原色各自在（R + G + B）中的相对比例叫作色度坐标。某颜色的色度坐标可以表示为：

$$r = R/(R + G + B)$$
$$g = G/(R + G + B) \tag{7 – 6}$$
$$b = B/(R + G + B)$$

由式（7 – 6）可知，r + g + b = 1。对于标准白光，红绿蓝三原色光数量相等，即 R =

$G = B$，所以，$r = g = b = 0.33$。其颜色方程可以表示为：

$$W = 0.33(R) + 0.33(G) + 0.33(B) \tag{7-7}$$

光谱三刺激值和光谱色度坐标的关系是：

$$r(\lambda) = \overline{r}(\lambda) / [\overline{r}(\lambda) + \overline{g}(\lambda) + \overline{b}(\lambda)]$$
$$g(\lambda) = \overline{g}(\lambda) / [\overline{r}(\lambda) + \overline{g}(\lambda) + \overline{b}(\lambda)] \tag{7-8}$$
$$b(\lambda) = \overline{b}(\lambda) / [\overline{r}(\lambda) + \overline{g}(\lambda) + \overline{b}(\lambda)]$$

经过计算，光谱色各波长光的色度坐标在表 7-1 第 5、6、7 列列出，绘制成色度图如彩图 14 所示。在该图中，偏马蹄形曲线是光谱轨迹，但是，光谱轨迹很大一部分的 r 坐标是负值。CIE 1931 RGB 真实三原色表色系统选用 700nm、546.1nm、435.8nm 波长的光作为红、绿、蓝三原色是因为 700nm 是可见光中的红色末端，546.1nm、435.8nm 是两个较为明显的汞亮线谱，三者都比较容易从光谱色中分离出来。

7.3　CIE 1931 XYZ 表色系统

7.3.1　CIE 1931 XYZ 系统的建立

在由 CIE 1931 RGB 色度系统计算颜色的三刺激值时会出现负值，这给工业应用带来了不便，因此，国际照明委员会推荐了 CIE 1931 XYZ 系统。

所谓 CIE 1931 XYZ 系统，就是在 RGB 系统的基础上，用数学方法，选用三个理想的原色来代替实际的三原色，从而将 CIE 1931 RGB 系统中的光谱三刺激值 $\overline{r}$、$\overline{g}$、$\overline{b}$ 和色度坐标 r、g、b 均变为正值。

建立 CIE 1931 XYZ 系统主要是考虑到：

（1）为了避免 CIE 1931 RGB 系统中 $\overline{r}$、$\overline{g}$、$\overline{b}$ 光谱三刺激值和色度坐标出现负值，就必须在（R）、（G）、（B）三原色的基础上另外选择三原色，由新的三原色所形成的三角形色度图能够包含整个光谱轨迹：即新三原色必须落在光谱轨迹之外，而不能在光谱轨迹的范围之内。这就决定了选用的三个理想的三原色（X）、（Y）、（Z）（X 代表红色、Y 代表绿色、Z 代表蓝色）。这三个新的三原色在 CIE RGB 色度图上的位置如彩图 14 所示。虽然它们不是真正存在的，但是 X、Y、Z 所形成的虚线三角形却包含了整个光谱轨迹。因此，在小系统中，光谱轨迹以及光谱轨迹内的色度坐标都是正值。

（2）光谱轨迹 540～700nm 在 CIE RGB 色度图上基本上是一段直线，用这段直线上的两个颜色混合可以得到两色之间的各种光谱色。新的 XYZ 三角形的 XY 边和这段直线重合。这样在这段直线光谱轨迹上的颜色只涉及（X）原色和（Y）原色的变化，而不涉及（Z）原色的变化，使计算方便。另外，新的 XYZ 三角形的 YZ 边应尽量与光谱轨迹短波部分的一点（503nm）靠近。结合上述 XY 边与红端光谱轨迹相切，就可以使光谱轨迹内的真实颜色尽量落在 XYZ 三角形内较大部分的空间，从而减少三角形内所设想颜色的范围。

（3）规定（X）和（Z）的亮度为 0，XZ 线视为无亮度线（alychne）。无亮度线上的各个点只是代表色度，没有亮度；Y 既代表色度，又代表亮度。这样，用 X、Y、Z 计算色度时，因 Y 本身又代表亮度，就使亮度计算较为方便。

无亮度曲线 XZ 在 CIE 1931 RGB 系统中的位置用以下办法确定：

CIE 1931 RGB 真实三原色表色系统中（R）、（G）、（B）三原色的相对亮度关系是 1.0000∶4.5907∶0.0601，某颜色 C 的亮度方程为：

$$Y_c = r + 4.5907g + 0.0601b \qquad (7-9)$$

若此颜色在无亮度曲线上，则 $Y_c = 0$，即 $r + 4.5907g + 0.0601b = 0$，又因为 $r + g + b = 1$，所以

$$0.9399r + 4.5306g + 0.0601 = 0 \qquad (7-10)$$

该方程即为 XZ 无亮度线的方程，在这条线上各点的亮度都是 0，即都是黑的。三角形除零亮度线以外的另外两边：选取 700nm 和 540nm 两点作为直线上的两点，求得直线方程为：

$$r + 0.99g - 1 = 0 \qquad (7-11)$$

另取一条与光谱轨迹波长 503nm 点相靠近的直线，这条直线的方程是：

$$1.45r + 0.55g + 1 = 0 \qquad (7-12)$$

以上 3 条直线相交，就得到 X、Y、Z 三点，这三点在 CIE1931 RGB 色度图中的坐标如表 7-2 所示。

表 7-2　理想三原色的色度点

	r	g	b
X	1.275	−0.278	0.003
Y	−1.739	2.767	−0.028
Z	−0.743	0.141	1.602

经过数学变换，CIE 1931 XYZ 系统和 CIE 1931 RGB 系统的色度坐标的转换关系为：

$$\begin{cases} x(\lambda) = \dfrac{0.490r(\lambda) + 0.310g(\lambda) + 0.200b(\lambda)}{0.667r(\lambda) + 1.132g(\lambda) + 1.200b(\lambda)} \\[2mm] y(\lambda) = \dfrac{0.117r(\lambda) + 0.812g(\lambda) + 0.010b(\lambda)}{0.667r(\lambda) + 1.132g(\lambda) + 1.200b(\lambda)} \\[2mm] z(\lambda) = \dfrac{0.000r(\lambda) + 0.010g(\lambda) + 0.990b(\lambda)}{0.667r(\lambda) + 1.132g(\lambda) + 1.200b(\lambda)} \end{cases} \qquad (7-13)$$

CIE 1931 XYZ 系统光谱色的色度坐标在表 7-3 的第 2、3、4 列列出。这样，XYZ 三角形经过转换就成了直角三角形，即目前国际通用的 CIE 1931 XYZ 色度图，如彩图 15 所示。在 CIE 1931 色度图中仍然保持 CIE 1931 RGB 系统的基本性质和关系。

CIE 规定了 CIE 1931 XYZ 系统的色度坐标 x、y、z 和三刺激值 X、Y、Z，它们的关系如下：

$$\begin{cases} x = \dfrac{X}{X+Y+Z} \\[2mm] y = \dfrac{Y}{X+Y+Z} \\[2mm] z = \dfrac{Z}{X+Y+Z} \end{cases} \qquad (7-14)$$

CIE 还规定 CIE 1931 XYZ 系统光谱三刺激值 $\bar{x}(\lambda)$、$\bar{y}(\lambda)$、$\bar{z}(\lambda)$ 中的 $\bar{y}(\lambda)$ 与人眼的光谱光视效率 $V(\lambda)$ 一致，即：

$$\bar{y}(\lambda) = V(\lambda) \qquad (7-15)$$

因此，光谱色三刺激值可以通过式（7-14）和式（7-15）得出的下式计算：

$$\begin{cases} \bar{x}(\lambda) = \dfrac{x(\lambda)}{y(\lambda)} \cdot \bar{y}(\lambda) \\[2mm] \bar{y}(\lambda) = V(\lambda) \\[2mm] \bar{z}(\lambda) = \dfrac{z(\lambda)}{y(\lambda)} \cdot \bar{y}(\lambda) = \dfrac{1 - x(\lambda) - y(\lambda)}{y(\lambda)} \cdot \bar{y}(\lambda) \end{cases} \qquad (7-16)$$

在 CIE 1931 XYZ 系统中，用于匹配光谱色的（X）、（Y）、（Z）三原色数量，叫作"CIE 1931 标准色度观察者"，也叫作"CIE 1931 颜色匹配函数"，简称"颜色匹配函数"，记为 $\bar{x}(\lambda)$、$\bar{y}(\lambda)$、$\bar{z}(\lambda)$。表 7-3 的第 5、6、7 列列出了光谱三刺激值 $\bar{x}(\lambda)$、$\bar{y}(\lambda)$、$\bar{z}(\lambda)$ 的数值，曲线如图 7-6 所示。

表 7-3　CIE 1931 XYZ 光谱色度坐标和光谱三刺激值

波长 (nm)	光谱色度坐标			光谱三刺激值		
	$x(\lambda)$	$y(\lambda)$	$z(\lambda)$	$\bar{x}(\lambda)$	$\bar{y}(\lambda)$	$\bar{z}(\lambda)$
380	0.17411	0.00496	0.82093	0.001368	0.000039	0.006450
385	0.17401	0.00498	0.82101	0.002236	0.000064	0.010550
390	0.17380	0.00492	0.82128	0.004243	0.000120	0.020050
395	0.17356	0.00492	0.82152	0.007650	0.000217	0.036210
400	0.17334	0.00480	0.82186	0.014310	0.000396	0.067850
405	0.17302	0.00478	0.82220	0.023190	0.000640	0.110200
410	0.17258	0.00480	0.82262	0.043510	0.001210	0.207400
415	0.17209	0.00483	0.82308	0.077630	0.002180	0.371300
420	0.17141	0.00510	0.82349	0.134380	0.004000	0.645600
425	0.17030	0.00579	0.82391	0.214770	0.007300	1.039050
430	0.16888	0.00690	0.82422	0.283900	0.011600	1.385600
435	0.16690	0.00856	0.82454	0.328500	0.016840	1.622960
440	0.16441	0.01086	0.82473	0.348280	0.023000	1.747060
445	0.16110	0.01379	0.82511	0.348060	0.029800	1.782600

续表

波长 (nm)	光谱色度坐标			光谱三刺激值		
	x (λ)	y (λ)	z (λ)	$\bar{x}$ (λ)	$\bar{y}$ (λ)	$\bar{z}$ (λ)
450	0.15664	0.01770	0.82566	0.336200	0.038000	1.772110
455	0.15099	0.02274	0.82627	0.318700	0.048000	1.744100
460	0.14396	0.02970	0.82634	0.290800	0.060000	1.669200
465	0.13550	0.03988	0.82462	0.251100	0.073900	1.528100
470	0.12412	0.05780	0.81808	0.195360	0.090980	1.287640
475	0.10959	0.08684	0.80357	0.142100	0.112600	1.041900
480	0.09129	0.13270	0.77601	0.095640	0.139020	0.812950
485	0.06871	0.20072	0.73057	0.057950	0.169300	0.616200
490	0.04539	0.29498	0.65963	0.032010	0.208020	0.465180
495	0.02346	0.41270	0.56384	0.014700	0.258600	0.353300
500	0.00817	0.53842	0.45341	0.004900	0.323000	0.272000
505	0.00386	0.65482	0.34132	0.002400	0.407300	0.212300
510	0.01387	0.75019	0.23594	0.009300	0.503000	0.158200
515	0.03885	0.81202	0.14913	0.029100	0.608200	0.111700
520	0.07430	0.83380	0.09190	0.063270	0.710000	0.078250
525	0.11416	0.82621	0.05963	0.109600	0.793200	0.057250
530	0.15472	0.80586	0.03942	0.165500	0.862000	0.042160
535	0.19288	0.78163	0.02549	0.225750	0.914850	0.029840
540	0.22962	0.75433	0.01605	0.290400	0.954000	0.020300
545	0.26578	0.72432	0.00990	0.359700	0.980300	0.013400
550	0.30160	0.69231	0.00609	0.433450	0.994950	0.008750
555	0.33736	0.65885	0.00379	0.512050	1.000000	0.005750
560	0.37310	0.62445	0.00245	0.594500	0.995000	0.003900
565	0.40874	0.58961	0.00165	0.678400	0.978600	0.002750
570	0.44406	0.55471	0.00123	0.762100	0.952000	0.002100
575	0.47877	0.52020	0.00103	0.842500	0.915400	0.001800
580	0.51249	0.48659	0.00092	0.916300	0.870000	0.001650
585	0.54479	0.45443	0.00078	0.978600	0.816300	0.001400
590	0.57515	0.42423	0.00062	1.026300	0.757000	0.001100
595	0.60293	0.39650	0.00057	1.056700	0.694900	0.001000
600	0.62704	0.37249	0.00047	1.062200	0.631000	0.000800
605	0.64823	0.35139	0.00038	1.045600	0.566800	0.000600
610	0.66576	0.33401	0.00023	1.002600	0.503000	0.000340
615	0.68008	0.31975	0.00017	0.938400	0.441200	0.000240

续表

波长 （nm）	光谱色度坐标			光谱三刺激值		
	x（λ）	y（λ）	z（λ）	$\bar{x}$（λ）	$\bar{y}$（λ）	$\bar{z}$（λ）
620	0.69150	0.30834	0.00016	0.854450	0.381000	0.000190
625	0.70061	0.29930	0.00009	0.751400	0.321000	0.000100
630	0.70792	0.29203	0.00005	0.642400	0.265000	0.000050
635	0.71403	0.28593	0.00004	0.541900	0.217000	0.000030
640	0.71903	0.28093	0.00004	0.447900	0.175000	0.000020
645	0.72303	0.27695	0.00002	0.360800	0.138200	0.000010
650	0.72599	0.27401	0.00000	0.283500	0.107000	0.000000
655	0.72827	0.27173	0.00000	0.218700	0.081600	0.000000
660	0.72997	0.27003	0.00000	0.164900	0.061000	0.000000
665	0.73109	0.26891	0.00000	0.121200	0.044580	0.000000
670	0.73199	0.26801	0.00000	0.087400	0.032000	0.000000
675	0.73272	0.26728	0.00000	0.063600	0.023200	0.000000
680	0.73342	0.26658	0.00000	0.046770	0.017000	0.000000
685	0.73405	0.26595	0.00000	0.032900	0.011920	0.000000
690	0.73439	0.26561	0.00000	0.022700	0.008210	0.000000
695	0.73459	0.26541	0.00000	0.015840	0.005723	0.000000
700	0.73469	0.26531	0.00000	0.011359	0.004102	0.000000
705	0.73469	0.26531	0.00000	0.008111	0.002929	0.000000
710	0.73469	0.26531	0.00000	0.005790	0.002091	0.000000
715	0.73469	0.26531	0.00000	0.004109	0.001484	0.000000
720	0.73469	0.26531	0.00000	0.002899	0.001047	0.000000
725	0.73469	0.26531	0.00000	0.002049	0.000740	0.000000
730	0.73469	0.26531	0.00000	0.001440	0.000520	0.000000
735	0.73469	0.26531	0.00000	0.001000	0.000361	0.000000
740	0.73469	0.26531	0.00000	0.000690	0.000249	0.000000
745	0.73469	0.26531	0.00000	0.000476	0.000172	0.000000
750	0.73469	0.26531	0.00000	0.000332	0.000120	0.000000
755	0.73469	0.26531	0.00000	0.000235	0.000085	0.000000
760	0.73469	0.26531	0.00000	0.000166	0.000060	0.000000

续表

波长 （nm）	光谱色度坐标			光谱三刺激值		
	$x(\lambda)$	$y(\lambda)$	$z(\lambda)$	$\bar{x}(\lambda)$	$\bar{y}(\lambda)$	$\bar{z}(\lambda)$
765	0.73469	0.26531	0.00000	0.000117	0.000042	0.000000
770	0.73469	0.26531	0.00000	0.000083	0.000030	0.000000
775	0.73469	0.26531	0.00000	0.000059	0.000021	0.000000
780	0.73469	0.26531	0.00000	0.000042	0.000015	0.000000
光谱三刺激值求和				21.371524	21.371327	21.371540

CIE 1931 标准色度观察者光谱三刺激值 $\bar{x}$、$\bar{y}$、$\bar{z}$ 曲线分别代表匹配各保持等能光谱刺激所需要的红、绿、蓝的量。在理论上，要得到某一光谱的颜色，可以从表 7 - 3 中或者图 7 - 6 上查出相应的 $\bar{x}$、$\bar{y}$、$\bar{z}$ 三刺激值，也就是说，按照 $\bar{x}$、$\bar{y}$、$\bar{z}$ 数量的红绿蓝理想三原色相加，便能够得到该光谱色。

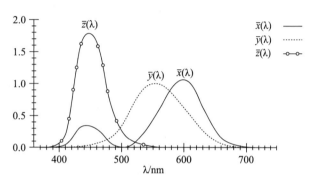

图 7 - 6　CIE 1931 标准色度观察者光谱三刺激值

图 7 - 6 中 $\bar{x}$、$\bar{y}$、$\bar{z}$ 所包括的总面积分别用 X、Y、Z 代表。表 7 - 3 中 CIE 1931 标准色度观察者等能光谱各波长的 $\bar{x}$ 总量、$\bar{y}$ 总量、$\bar{z}$ 总量是相等的，都是 21.371（X = Y = Z = 21.371）。这个 21.371 数值是一个相对的数值，没有绝对的意义，它表明一个等能光谱的白光是由相同数量的 X、Y、Z 组成的。

图 7 - 6 中的 $\bar{y}$ 曲线有特殊意义。由于在确定光谱三刺激值的时候，$\bar{y}$ 曲线被恰好调整符合明视觉光谱光视效率 V（λ），因此用 $\bar{y}$ 曲线可以计算颜色的亮度特性。

CIE 1931 标准色度观察者的材料适用于 2°视场的中央视觉观察条件（视场范围 1° ~ 4°）。在观察 2°的小面积物体时，主要是中央窝锥体细胞起作用。对于极小面积的颜色点的观察，CIE 1931 标准观察者的数据不再有效。对于大于 4°视场的观察面积，另有 "CIE 1964 补充标准色度观察者" 材料系统。

7.3.2　CIE 1931 XYZ 色度图

CIE 1931 色度图是根据 CIE 1931 XYZ 系统绘制而成的，如彩图 15 所示。根据颜色混合原理，用匹配某一颜色的三原色的比例来确定该颜色。色度坐标 x 相当于红原色的比例，y 相当于绿原色的比例。图中没有 z 坐标，这是因为 x + y + z = 1，所以 z = 1 - x - y。图中弧形曲线是光谱轨迹，其色度坐标见表 7 - 3。从图中可知，从光谱的红端（700nm 左右）至绿端（540nm 左右），光谱轨迹几乎是一条直线。以后光谱轨迹突然弯曲，颜色从绿转为蓝绿，蓝绿色从 510nm 到 480nm 这一段曲率较小。蓝和紫色波段却在光谱轨迹末端较短的范围。光谱轨迹的这种特殊形状是由于人眼对三原色刺激的混合比例所决定的。连接 400nm 到 700nm 的直线上是光谱上所没有的，它是由红到紫的颜色。光谱轨迹曲线以及连接光谱轨迹两端所形成的马蹄形内包括一切物理上能够实现的颜色。然而坐标系统的原色点，三角形的三个顶点，都落在该区域之外，即原色点的假像，不能够在物理上实现，同样，在马蹄形之外的所有的颜色均不能够用物理的办法实现。

y＝0 的直线与亮度没有关系，即无亮度线，光谱轨迹的短波端紧靠这条线，虽然短波长的光的刺激能够引起视觉上的反应，产生蓝紫色的感觉，但是 380～420nm 这一段补充的辐通量在视觉上只能够引起微弱的反应。

颜色三角形中心 E 处是等能白光，由三原色各 1/3 产生，其色度坐标为：x＝0.33，y＝0.33，z＝0.33。C 点是 CIE 标准光源 C 的色度坐标点。

任何颜色在色度图中都占有一个确定的位置。例如，见图 7 - 7，Q、S 两个颜色的色度坐标是 Q（0.16，0.55），S（0.50，0.38），由 C 通过 Q 作一条直线并延长和光谱轨迹相交，交点在 511.3nm 处，则 Q 颜色的主波长即为 511.3nm。如果 Q 点和 S 点的颜色相加，就得到 Q 和 S 直线上的各种过渡颜色。以 T 点为例，由 C 点通过 T 交于光谱轨迹上 572nm 点处，即为 T 的主波长。光谱轨迹的形状是近似直线形或者是凸形的，而不是凹形的，因此，任意两种补充的光混合所得出的混色均落在光谱轨迹上或者光谱轨迹之内，不会在光谱轨迹之外。

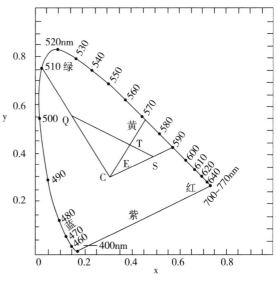

图 7 - 7 CIE 1931 色度图

在 CIE 1931 色度图（图 7 - 7）上，光谱轨迹还有这样一些颜色特性：

（1）由光谱轨迹的色度坐标可以看出，靠近补充末端 700～770nm 的光谱波段范围具有一个恒定的色度值，都是（0.7347，0.2653），所以在色度图上只用一个点来代替，若将 700～770nm 这段光谱轨迹上的任意两个颜色调整到相同的亮度，则给人眼的视距感受是一样的。

（2）光谱轨迹 540～700nm 这一段，在颜色三角形上的坐标是 x＋y＝1，这是一条与 XY 重合的直线。它表明，在这段光谱范围内的任何光谱色，都可以通过 540nm 和 700nm 这两种色光以适当的比例混合而成。

（3）光谱轨迹 380～540nm 这一段是曲线，在此范围内两种颜色的色光混合，不能够获得两者之间位于光谱轨迹上的颜色，而只能获得光谱轨迹所包含的面积之内的混合色。光谱轨迹上的颜色的饱和度最高，而离开光谱轨迹，越是靠近 E 点，饱和度就越低。因此在 380～540nm 这段补充范围内，两种颜色的色光之间随着波长间隔的增加，其混合色光的饱和度也就越低。

（4）增加两种颜色色光的波长间隔，直到这两种色光相混合显示出无色相的白光，则称这两种颜色为互补色。在色度图上，很容易确定互为补色的两种色光的波长，从光谱轨迹上的任意一点与 C 点（或者 E 点）连接一条直线，延长此直线在对侧光谱轨迹得到一交点，在轨迹上的这两点对应的波长就是一对互补色的波长。在色度图上，380～494nm 之间光谱色的补色存在于 570～700nm 之间，反之亦然。但是，在 494～570nm 的补色光只能够由两种色光混合而成，因为 494～570nm 之间的点通过 E 点连成的直线，其对侧与光谱轨迹的交点在由光谱两端色光混合色的轨迹上。

7.3.3 Yxy 表色方法

无论是从显示系统还是从颜色的匹配实验中我们都可以看出，要定量地描述一个颜色，必须在三维的空间中进行，即颜色要有三个属性，而在彩图 15 的 xy 色度图中，x 色度坐标相当于红原色的比例，y 色度坐标相当于绿原色的比例，并且从式（7－14）知道，$x + y + z = 1$，也就是说不能用 x、y、z 来唯一确定一个颜色。前面曾经讨论过，色度坐标只规定了颜色的色度，而未规定颜色的亮度，所以若要唯一地确定某颜色，还必须指出其亮度特征，即 Y 的大小。我们知道光反射率等于物体表面的亮度/入射光源的亮度，即 $\rho = Y/Y_0$，因此：

$$Y = 100\rho \tag{7－17}$$

这样，既有了表示颜色特征的色度坐标 x、y，又有了表示颜色亮度特征的亮度因数 Y，则该颜色的外貌才能完全唯一地确定。为了直观地表示这三个参数之间的意义，可用一立体图（图 7－8）形象表示。

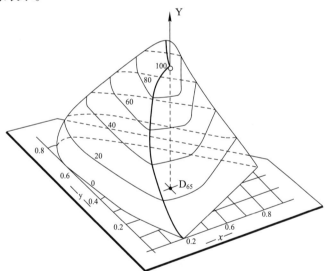

图 7－8 CIE1931 三维 Yxy 色度图

根据色度坐标的定义以及公式（7－14），可以得出三刺激值 XYZ 和 Yxy 的转换关系。由物体三刺激值 XYZ 计算 Yxy 的公式为：

$$\begin{cases} Y = Y \\ x = \dfrac{X}{X + Y + Z} \\ y = \dfrac{Y}{X + Y + Z} \end{cases} \tag{7－18}$$

由 Yxy 计算物体三刺激值：

$$\begin{cases} X = \dfrac{x}{y} \cdot Y \\[2mm] Y = Y \\[2mm] Z = \dfrac{1-x-y}{y} \cdot Y \end{cases} \qquad\qquad (7-19)$$

如某国产油墨印刷的黄、品红、青、红、绿、蓝、黑的各色标的 Yxy 值如表 7-4 所示。

表 7-4　某油墨的 Yxy 值

序号	色别	亮度因数（%）	色度坐标	
			x	y
1	黄（Y）	72.33	0.4029	0.4401
2	品红（M）	24.69	0.4020	0.2410
3	青（C）	26.24	0.1902	0.2296
4	红（R = Y + M）	23.52	0.4916	0.3224
5	绿（G = Y + C）	21.94	0.2568	0.4236
6	蓝（B = M + C）	9.98	0.2426	0.1767
7	黑（Y + M + C）	9.09	0.3044	0.2759
8	黑（Y + M + C + BK）	7.46	0.2875	0.2848

7.4　CIE 1964 XYZ 补充色度学表色系统

　　人眼观察物体细节时的分辨力与观察时的视场大小有关。与此相似，人眼对色彩的分辨力也受视场大小的影响。实验表明：人眼用小视场（<4°）观察颜色时辨别差异的能力较低，当观察视场从 2°增大至 10°时，颜色匹配的精度和辨别色差的能力都有增高；但视场再进一步增大时，则颜色匹配的精度提高就不大了。

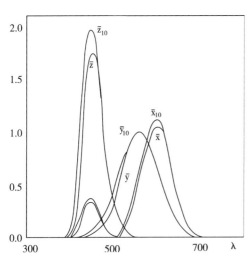

图 7-9　2°和 10°视场的三刺激值曲线

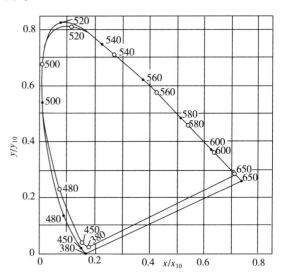

图 7-10　2°视场与 10°视场 xy 色度坐标图

图 7 - 9 是 2°视场与 10°视场光谱三刺激值曲线。从图中可见：2°视场与 10°视场的光谱三刺激值曲线略有不同，主要在 400 ~ 500nm 区域，$\bar{y}_{10}$ 曲线高于 2°视场的 $\bar{y}$。这表明眼睛中央凹处对短波光谱有更高的敏感性。

CIE 1931 XYZ 系统是在 2°视场下实验的结果，适用于 < 4°的视场范围。由于这一原因，1964 年 CIE 又补充规定了一种 10°视场的表色系统，称为"CIE 1964 补充色度学系统"。这两种系统中的三刺激值和色度坐标的概念相同，只是数值不同。图 7 - 10 是 2°视场于 10°视场 xy 色度坐标图。从图中来看，相同波长的光谱色在各自光谱轨迹上的位置有相当大的差异。在色度图上唯一重合的点，是等能白光 E 点。

为了区别起见，在 10°视场下的这些物理量均加写下标"10"，可以表示为 X_{10}、Y_{10}、Z_{10}、x_{10}、y_{10}、z_{10}。其色度坐标的计算式可写成：

$$\begin{cases} x_{10} = \dfrac{X_{10}}{X_{10} + Y_{10} + Z_{10}} \\[2mm] y_{10} = \dfrac{Y_{10}}{X_{10} + Y_{10} + Z_{10}} \\[2mm] z_{10} = \dfrac{Z_{10}}{X_{10} + Y_{10} + Z_{10}} \end{cases} \qquad (7-20)$$

且有：
$$x_{10} + y_{10} + z_{10} = 1$$

基于表色系统上述原因，现代测色仪器逐渐采用 10°视场下的数值和公式进行测色。CIE 1964 XYZ 色度系统光谱三刺激值的数值，如表 7 - 5 所示。

表 7 - 5　CIE 1964 XYZ 光谱色度坐标和光谱三刺激值波长

波长 （nm）	光谱色度坐标			光谱三刺激值		
	$x_{10}(\lambda)$	$y_{10}(\lambda)$	$z_{10}(\lambda)$	$\bar{x}_{10}(\lambda)$	$\bar{y}_{10}(\lambda)$	$\bar{z}_{10}(\lambda)$
380	0.18133	0.01969	0.79898	0.000160	0.000017	0.000705
385	0.18091	0.01954	0.79955	0.000662	0.000072	0.002928
390	0.18031	0.01935	0.80034	0.002362	0.000253	0.010482
395	0.17947	0.01904	0.80149	0.007242	0.000769	0.032344
400	0.17839	0.01871	0.80290	0.019110	0.002004	0.086011
405	0.17712	0.01840	0.80448	0.043400	0.004509	0.197120
410	0.17549	0.01813	0.80638	0.084736	0.008756	0.389366
415	0.17323	0.01781	0.80896	0.140638	0.014456	0.656760
420	0.17063	0.01785	0.81152	0.204492	0.021391	0.972542
425	0.16790	0.01871	0.81339	0.264737	0.029497	1.282500
430	0.16503	0.02028	0.81469	0.314679	0.038676	1.553480
435	0.16217	0.02249	0.81534	0.357719	0.049602	1.798500
440	0.15902	0.02573	0.81525	0.383734	0.062077	1.967280
445	0.15539	0.03002	0.81459	0.386726	0.074704	2.027300
450	0.15100	0.03644	0.81256	0.370702	0.089456	1.994800

续表

波长 （nm）	光谱色度坐标			光谱三刺激值		
	$x_{10}（\lambda）$	$y_{10}（\lambda）$	$z_{10}（\lambda）$	$\bar{x}_{10}（\lambda）$	$\bar{y}_{10}（\lambda）$	$\bar{z}_{10}（\lambda）$
455	0.14594	0.04522	0.80884	0.342957	0.106256	1.900700
460	0.13892	0.05892	0.80216	0.302273	0.128201	1.745370
465	0.12952	0.07787	0.79261	0.254085	0.152761	1.554900
470	0.11518	0.10904	0.77578	0.195618	0.185190	1.317560
475	0.09573	0.15909	0.74518	0.132349	0.219940	1.030200
480	0.07278	0.22924	0.69798	0.080507	0.253589	0.772125
485	0.04519	0.32754	0.62727	0.041072	0.297665	0.570060
490	0.02099	0.44011	0.53890	0.016172	0.339133	0.415254
495	0.00730	0.56252	0.43018	0.005132	0.395379	0.302356
500	0.00559	0.67454	0.31987	0.003816	0.460777	0.218502
505	0.02187	0.75258	0.22555	0.015444	0.531360	0.159249
510	0.04954	0.80230	0.14816	0.037465	0.606741	0.112044
515	0.08502	0.81698	0.09800	0.071358	0.685660	0.082248
520	0.12524	0.81019	0.06457	0.117749	0.761757	0.060709
525	0.16641	0.79217	0.04142	0.172953	0.823330	0.043050
530	0.20706	0.76628	0.02666	0.236491	0.875211	0.030451
535	0.24364	0.73987	0.01649	0.304213	0.923810	0.020584
540	0.27859	0.71130	0.01011	0.376772	0.961988	0.013676
545	0.31323	0.68128	0.00549	0.451584	0.982200	0.007918
550	0.34730	0.65009	0.00261	0.529826	0.991761	0.003988
555	0.38116	0.61816	0.00068	0.616053	0.999110	0.001091
560	0.41421	0.58579	0.00000	0.705224	0.997340	0.000000
565	0.44692	0.55308	0.00000	0.793832	0.982380	0.000000
570	0.47904	0.52096	0.00000	0.878655	0.955552	0.000000
575	0.50964	0.49036	0.00000	0.951162	0.915175	0.000000
580	0.53856	0.46144	0.00000	1.014160	0.868934	0.000000
585	0.56544	0.43456	0.00000	1.074300	0.825623	0.000000
590	0.58996	0.41004	0.00000	1.118520	0.777405	0.000000
595	0.61160	0.38840	0.00000	1.134300	0.720353	0.000000
600	0.63063	0.36937	0.00000	1.123990	0.658341	0.000000
605	0.64713	0.35287	0.00000	1.089100	0.593878	0.000000
610	0.66122	0.33878	0.00000	1.030480	0.527963	0.000000
615	0.67306	0.32694	0.00000	0.950740	0.461834	0.000000
620	0.68266	0.31734	0.00000	0.856297	0.398057	0.000000

波长 (nm)	光谱色度坐标			光谱三刺激值		
	x_{10} （λ）	y_{10} （λ）	z_{10} （λ）	$\bar{x}_{10}$ （λ）	$\bar{y}_{10}$ （λ）	$\bar{z}_{10}$ （λ）
625	0.68976	0.31024	0.00000	0.754930	0.339554	0.000000
630	0.69548	0.30452	0.00000	0.647467	0.283493	0.000000
635	0.70099	0.29901	0.00000	0.535110	0.228254	0.000000
640	0.70587	0.29413	0.00000	0.431567	0.179828	0.000000
645	0.71025	0.28975	0.00000	0.343690	0.140211	0.000000
650	0.71371	0.28629	0.00000	0.268329	0.107633	0.000000
655	0.71562	0.28438	0.00000	0.204300	0.081187	0.000000
660	0.71679	0.28321	0.00000	0.152568	0.060281	0.000000
665	0.71789	0.28211	0.00000	0.112210	0.044096	0.000000
670	0.71873	0.28127	0.00000	0.081261	0.031800	0.000000
675	0.71934	0.28066	0.00000	0.057930	0.022602	0.000000
680	0.71976	0.28024	0.00000	0.040851	0.015905	0.000000
685	0.72002	0.27998	0.00000	0.028623	0.011130	0.000000
690	0.72016	0.27984	0.00000	0.019941	0.007749	0.000000
695	0.72030	0.27970	0.00000	0.013842	0.005375	0.000000
700	0.72036	0.27964	0.00000	0.009577	0.003718	0.000000
705	0.72032	0.27968	0.00000	0.006605	0.002565	0.000000
710	0.72023	0.27977	0.00000	0.004553	0.001768	0.000000
715	0.72009	0.27991	0.00000	0.003145	0.001222	0.000000
720	0.71991	0.28009	0.00000	0.002175	0.000846	0.000000
725	0.71969	0.28031	0.00000	0.001506	0.000586	0.000000
730	0.71945	0.28055	0.00000	0.001045	0.000407	0.000000
735	0.71919	0.28081	0.00000	0.000727	0.000284	0.000000
740	0.71891	0.28109	0.00000	0.000508	0.000199	0.000000
745	0.71861	y28139	z_{10} 00000	$\bar{x}$ 000356	$\bar{y}$ 000140	$\bar{z}_{10}$ 000000
750	0.71829	0.28171	0.00000	0.000251	0.000098	0.000000
755	0.71796	0.28204	0.00000	0.000178	0.000070	0.000000
760	0.71761	0.28239	0.00000	0.000126	0.000050	0.000000
765	0.71724	0.28276	0.00000	0.000090	0.000036	0.000000
770	0.71686	0.28314	0.00000	0.000065	0.000025	0.000000
775	0.71646	0.28354	0.00000	0.000046	0.000018	0.000000
780	0.71606	0.28394	0.00000	0.000033	0.000013	0.000000

7.5 CIE 色度计算方法

7.5.1 颜色三刺激值的计算

由物体（印品）表面的光谱反射曲线计算 X、Y、Z 三刺激值涉及光源能量分布、物体表面反射性能和人眼颜色视觉三方面的特征参数，因此是一种最基本、最精确的颜色测量方法。计算过程可用彩图 16 说明。

其计算步骤分述如下：

（1）确定光源及其相对光谱能量分布 $S(\lambda)$。

物体表面的颜色受照射光源能量分布的影响，因此，在测量物体表面颜色时，应首先说明所使用的光源。如，CIE 标准光源 A、B、C、D_{50}、D_{65} 等，可以查表 2-2 或按 GB/T 3978 中的规定取值。

（2）确定颜色刺激 $\varphi(\lambda)$。

对于光源色：

$$\varphi(\lambda) = S(\lambda) \qquad (7-21)$$

对于物体色：

$$\varphi(\lambda) = S(\lambda)R(\lambda) \qquad (7-22)$$

其中，当物体是反射物体时，$R(\lambda)$ 为物体的光谱反射率 $\rho(\lambda)$，即：

$$R(\lambda) = \rho(\lambda) \qquad (7-23)$$

若是透射物体，$R(\lambda)$ 为物体的光谱透射率 $\tau(\lambda)$，即：

$$R(\lambda) = \tau(\lambda) \qquad (7-24)$$

（3）确定标准观察者 $\bar{x}(\lambda)$、$\bar{y}(\lambda)$、$\bar{z}(\lambda)$ 或者 $\bar{x}_{10}(\lambda)$、$\bar{y}_{10}(\lambda)$、$\bar{z}_{10}(\lambda)$。

当视场是 2°（≤4°）视场时，使用 CIE 1931 XYZ 标准观察者 $\bar{x}(\lambda)$、$\bar{y}(\lambda)$、$\bar{z}(\lambda)$，若是 10°（>4°）视场，则使用 $\bar{x}_{10}(\lambda)$、$\bar{y}_{10}(\lambda)$、$\bar{z}_{10}(\lambda)$。

（4）颜色的三刺激值的计算。

XYZ 色度学系统中颜色的三刺激值 X、Y、Z 按下式计算：

$$\begin{cases} X = K\int_{\lambda}\varphi(\lambda)\,\bar{x}(\lambda)\,\mathrm{d}\lambda \\[2mm] Y = K\int_{\lambda}\varphi(\lambda)\,\bar{y}(\lambda)\,\mathrm{d}\lambda \\[2mm] Z = K\int_{\lambda}\varphi(\lambda)\,\bar{z}(\lambda)\,\mathrm{d}\lambda \end{cases} \qquad (7-25)$$

式中　$\varphi(\lambda)$——颜色刺激，按照式（7-21）~式（7-24）的规定取值；

　　　$\bar{x}(\lambda)$、$\bar{y}(\lambda)$、$\bar{z}(\lambda)$——标准观察者；

　　　K——归化系数，$K = \dfrac{100}{\displaystyle\int_{\lambda}S(\lambda)\cdot\bar{y}(\lambda)\cdot\mathrm{d}\lambda}$；

λ——波长，380 ~ 780nm。

在实际计算时，用上面的积分公式计算起来非常不方便，故用求和公式代替积分：

$$\begin{cases} X = K \cdot \sum_{380}^{780} \varphi(\lambda) \cdot \bar{x}(\lambda) \cdot \Delta\lambda \\ Y = K \cdot \sum_{380}^{780} \varphi(\lambda) \cdot \bar{y}(\lambda) \cdot \Delta\lambda \\ Z = K \cdot \sum_{380}^{780} \varphi(\lambda) \cdot \bar{z}(\lambda) \cdot \Delta\lambda \end{cases} \tag{7-26}$$

式中，波长间隔 $\Delta\lambda$ 按要求取 5nm、10nm 或 20nm，在精度要求不高的场合，波长也可以在 400 ~ 700nm 之间取值。

计算出颜色的三刺激值后，色度坐标可以根据式（7 - 14）或（7 - 20）计算得出。

光源 A、C、D_{50}、D_{55}、D_{65}、D_{75} 的三刺激值和色度坐标见表 7 - 6。

表 7 - 6　常用光源的色度数据

项目		照明体					
		A	D_{65}	C	D_{50}	D_{55}	D_{75}
CIE 1931	X	109. 85	95. 04	98. 07	96. 42	95. 68	94. 97
	Y	100. 00	100. 00	100. 00	100. 00	100. 00	100. 00
	Z	35. 58	108. 88	118. 22	82. 51	92. 14	122. 61
	x	0. 44758	0. 31272	0. 31006	0. 34567	0. 33243	0. 29903
	y	0. 40745	0. 32903	0. 31616	0. 35851	0. 34744	0. 31488
	u'	0. 25597	0. 19783	0. 20089	0. 20916	0. 20443	0. 19353
	v'	0. 52429	0. 46834	0. 46089	0. 48808	0. 48075	0. 45853
CIE 1931	X_{10}	111. 14	94. 81	97. 29	96. 72	95. 80	94. 42
	Y_{10}	100. 00	100. 00	100. 00	100. 00	100. 00	100. 00
	Z_{10}	35. 20	107. 32	116. 14	81. 43	90. 93	120. 64
	x_{10}	0. 45117	0. 31381	0. 31039	0. 34773	0. 33412	0. 29968
	y_{10}	0. 40594	0. 33098	0. 31905	0. 35952	0. 34877	0. 31740
	u'_{10}	0. 25896	0. 19786	0. 20000	0. 21015	0. 20507	0. 19305
	v'_{10}	0. 52425	0. 46954	0. 46255	0. 48886	0. 48165	0. 46004

7.5.2　颜色相加的计算

在已知两种或两种以上颜色的色度坐标和亮度的情况下，可以根据颜色混合定律得出混合色的色度坐标和亮度值，主要有计算法和作图法两种方法。

7.5.2.1　计算法

颜色混合时，混合色的色度坐标与混合前各色的色度坐标之间没有线性叠加关系，但与混合前各颜色的三刺激值之间存在线性叠加关系。因此在已知两种或两种以上颜色的色度坐标和亮度的情况下，计算混合色色度坐标时，可以分为三步，首先根据各颜色的色度坐标和亮度值先求出各颜色的三刺激值；然后求出混合色的三刺激值；再求出混合色的色度坐标。

（1）求各颜色的三刺激值。

可根据公式（7-19）求出混合前各颜色的三刺激值。

（2）求混合色的三刺激值。

混合色的三刺激值等于混合前各颜色的三刺激值之和。例如，若两种颜色的三刺激值分别为 X_1、Y_1、Z_1 和 X_2、Y_2、Z_2，设其混合色的三刺激值 X、Y、Z，则有：

$$\begin{cases} X = X_1 + X_2 \\ Y = Y_1 + Y_2 \\ Z = Z_1 + Z_2 \end{cases} \quad (7-27)$$

（3）求混合色的色度坐标。

混合色的色度坐标可用公式（7-18）计算。

7.5.2.2　作图法

两种颜色相加混合，混合色一定位于两颜色的连线上，混合色在连线上的位置应用重力中心定律的原理，即混合色靠近比重大的颜色一方。

如图 7-11 所示，在 $x-y$ 色品图上颜色 1 位于 M 点，颜色 2 位于 N 点，C_1 和 C_2 分别为两颜色的三刺激值之和，求两颜色的混合色。

具体做法是：先连接 MN，过 M 点画一与 MN 垂直的线段 MP，使其长度为 KC_2（K 为比例系数，其值可任意取），过 N 点反方向画一与 MN 垂直的线段 NQ，使其长度为 KC_1；连接 PQ 与 MN 相交于点 A，A 点的坐标值即为要求的混合色的色品坐标。

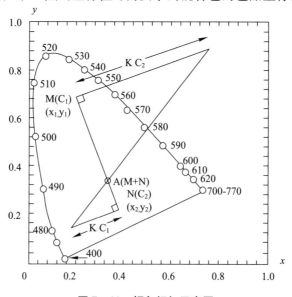

图 7-11　颜色相加示意图

7.6　颜色客观三属性

在色度学中常用主波长（dominant wavelength）、色纯度（purity）、亮度因素（luminance factor）来表示颜色的三属性，它们是客观物理量，可以用仪器测量或计算得出。下面对这三个属性分别讨论。

7.6.1　主波长

物体的表面色是在光源的照射下，经过选择性的吸收，由所反射光谱的相对能量分布决定的。一般情况下，物体表面色所反射的能量集中部位的波长就是该颜色的主波长。我们知道，自然界的每一个颜色都可以在 CIE 1931 XYZ 色度图中找到其对应的色度坐标点，由 x，y 来描述其颜色特征。因而在 CIE 1931 XYZ 色度图中，将光源的色度点和样品色的色度点用直线进行连接，然后延长与光谱轨迹相交，该点处的波长即为样品色的主波长。如图 7 – 12 所示，a_1、a_2、a_3 是按照表 7 – 4 中油墨色标的青、品红、黄三色的色度坐标 x、y 描绘出的色度点。在图 7 – 12 中，将 CIE 标准光源 C 的色度点与青的色度点 a_1 连接，其延长线与光谱轨迹相交与 L_1 点，该点处的波长是 481.7nm，则 481.7nm 就是该青色油墨的主波长。同样，可以得到该黄墨的主波长是 572nm。

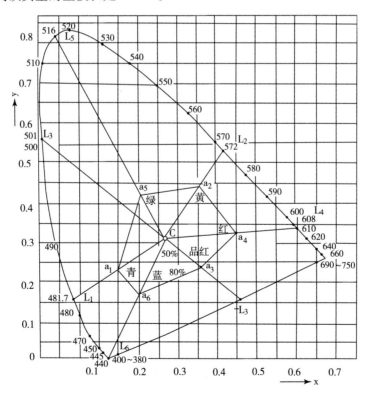

图 7 – 12　颜色客观三属性的确定

但是，如果将把 C 和 a_3 点连接并延长，交点在 $-L_3$ 处，这段光谱轨迹是没有波长的，也就是说不能够确定主波长，在这种情况下，我们把经过光源色度点和样品色度点的直线反向延长，与光谱轨迹相交于一点，对于 a_3 来讲就是 L_3 点，该点处的波长叫作该样品色的补色波长（complementary wavelength）。在标定颜色时，为了区分主波长和补色波长，可以在补色波长的前面加负号"−"，或者在后面加"C"来表示。例如，图 7−12 中的品红色的补色波长为 −501nm。

确定颜色的主波长和补色波长的最简单的方法就是作图法，另外，还可以用计算法来求。计算法是根据颜色的色度坐标和照射光源的直线计算斜率，如式（7−28）或式（7−29）所示，然后查表读出样品色度点和光源色度点所在的直线与光谱轨迹的交点，进而确定主波长。

$$K = \frac{x - x_0}{y - y_0} \tag{7−28}$$

或

$$K = \frac{y - y_0}{x - x_0} \tag{7−29}$$

7.6.2 色纯度

当某颜色与非彩色和单色（光谱色）加色混合后的颜色匹配时，非彩色和单色的混合比称为该颜色的色纯度，即色纯度是指某颜色接近同一主波长的光谱色的程度。色纯度分为兴奋纯度和色度纯度两种。

（1）兴奋纯度（excitation purity，P_e）。

兴奋纯度可用 CIE $x−y$ 色品图上白光源色度点到样品色的色度点之间的距离，和白光色度点到光谱色色度点的距离的比率来表示。样品色的色度点越靠近光源的色度点，其纯度就越低，反之越高。设样品点的色品坐标为（x，y），白光 O 的色品坐标为（x_0，y_0），则样品的兴奋纯度的计算公式是：

$$P_e = \frac{x - x_0}{x_d - x_0} \tag{7−30}$$

或

$$P_e = \frac{y - y_0}{y_d - y_0} \tag{7−31}$$

式中　x_d、y_d——样品色的主波长（或补色波长）点的色度坐标。

理论上，式（7−30）和式（7−31）的计算结果应该一致，但在实际计算中，当样品点与光源点连线与色品图 x 轴趋于平行或平行时，即 y、y_0、y_d 三个值接近或相等时，式（7−31）的计算误差较大或失效，这时应采用式（7−30）计算；当样品点与光源点连线与色品图 y 轴趋于平行或平行时，即 x、x_0、x_d 三个值接近或相等时，应采用式（7−31）计算。

颜色的兴奋纯度表征了主波长的光谱色被白光冲淡的程度，实质上就是主波长光谱色的三刺激值在颜色样品三刺激值中所占的比重。设参照白光 O、样品色 M、样品色主波长光谱色 L 的三刺激值之和分别为 S_0、S_1、S_d，三刺激值中的 X 值分别为 X_0、X_1、X_d，对应的色

度坐标分别为 x_0、x_1、x_d，则由色度坐标定义和颜色相加混合规律有：

$$x_0 = X_0/S_0, \quad x_1 = X_1/S_1, \quad x_d = X_d/S_d, \quad X_1 = X_0 + X_d, \quad S_1 = S_0 + S_d \tag{7-32}$$

由式（7-30）和（7-32）可得：

$$
\begin{aligned}
P_e &= \frac{x - x_0}{x_d - x_0} \\
&= \frac{X_1/S_1 - X_0/S_0}{X_d/S_d - X_0/S_0} \\
&= \frac{(X_0 + X_d)/(S_0 + S_d) - X_0/S_0}{X_d/S_d - X_0/S_0} \\
&= \frac{S_d}{S_0 + S_d} = \frac{S_d}{S_1}
\end{aligned}
\tag{7-33}
$$

因此，兴奋纯度就是主波长光谱色的三刺激值之和与样品色三刺激值之和的比值。

计算光源（发光体）的主波长和纯度时通常选用等能白光 E 点作为参照光源，计算表面色时通常选用 CIE 标准光源作为参照光源。样品的主波长和兴奋纯度会因为选用光源的不同而出现不同的结果。用主波长和兴奋纯度标定颜色的方法与用色度坐标标定法相比，前者具体、直接地表述了一个颜色的色相和饱和度的概貌。

（2）色度纯度（Colormetric purity，P_c）。

色度纯度是用样品色和样品色主波长光谱色的亮度比来表示的，用符号 P_c 来表示。设样品色及其主波长光谱色的三刺激值中，Y 值分量分别为 Y_1 和 Y_d，则色度纯度为：

$$P_c = \frac{Y_d}{Y_1} \tag{7-34}$$

将 $Y_1 = y_1 \cdot S_1$ 和 $Y_d = y_d \cdot S_d$ 代入公式（7-34）中，可得：

$$P_c = \frac{Y_d}{Y_1} = \frac{y_d \cdot S_d}{y_1 \cdot S_1} = \frac{y_d}{y_1} P_e \tag{7-35}$$

通常将刚好能被识别的色度纯度的差值 ΔP_c 称为恰可察觉差值（也称识别阈，just noticeable difference，记作 JND），图 7-13 是 1982 年 Wyszecki 和 Stiles 对波长为 650nm 的单色光求出的识别阈，对其他波长也可得到相同的结果。

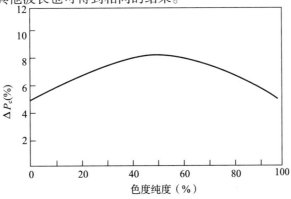

图 7-13　650nm 单色光色度纯度和识别阈 ΔP_c（白点 4800K）

主波长大致表示颜色的知觉属性中的色相，兴奋纯度或色度纯度大致表示颜色知觉属性中的饱和度（但并不是完全相同），用主波长和兴奋纯度或色度纯度表示颜色色品，比用色度坐标表示颜色色品更直观，且易于理解，过去经常用，现在用得较少，因为其在紫色区域内不连续，难于处理。

7.6.3　亮度因数

亮度因数是指表面色的明暗程度，用三刺激值中 Y 的百分比来表示，即 $Y\%$。表 7 - 7 中数据表明，青油墨的亮度因数是 26.24%，品红油墨的亮度因数是 24.69%。

因此，表 7 - 4 中各色油墨的客观三属性如表 7 - 7 所示。

表 7 - 7　黄、品红、青油墨的客观三属性

油墨	主波长（nm）	纯度（%）	亮度因数（%）
黄	574	60	72.33
品红	−501.05	34	24.69
青	481.7	57	26.24

注：不同厂家，不同品牌的油墨的各个属性的数值有所差异。

从表 7 - 7 中可以看出，黄色油墨具有较高的亮度和较大的饱和度，同时可以根据主波长判断油墨的颜色。

用颜色的客观三属性来描述颜色差别较小的样品时，其优点更加明显。如品红油墨以 100%、80%、50% 的网点面积率进行印刷时，测得的数据以及计算出的客观三属性的数值如表 7 - 8 所示。

表 7 - 8　品红油墨 100%、80%、50% 面积率的 Y、x、y、主波长、纯度

品红油墨的网点面积率（%）	亮度因数 Y（%）	色度坐标		主波长（nm）	纯度（%）
		x	y		
100	24.26	0.4020	0.2410	−501.0500	34
80	28.33	0.3801	0.2576	−501.1068	25
50	42.10	0.3503	0.2874	−501.6288	20

从表 7 - 8 中可以看出，品红油墨在网点面积率发生变化时，其主波长的变化很小，即其颜色没有发生很大的变化，但是其纯度却随着网点面积率的减小而降低，亮度随着网点面积率的减小而增加。

7.6.4　HV/C 和 Yxy 的转化

孟塞尔新标系统本身的每一色样都是用 HVC 和 Yxy 两种方法标定的，所以根据"孟塞

尔新标系统",就可以完成 Yxy 与 HVC 两种表色方法之间的转换计算。若已知 Y、x、y,求 H、V、C 的计算步骤如下:

(1) 首先将亮度因数 Y,用查表(表 7-9)的方法求出与之对应的孟塞尔明度值 V。

(2) 依此明度值 V,找出与之对应的 CIE 色度图 [图 7-15(A~I)]。

(3) 按已知的色度坐标 x、y 在该明度值的色度图上描点,求 H 和 C 值。

(4) 最后综合起来就是所求色样的 H、V、C 值,从而完成由 Yxy 表色法到 HVC 表色法的转换。

当我们了解了这一转换的步骤之后,下面再详细说明这一转换的原理和方法。

7.6.4.1 亮度因数 Y 与孟塞尔明度值 V 的转换原理

在目前国际上采用的《孟塞尔新标系统》中,对于明度的分级是用实验方法求得的。正如 6.3 节中所说的,孟塞尔明度值是按视感觉上的等距离从 0~10 分为 11 级,第 10 级明度值(V=10)由理想的完全反射漫射体代表,它的反射率等于 1。然而没有一种材料的表面具有完全反射漫射的性质。实际中,这一系统的所有 Y 值都是以氧化镁作为标准的,并规定氧化镁的亮度因数 Y=100,而氧化镁的实际反射率约为 97.5%,因此,孟塞尔第 10 级明度值的亮度因数 $Y_0=100/0.975=102.57$。根据视觉实验所得结果,孟塞尔明度值与亮度因数之间的关系如图 7-14 所示。图中曲线清楚表明,Y 与明度值 V 之间是非线性关系。它们之间的函数关系可以用五次多项式表示:

$$\frac{100Y}{Y_{氧化镁}} = 1.2219V - 0.2311V^2 + 0.23951V^3 - 0.021009V^4 + 0.000840V^5 \qquad (7-36)$$

式(7-36)的最佳观察条件是 Y≈20 的中性灰色为背景。

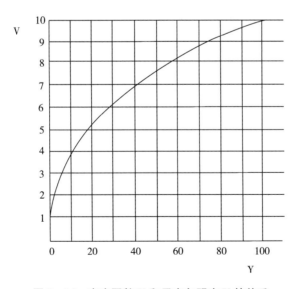

图 7-14 亮度因数 Y 和孟塞尔明度 V 的关系

孟塞尔明度值(V)与 Y 之间的数值关系如表 7-9 所示。

表7-9 孟塞尔明度值 V 与亮度因数 Y 之间的数值关系

V	Y	V	Y	V	Y	V	Y	V	Y
10.00	102.57	8.15	61.79	6.30	33.66	4.45	15.18	2.60	4.964
9.95	101.25	8.10	60.88	6.25	33.04	4.40	14.81	2.55	4.787
9.90	99.95	8.05	59.99	6.20	32.43	4.35	14.43	2.50	4.614
9.85	98.66	8.00	59.10	6.15	31.83	4.30	14.07	2.45	4.446
9.80	97.39	7.95	58.22	6.10	31.23	4.25	13.70	2.40	4.282
9.75	96.13	7.90	57.35	6.05	30.64	4.20	13.35	2.35	4.123
9.70	94.88	7.85	56.48	6.00	30.05	4.15	13.00	2.30	3.968
9.65	93.64	7.80	55.63	5.952	9.48	4.10	12.66	2.25	3.817
9.60	92.42	7.75	54.78	5.90	28.9	4.05	12.32	2.20	3.671
9.55	91.21	7.70	53.94	5.85	28.34	4.00	12.00	2.15	3.529
9.50	90.01	7.65	53.12	5.80	27.78	3.95	11.67	2.10	3.391
9.45	88.82	7.60	52.3	5.75	27.23	3.90	11.35	2.05	3.256
9.40	87.65	7.55	51.48	5.70	26.69	3.85	11.042	2.00	3.126
9.35	86.48	7.50	50.68	5.65	26.15	3.80	10.734	1.95	3.00
9.30	85.33	7.45	49.88	5.60	25.62	3.75	10.431	51.90	2.877
9.25	84.19	7.40	49.09	5.55	25.1	3.70	10.134	61.85	2.758
9.20	83.07	7.35	48.31	5.50	24.58	3.65	9.843	1.80	2.642
9.15	81.95	7.30	47.54	5.45	24.07	3.60	9.557	1.75	2.531
9.10	80.84	7.25	46.77	5.40	23.57	3.55	9.277	1.70	2.422
9.05	79.75	7.20	46.02	5.35	23.07	3.50	9.003	1.65	2.317
9.00	78.66	7.15	45.27	5.30	22.58	3.45	8.734	1.60	2.216
8.95	77.59	7.10	44.52	5.25	22.09	3.40	8.471	1.55	2.116
8.90	76.53	7.05	43.79	5.20	21.62	3.35	8.213	1.50	2.021
8.85	75.48	7.00	43.06	5.15	21.14	3.30	7.96	1.45	1.929
8.80	74.44	6.95	42.34	5.10	20.68	3.25	7.713	1.40	1.838
8.75	74.4	6.90	41.63	5.05	20.22	3.20	7.471	1.35	1.752
8.70	72.38	6.85	40.93	5.00	19.77	3.15	7.234	1.30	1.667
8.65	71.37	6.80	40.23	4.95	19.32	3.10	7.002	1.25	1.585
8.60	70.37	6.75	39.54	4.90	18.88	3.05	6.776	1.20	1.516
8.55	69.38	6.70	38.86	4.85	18.44	3.00	6.555	1.15	1.429
8.50	68.4	6.65	38.18	4.80	18.02	2.95	6.339	1.10	1.354
8.45	67.43	6.60	37.52	4.75	17.6	2.90	6.128	1.05	1.281
8.40	66.46	6.55	36.68	4.70	17.18	2.85	5.921	1.00	1.21
8.35	65.51	6.50	36.2	4.65	16.77	2.80	5.72	0.95	1.141
8.30	64.57	6.45	35.56	4.60	16.37	2.75	5.524	0.90	1.014
8.25	63.63	6.40	34.92	4.55	15.97	2.70	5.332	0.85	1.008
8.20	62.71	6.35	34.28	4.50	15.57	2.65	5.146	0.80	0.943

续表

V	Y	V	Y	V	Y	V	Y	V	Y
0.75	0.881	0.55	0.64	0.35	0.409	0.15	0.179		
0.70	0.819	0.50	0.581	0.30	0.352	0.10	0.12		
0.65	0.759	0.45	0.524	0.25	0.295	0.05	0.061		
0.60	0.699	0.40	0.467	0.20	0.237	0.00	0		

7.6.4.2　色度坐标 x、y 与色相 H、彩度 C 的转换

在孟塞尔颜色系统中，对于明度值相同的颜色样品只有色相和彩度两维坐标的变化，这在 CIE 1931 色度图上，就意味着只有色度坐标 x，y 的不同，在孟塞尔新标系统中，根据从 1～9 的 9 个明度等级及视觉实验，分别在 CIE 色度图上绘制出恒定色相轨迹线和恒定彩度轨迹线。这 9 张恒定色相和恒定彩度轨迹图〔图 7－15（A～I）〕就是我们将 CIE 1931 色度学系统（混色系统 Yxy 表色法）与孟塞尔系统（显色系统 HVC 表色法）相互转换的依据。

分析这 9 张不同明度的色度图可以看出，在明度值为 4/、5/、6/时，彩度轨迹圈的数量最多，比明度值 9/时占色度图更大的面积。这意味着，在中等明度值 4/～6/时（亮度因数 Y = 12～30.05），有产生最大饱和度表面色的可能性，而在明度值 9/时（亮度因数 Y = 79），不可能有非常饱和的颜色，特别是在色度图的蓝、紫、红部分更是如此。随着明度的降底，每一恒定彩度轨迹圈急剧增大，以至在明度值 1/时（亮度因数 Y = 1.210），彩度/4 的轨迹已经包括了明度值 9/（亮度因数 Y = 78.06 的全部颜色，这表明人眼分辨饱和度的能力随明度的降低而降低）。明度值为 1 时，在色度图中黄、绿部分只剩下很少几个恒定彩度轨迹，这表明，在低明度时，黄、绿色只有很低的饱和度。

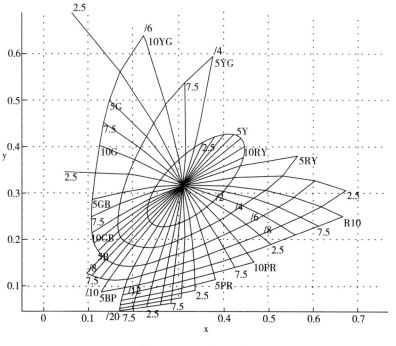

图 7－15　A（V = 1）

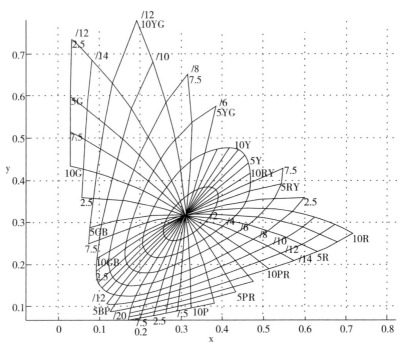

图 7 – 15　B（V = 2）

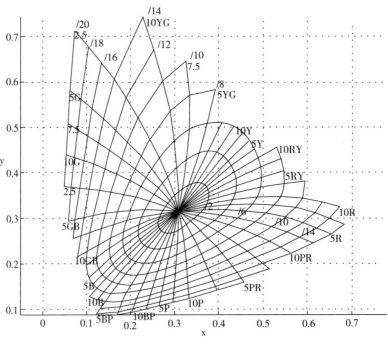

图 7 – 15　C（V = 3）

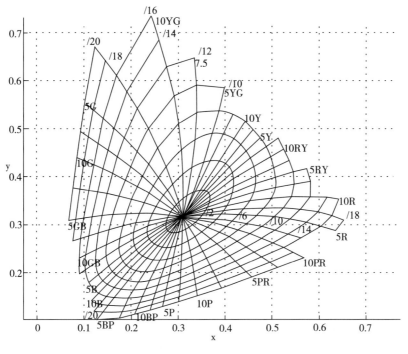

图 7 – 15 D（V = 4）

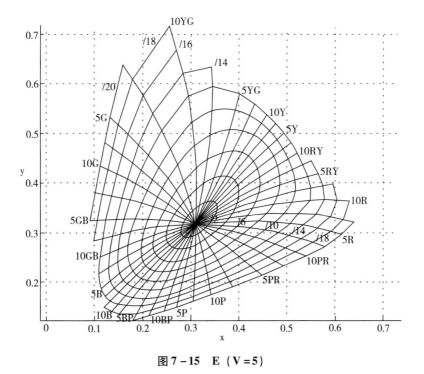

图 7 – 15 E（V = 5）

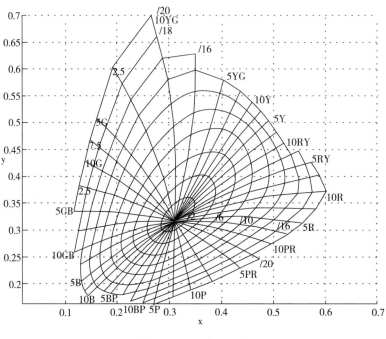

图 7-15　F（V=6）

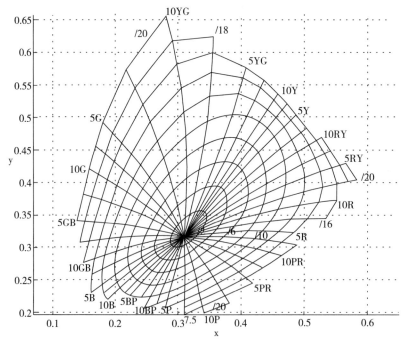

图 7-15　G（V=7）

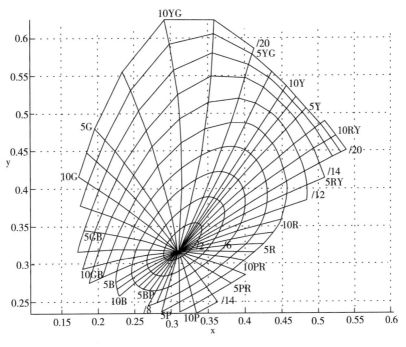

图 7 – 15　H（V = 8）

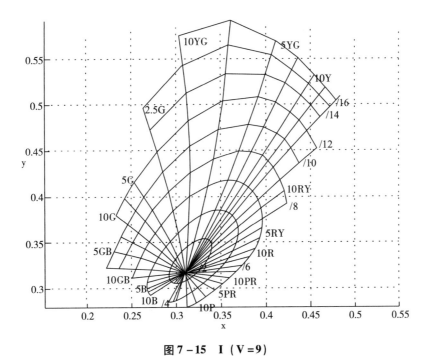

图 7 – 15　I（V = 9）

图 7 – 15　CIE 1931 XYZ 系统和孟塞尔系统（HV/C）的变换图

7.6.4.3 品红油墨网点印刷色样的实例计算

求品红 Y = 24.69、x = 0.4020、Y = 0.2410 的实地印刷色样（表 7 – 8）的孟塞尔 H、V、C 值（即孟塞尔标号）。

（1）查表 7 – 9 孟塞尔明度值 V 与亮度因数 Y 之间的数值关系，Y = 24.69 位于 24.58 和 25.10 之间，二者相应的孟塞尔明度值 V 为 5.50 和 5.55，通过线性内插法，可以求出相应于 24.69 亮度因数的孟塞尔明度值 V 是 5.5101。

（2）明度值 V_Y = 5.51 介于明度值 5 和 6 之间，故可用图 7 – 15（E）（明度值 5）和图 7 – 15（F）（明度值 6）两张色度图，用线性内插法求色相和彩度。在图 7 – 15（E）中，当色度坐标 x = 0.4020，y = 0.2410 时，色度点的位置处于 5RP 与 2.5RP 之间，按图中位置测量，估计大约为 H = 4.50 色相级，彩度估计大约为 C = 13.2。在图 7 – 15（F）中，当色度坐标 x = 0.4020，y = 0.2410 时，色相约为 H = 4.25 色相级，彩度为 14。

（3）因为该印刷色样明度值 V = 5.51，位于明度 5 到 6 之间 5.1/10 的地方，应该采用线性内插法，求取色相和彩度值，也就是用明度值 5 的色相（彩度值），加上 0.51 倍图 7 – 15（F）与图 7 – 15（E）的色相（彩度值）之差。已查出图 7 – 15（E）（明度值 5）的色相为 4.50RP，彩度为 13.2，图 7 – 15（F）的色相为 4.25RP，彩度为 14。用线性内插方法求出的色相和彩度分别是：

色相：H = 4.50 + 0.51(4.25 − 4.50) = 4.3725

彩度：C = 13.2 + 0.51(14 − 13.2) = 13.608

（4）该品红印刷色样的孟塞尔标号是 4.37RP5.5/13.61（取小数点后两位有效数字）。通常划分色相级别时，常以 0.25 色相级作为一个单位，如果色相差别小于 0.25 色相等级，则可忽略不计，因为，4.25RP < 4.3725RP < 4.5RP，但比较靠近 4.25RP。所以可写成 4.25RP 5.51/13.61。比这种计算方法更为直观的办法是作图法。如图 7 – 16 所示，可得该颜色标号为：

$$4.35RP\ 5.51/13.61 ≈ 4.25RP\ 5.51/13.61。$$

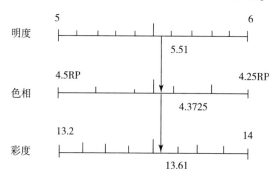

图 7 – 16　线性插值示意图

按照这种计算方法，我们可以将表 7 – 8 中品红色样面积率 80% 和 50% 的明度、色相、彩度值计算出来，它们的孟塞尔标号分别为 4.25RP 5.8/12.5，4.25RP 7/8。

至此，我们已完成了 Yxy 向 HVC 的转换。为了清晰起见，现将 Yxy 表色法，HVC 表色法和 λ_d、P_e、Y 表色法列表如下，见表 7 – 10。

表 7 - 10　50％、80％、100％油墨的 HVC

色别	Yxy 表色法			λ_d、P_e、Y 表色法			HYC 表色法
	Y（％）	x	y	λ_d	P_e	Y	孟塞尔标号 HV/C
M100％	24.60	0.4020	0.2410	−501.05	34	24.6	4.25RP5.5/13.6
M80％	28.33	0.3801	0.2567	−501.10	25	28.33	4.25RP5.8/12.5
M50％	42.10	0.3503	0.2814	−501.62	20	42.13	4.25RP7/8

7.6.4.4　Yxy 与 HVC 两种表色方法的讨论

（1）恒定主波长不等于恒定色相。

图 7 - 12 中表明恒定主波长线是直线，而从图 7 - 15（A ~ I）中表明恒定色相线是曲线。也就是说，在明度相同的色度图中，恒定色相轨迹上的颜色，当其彩度改变时，它的主波长亦不相同。如品红 100％（实地）、80％，50％ 面积率的色样，尽管它们有相同的色相，但它们的主波长各异。这说明虽然主波长与色相是紧密联系的，但恒定主波长不等于恒定色相，所以主波长并不能准确地代表人的色相视知觉。

（2）纯度（兴奋纯度）并不对应于相等的饱和度。

纯度的概念是把整个光谱颜色的纯度人为地规定为 100。孟塞尔新标系统表明图 7 - 15（A ~ I），各恒定彩度轨迹圈随明度值的增大而趋于缩小。也就是说，一个在视觉上彩度固定的颜色，它在明度值高的色度图上的位置，更接近中性色度点（白光），因而具有较低的纯度，而同一颜色在明度值低的色度图上就有较高的纯度。

用品红面积率为 50％ 的色样 4.25RP/8 可以说明这一关系。按不同明度值查找对应的色度图，可以算出它对应的纯度如表 7 - 11 所示。

表 7 - 11　纯度和明度的关系

明度值 V	2	3	4	5	6	7
纯度 P_e	0.27	0.26	0.25	0.23	0.21	0.20

这一结果可以用图 7 - 17 中所绘制的曲线 A 表示。所以，颜色的纯度不能准确地表示颜色饱和度的视觉特性。

由此可以得出结论：孟塞尔新标系统的色相 H、明度值 V 和彩度 C 反映了物体颜色的心理规律。它们分别代表了人的颜色视觉对色彩判断的主观感觉特性，而主波长、纯度和亮度因数所反映的是颜色的客观物理性质，是外部刺激的特征。二者之间是紧密联系的，但并不能准确相等。

（3）Yxy 与 HVC 表色法在使用上的区别。

自然界的颜色可以分为：

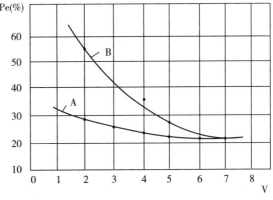

图 7 - 17　孟塞尔明度和纯度的关系

$$\text{自然颜色} \begin{cases} \text{光源色} \\ \text{物体色} \begin{cases} \text{透射色（光透过物体呈色）} \\ \text{表面色（光从物体表面反射呈色）} \end{cases} \end{cases}$$

HVC 只能够用于表面色，其余都要用 Yxy 表色法（见表7–12）。

表7–12　颜色的种类及其表示方法

颜色的种类		表示方法	
		Yxy	HV/C
光源色		可用	不可用
物体色	透射色	可用	不可用
	表面色	可用	可用

复习思考题

1. 什么是颜色的三刺激值，为什么会产生负刺激值？

2. CIE 1931 RGB 真实表色系统的光谱三刺激值的符号是什么，它的意义是什么？

3. 试说明三原色单位量的亮度比率为：1.0000∶4.5907∶0.0601，为什么它们的辐射能比率为 72.0962∶1.3971∶1.0000？

4. 当 $\lambda = 460$nm 时，试由表查出 $\bar{r}(\lambda)$、$\bar{g}(\lambda)$、$\bar{b}(\lambda)$，并计算：色度坐标 $r(\lambda)$、$g(\lambda)$、$b(\lambda)$。

5. 当 $\lambda = 500$nm 时，试计算它们的：（1）三刺激值 $\bar{r}(\lambda)$、$\bar{g}(\lambda)$、$\bar{b}(\lambda)$ 之比；（2）三原色光亮度之比；（3）三原色光所需辐射能之比。

6. 什么是"CIE 1931 标准色度观察者光谱三刺激值"？

7. 在 CIE1931 XYZ 系统中 $\bar{x}(\lambda)$、$\bar{y}(\lambda)$、$\bar{z}(\lambda)$，$x(\lambda)$、$y(\lambda)$、$z(\lambda)$，X、Y、Z，x、y、z 符号分别表示什么意思？

8. 什么是物体色的三刺激值和色度坐标？如何计算？写出计算式，说明其意义。

9. 2°视场和10°视场有何区别？

10. 什么是色彩的纯度与主波长，如何在 xy 色度图中确定？

11. 颜色的心理三属性和客观三属性有何关系？

12. 若已知两颜色的各参数为：$Y_1 = 22.81$、$x_1 = 0.2056$、$y_1 = 0.2428$，$Y_2 = 22.00$、$x_2 = 0.1869$、$y_2 = 0.2316$，试按 C 光源2°视场分别计算主波长 A 和纯度 Pe。

13. 若已知两颜色的各参数为：$Y_1 = 22.81$、$x_1 = 0.2056$、$y_1 = 0.2428$，$Y_2 = 22.00$、$x_2 = 0.1869$、$y_2 = 0.2316$，将它们转换为 HV/C，并写出它们的孟塞尔标号。

第八章

8

均匀颜色空间及应用

CIE 1931 XYZ 表色系统在给人们进行定量化研究色彩的同时，却不能够满足人们对颜色的差别量的表示。在研究中发现，用 CIE 1931 XYZ 系统来表示颜色的差别时和人眼的视觉结果差别比较大，也就是说，由于 CIE 1931 XYZ 系统本身的缺陷，不能够用来计算色差。因此，研究人员在此基础上进行了大量的研究。

8.1　颜色空间的均匀性

由于人眼分辨颜色变化的能力是有限的，故对色彩差别很小的两种颜色，人眼分辨不出它们的差异。只有当色度差增大到一定数值时，人眼才能觉察出它们的差异，我们把人眼感觉不出来的色彩的差别量（变化范围）叫作颜色的宽容量（color tolerance），有时我们也把人眼刚刚能觉察出来的颜色差别所对应的色差称为恰可分辨差（JND，just noticeable difference）。两种颜色色彩的差别量反映在色度图上就是指在色度图上两者色度坐标之间的距离。由于每一种颜色在色度图上就是一个点，当这个点的坐标发生较小的变化时，由于眼睛的视觉特性，人眼并不能够感觉出其中的变化，认为仍然是一个颜色。所以，对于视觉效果来说，在这个变化范围以内的所有的颜色，在视觉上都是等效的。莱特、彼特和麦克亚当（Macadam）对颜色的宽容量进行了细致的研究。

莱特和彼特选取波长不同的颜色来研究视觉对不同波长的颜色的辨别能力。实验时，他们把视场分为两半，但是亮度保持相等。首先，视场的两部分呈现相同波长的光谱色，然后，一半视场的光谱色的波长保持不变，改变另一半的波长，直到观察者感觉到这两半的颜色不同。通过这个实验，莱特和彼特得出人眼的辨色能力和波长的曲线关系，如图 8 - 1 所示。该图表明，人眼的视觉对不同波长的颜色的感受性存在差别，在波长为 490nm 和 600nm 附近视觉的辨色能力最高，只要波长改变 1nm，人眼便能够感觉出来，而在 430nm 和 650nm 附近视觉的辨色能力很低，波长要改变 5～6nm 时人眼才能够

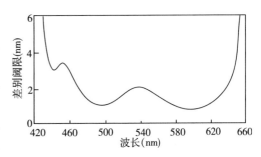

图 8 - 1　人眼对光谱颜色的差别感受性

109

感觉其颜色的差别。视觉对不同波长的颜色的辨别能力反映在 CIE 1931 XYZ 色度图上，如图 8 - 2 所示，图中不同长度的线段表示人的视觉对颜色的感觉差别，其长度表示人眼对光谱色的视觉宽容量，在每一段线段内波长虽然有变化，但是人眼的视觉不能够辨别其差异，只有当波长的变化超出其范围时，才能够感觉到其颜色的差异。从图中还可以看出，光谱色红端和蓝端的线段很短，而绿色部分的线段很长，这说明人眼对红色和蓝色的宽容量较小，而对绿色的宽容量较大。应该注意的是，色度图上的光谱轨迹的波长不是等距的，因而各线段的长度也只有相对意义，并不能够代表波长变化的绝对值的大小。莱特又用混合色做了实验，获得在 CIE 1931 XYZ 色度图内部区域的不同长度的线段。

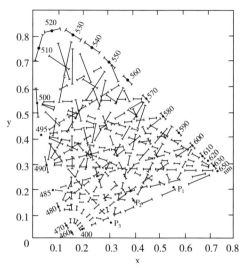

图 8 - 2　人眼对颜色的恰可分辨范围

　　1942 年美国柯达研究所的研究人员麦克亚当对 25 种颜色进行宽容量实验，在每个色光点大约沿 5 到 9 个对称方向上测量颜色的匹配范围，得到的是一些面积大小各异、长短轴不等的椭圆，称为麦克亚当椭圆，如彩图 17 所示，不同位置的麦克亚当椭圆面积相差很大，靠近 520nm 处的椭圆面积大约是 400nm 处椭圆面积的 20 倍，这表明人眼对蓝色区域颜色变化相当敏感，而对饱和度较高的黄、绿、青部分的颜色变化不太敏感。对于面积大小相同的区间，在蓝色部分比绿色部分，人眼能分辨出更多的颜色。就视觉恰可分辨的颜色的数量来说，色度图光谱轨迹蓝色端的颜色密度是绿色顶部密度的 300 ~ 400 倍。

　　麦克亚当的实验结果说明了在 x、y 色度图上各种颜色区域的宽容量的不一致性，蓝色区域量小，绿色区域量大。

　　在 XYZ 坐标系中，宽容量的不均匀性给颜色的计量与复现工作造成麻烦。人们曾经做过实验，将 CIE XYZ 色坐标系经过一定的线性变换（或投影变换），企图使整个色域内各点的恰可分辨差相等，麦克亚当椭圆都变成半径相等的圆。实验结果表明，上述设想是无法实现的。但是经过某种投影变换，能使各点的恰可分辨差的均匀性比 XYZ 色度坐标系要好得多，这就是均匀色标系统。

8.2　均匀颜色空间

　　在研究 CIE 1931 XYZ 系统时，没有考虑到颜色宽容量和分辨率的问题，没能够制定出均匀的颜色空间。出于对工业上确定产品所存在的色差和用仪器鉴定色差的迫切需要，必须创建一种新的色度图或颜色空间，且这种新的颜色空间必须"均匀化"，即在此空间中的距离与视觉上的色彩感觉差别成正比；另外，新的颜色空间的三坐标一定要由原来的 XYZ 三刺激值换算得出。并且在新的色度图上，每个颜色的宽容量最好都近似圆形，而且大小相同，即此空间中的距离与视觉上的色彩感觉差别成正比。人们一直朝这个方向发展努力着。

1960 年，CIE 根据麦克亚当的工作制定了 CIE 1960 均匀色度标尺图（CIE 1960 Uniform Chromaticity-Scale Diagram）简称 CIE 1960 UCS 图。该颜色空间和 CIE 1931 XYZ 系统相比具有较好的均匀性，能够正确地反映颜色的视觉效果，便于调整和预测人眼看到的颜色的变化；该系统对色彩的判别是以色度学颜色匹配理论为基础，与颜色出现在什么介质无关，因而具有等效性；在由 X、Y、Z 向 CIE 1960 UCS 系统转换时保持了原来的亮度因数 Y 不变，使得颜色的亮度信号与色度信号分开调节，互不影响；转换方法简单、方便。

但是，CIE 1960 UCS 系统为了表示颜色的均匀性，将表示颜色明度变化的 Y 值独立出来保持不变，只是将 CIE 1931 XYZ 色度图均匀化了，实际上亮度因数 Y 的差别并不与视觉上的差异成正比。因此有必要把 CIE 1960 UCS 图的二维空间扩充为三维均匀颜色空间。

1935 年以来，曾经提出的所谓 UCS 系统空间有 20 多个，提出这些 UCS 空间的主要目的都是为了更好地寻找均匀颜色空间的距离和色彩感觉差别的相关性，将两个空间色度点之间的距离作为色彩感觉差别的一个度量值。但是麦克亚当后来证明，不可能从 x、y 色度系统中由线性变换得到新均匀色度系统，这就是"线性匀色制的不可能性"。

1964 年 CIE 推荐了"CIE 1964 均匀颜色空间"，该颜色空间是一个三维的颜色空间，它是由 XYZ 系统经过非线性变换转换而来，具有较好的均匀性，同时还给出了色差公式，在工业上得到了广泛的应用。

但是，随着均匀性更好的颜色空间的推出，CIE 1960 UCS 系统和 CIE 1964 均匀颜色空间已经退出了历史舞台。

为了进一步改进和统一评价颜色的方法，1976 年 CIE 又推荐了两个最新的颜色空间及其相关的色差公式，它们分别称为 CIE 1976 L*a*b* 色空间和 CIE 1976 L*u*v* 色空间，现已为世界各国采纳，作为国际通用的测色标准。我国国家标准 GB/T 7921《均匀色空间和色差公式》规定 CIE 1976 L*a*b* 和 L*u*v* 表色系统与色差公式适用于一切光源色和物体色的表示以及色差的表示与计算；同时表明，CIE 1976 L*a*b* 和 L*u*v* 表色系统与色差公式是与国际照明委员会（CIE）1976 年推荐的在视觉上近似均匀的色空间和色差公式一致的。

8.3　CIE 1976 L*a*b* 均匀颜色空间

国际照明委员会（CIE）1976 年推荐了主要用于表面色工业颜色评价的 CIE 1976 L*a*b* 均匀颜色空间（简写为 CIELAB），其优点是，当颜色的色差大于视觉的识别阈值而又小于孟塞尔系统中相邻两级色差时，可以较好地反映物体色的心理感受效果。

8.3.1　CIE 1976 L*a*b*模型

CIE 1976 L*a*b*均匀颜色空间及其色差公式可以按下面的方程计算：

$$\begin{cases} L^* = 116f(Y/Y_0) - 16 \\ a^* = 500[f(X/X_0) - f(Y/Y_0)] \\ b^* = 200[f(Y/Y_0) - f(Z/Z_0)] \end{cases} \tag{8-1}$$

其中：

$$f(I) = \begin{cases} (I)^{\frac{1}{3}} & I > (6/29)^3 \\ (841/108)I + 4/29 & I \leqslant (6/29)^3 \end{cases} \tag{8-2}$$

或者简写为：

$$L^* = 116(Y/Y_0)^{1/3} - 16 \qquad Y/Y_0 > 0.01$$

$$a^* = 500[(X/X_0)^{1/3} - (Y/Y_0)^{1/3}]$$

$$b^* = 200[(Y/Y_0)^{1/3} - (Z/Z_0)^{1/3}] \tag{8-3}$$

式中　X、Y、Z——颜色样品的三刺激值；

　　　X_0、Y_0、Z_0——CIE标准照明体的三刺激值；

　　　L*——心理计量明度，简称心理明度或明度指数；

　　　a*、b*——心理计量色度，是神经节细胞的红-绿、黄-蓝反应。

从上述公式中可以看出，由X、Y、Z向L*、a*、b*变换时，包含有立方根的项，这是一种非线性变换。经过非线性变换后，原来CIE 1931 XYZ色度图的马蹄形光谱轨迹则不再存在。对于这种非线性变换，通常用"心理颜色空间"来表示，它是基于赫林的四色对立颜色视觉理论，所以这种坐标系统又称为对立色坐标，或心理颜色空间，如彩图18所示。在方程中，心理色度a*、b*包含有（X-Y）和（Y-Z）项，在这里a*可以理解为神经节细胞的红-绿反应，b*是神经节细胞的黄-蓝反应，L*是神经节细胞的黑-白反应。在这一系统中，+a*表示红色，-a*表示绿色，+b*表示黄色，-b*表示蓝色，颜色的明度用L*表示。

经过对颜色三刺激值X、Y、Z的非线性变换，则马蹄形的二维平面色度图演变为了彩图19所示的形状，三维立体则如图8-3所示。CIE LAB的均匀性也改进了很多，麦克亚当椭圆在a-b平面如图8-4所示，这些椭圆明显要比在CIE XYZ系统中无论是大小的差别还是形状上要一致得多。

此外，CIE还定义彩度、色相角：

彩度 C_{ab}^*

$$C_{ab}^* = [(a^*)^2 + (b^*)^2]^{1/2} \tag{8-4}$$

色相角 h_{ab}^*

$$h_{ab}^* = \arctan(b^*/a^*)（弧度） = \frac{180}{\pi}\arctan(b^*/a^*)（度） \tag{8-5}$$

有人把L*、C_{ab}^*、h_{ab}^*三者确定的三维立体称为LCH颜色空间，如图8-5所示。

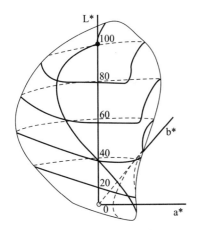

图 8 – 3 CIELAB 颜色空间立体的实际形状

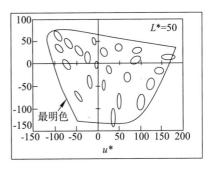

图 8 – 4 CIELAB 中的麦克亚当椭圆

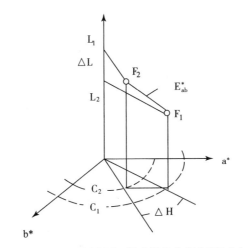

图 8 – 5 CIE 1976 $L^*a^*b^*$ 颜色空间 LCH 立体

8.3.2 色差及其计算公式

色差就是指用数值的方式表示两种颜色给人的色彩感觉上的差别。若两个颜色都按照 $L^*a^*b^*$ 标定,则两者的总色差及单项色差可用下列公式计算:

明度差:

$$\Delta L^* = L_1^* - L_2^* \qquad (8-6)$$

色度差:

$$\Delta a^* = a_1^* - a_2^* \qquad (8-7)$$

$$\Delta b^* = b_1^* - b_2^* \qquad (8-8)$$

总色差:

$$\Delta E_{ab}^* = \sqrt{(L_1^* - L_2^*)^2 + (a_1^* - a_2^*)^2 + (b_1^* - b_2^*)^2} \qquad (8-9)$$

彩度差:

$$\Delta C_{ab}^* = C_{ab,1}^* - C_{ab,2}^* \qquad (8-10)$$

色相角差：

$$\Delta h_{ab}^* = h_{ab,1}^* - h_{ab,2}^* \qquad (8-11)$$

色相差：

$$\Delta H_{ab}^* = \sqrt{(\Delta E_{ab}^*)^2 - (\Delta L^*)^2 - (\Delta C_{ab}^*)^2} \qquad (8-12)$$

在国家标准 GB/T 7921《均匀色空间和色差公式》中，把色相角、色相角差、色相差分别称为色调角、色调角差、色调差。

计算色差时，可以把其中的任意一个作为标准色，则另一个就是样品色。当计算结果出现正、负值时，其意义如下（假设 1 为样品色，2 为标准色）：

$\Delta L^* = L_1^* - L_2^* > 0$，表示样品色比标准色浅，明度高；若 $\Delta L^* < 0$，说明样品色比标准色深，明度低。

$\Delta a^* = a_1^* - a_2^* > 0$，表示样品色比标准色偏红；若 $\Delta a^* < 0$，说明样品色比标准色偏绿。

$\Delta b^* = b_1^* - b_2^* > 0$，表示样品色比标准色偏黄；若 $\Delta b^* < 0$，说明样品色比标准色偏蓝。

$\Delta C_{ab}^* = C_{ab,1}^* - C_{ab,2}^* > 0$，表示样品色比标准色彩度高，含"白光"或"灰分"较少；若 $\Delta C_{ab}^* < 0$，说明样品色比标准色彩度低，含"白光"或"灰分"较多。

$\Delta h_{ab}^* = h_{ab,1}^* - h_{ab,2}^* > 0$，表示样品色位于标准色的逆时针方向上；若 $\Delta h_{ab}^* < 0$，说明样品色位于标准色的顺时针方向上。根据标准色所处的位置，就可以判断样品色是偏绿还是偏黄。

8.3.3　色差单位的提出与意义

1939 年，美国国家标准局采纳了贾德等的建议而推行 $Y^{1/2}$、a、b 色差计算公式，并按此公式计算颜色差别的大小，以绝对值 1 作为一个单位，称为"NBS 色差单位"。一个 NBS 单位大约相当于视觉色差识别阈值的 5 倍。如果与孟塞尔系统中相邻两级的色差值比较，则 1 个 NBS 单位约等于 0.1 孟塞尔明度值，0.15 孟塞尔彩度值，2.5 孟塞尔色相值（彩度为 1）；孟塞尔系统相邻两个色彩的差别约为 10NBS 单位。NBS 的色差单位与人的色彩感觉差别用表 8-1 来描述，说明 NBS 单位在工业应用上是有价值的。后来开发的新色差公式，往往有意识地把单位调整到与 NBS 单位相接近，例如 ANLAB40、Hunter Lab 以及 CIE LAB、CIE LUV 等色差公式的单位都与 NBS 单位大略相同（不是相等）。因此，我们不要误解以为任何色差公式计算出的色差单位都是 NBS。

表 8-1　NBS 单位与颜色差别感觉程度

NBS 单位色差值	感觉色差程度
0.0~0.50	（微小色差）感觉极微（trave）
0.5~1.5	（小色差）感觉轻微（slight）
1.5~3.0	（较小色差）感觉明显（noticeable）
3.0~6.0	（较大色差）感觉很明显（appreciable）
6.0 以上	（大色差）感觉强烈（much）

在印刷色彩复制质量要求上，GB/T 7705—2008《平版装潢印刷品》中，对颜色同批同色色差的要求如表 8-2 所示。

表 8-2 GB/T 7705—2008 对色差的要求

	精细产品		一般产品	
	$L^* > 50$	$L^* \leqslant 50$	$L^* > 50$	$L^* \leqslant 50$
同批同色色差（ΔE_{ab}^*）	≤4.0	≤3.0	≤6.0	≤5.0

8.4 CIE 1976 L*u*v* 均匀颜色空间

8.4.1 CIE 1976 L*u*v* 模型

CIE 1976 L*u*v* 均匀颜色空间是由 CIE 1931 XYZ 颜色空间和 CIE 1964 均匀色空间改进而产生的。主要是用数学方法对 Y 值做非线性变换，使其与代表视觉等间距的孟塞尔系统靠拢。然后，将转换后的 Y 值与 u、v 结合而扩展成三维均匀颜色空间。其定义公式如下：

$$
\begin{cases}
L^* = \begin{cases} 116\ (Y/Y_0)^{1/3} - 16 & Y/Y_0 > (6/29)^3 \\ 903.3\ (Y/Y_0) & Y/Y_0 \leqslant (6/29)^3 \end{cases} \\
u^* = 13L^*\ (u' - u'_0) \\
v^* = 13L^*\ (v' - v'_0)
\end{cases}
\tag{8-13}
$$

其中：

$$
\left.
\begin{aligned}
u' = u = \frac{4x}{-2x + 12y + 3} = \frac{4X}{X + 15Y + 3Z} \\
v' = 1.5v = \frac{9y}{-2x + 12y + 3} = \frac{9y}{X + 15Y + 3Z}
\end{aligned}
\right\}
\tag{8-14}
$$

式中 L^*——明度指数；

u^*、v^*——色度指数；

u'、v'——CIE 1964 系统的色度坐标；

x、y——CIE 1931 系统的色度坐标；

u'_0、v'_0、x_0、y_0——测色所用光源的色度坐标；

X、Y、Z——样品色的三刺激值；

X_0、Y_0、Z_0——光源的三刺激值。

从公式可以看出，u'、v' 是 CIE 1931 XYZ 色度坐标的线性变换，因此，用色度坐标 u'、v' 绘制的色度图仍然保持了马蹄形的光谱轨迹。其色空间如彩图 20 所示。$u'v'$ 色度图和 xy 色度图相比，视觉上的均匀性有了很大的改善。

与 CIE 1976 L*a*b* 相似，L^*、u^*、v^* 是 X、Y、Z 的非线性变换。因为它们都和 Y 的立方根函数有关，因此，经过非线性变换之后，原来的马蹄形轨迹就不存在了。其色空间如

图 8-6 所示。L^*、u^*、v^* 也是直角坐标系，可用色度指数 u^*、v^* 画出 "CIE 1976 U*V*图"，如图 8-7 所示。

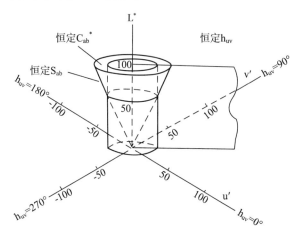

图 8-6　CIE LUV 色空间

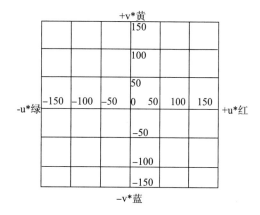

图 8-7　CIE 1976 u*v*图

此外，CIE 还定义饱和度、彩度、色相角：

饱和度 S_{uv}：

$$S_{uv} = 13 \left[(u' - u'_0)^2 + (v' - v'_0)^2 \right]^{\frac{1}{2}} \tag{8-15}$$

彩度 C_{uv}^*：

$$C_{uv}^* = [(u^*)^2 + (v^*)^2]^{1/2} = L^* \cdot S_{uv} \tag{8-16}$$

色相角 h_{uv}^*：

$$h_{uv}^* = \arctan(v^*/u^*)（弧度）= \frac{180}{\pi}\arctan(v^*/u^*)（度） \tag{8-17}$$

8.4.2　色差及其计算公式

若两个颜色都按照 L*a*b*标定颜色，则两者的总色差及单项色差可用下列公式计算：

明度差：

$$\Delta L^* = L_1^* - L_2^* \tag{8-18}$$

色度差：

$$\Delta u^* = u_1^* - u_2^* \tag{8-19}$$

$$\Delta v^* = v_1^* - v_2^* \tag{8-20}$$

总色差：

$$\Delta E_{uv}^* = \sqrt{(\Delta L^*)^2 + (\Delta u^*)^2 + (\Delta v^*)^2} \tag{8-21}$$

彩度差：

$$\Delta C_{uv}^* = C_{uv,1}^* - C_{uv,2}^* \tag{8-22}$$

色相角差：

$$\Delta h_{uv}^* = h_{uv,1}^* - h_{uv,2}^* \tag{8-23}$$

色相差：

$$\Delta H_{uv}^* = \sqrt{(\Delta E_{uv}^*)^2 - (\Delta L_{uv}^*)^2 - (\Delta C_{uv}^*)^2} \qquad (8-24)$$

上面各项计算结果出现正负值时，其内涵的物理意义与 $L^*a^*b^*$ 公式相同。

8.4.3　CIE 1976 $L^*a^*b^*$ 与 $L^*u^*v^*$ 匀色空间的选择和使用

1976 年 CIE 推荐以及我国国家标准 GB/T 7921—2008 中规定：可使用 CIE 1976 $L^*a^*b^*$ 和 CIE 1976 $L^*u^*v^*$ 两个匀色空间来表示光源色或物体色及其色差。但 CIE 与 GB/T 7921—2008 均未对它们的适用领域加以规定，因此对具体使用者来说，往往不知采用哪一个为好。其主要原因是：第一，它们都是在视觉上近似均匀的色空间和色差公式；第二，根据研究与使用调查表明，这两个颜色空间对视觉上的均匀程度基本上相同。例如，莫莱用 555 对色样求各颜色空间的色差值与目测结果的相互关系，发现 CIE $L^*a^*b^*$ 为 0.72，$L^*u^*v^*$ 为 0.71，还有用孟塞尔卡中恒定色相轨迹和恒定彩度轨迹在 a^*b^* 图和 u^*v^* 图的改善程度也很接近，只是 a^*b^* 图略优于 u^*v^* 图。

总之，根据目前的有关资料，两个系统在视觉均匀性上很接近，实用中可以选取 CIE 1976 $L^*a^*b^*$ 或 $L^*u^*v^*$ 来表示颜色或色差，这都是符合国际标准和国家标准的。但是，实际上做出决定时，可依据各学科和工业部门的经验、习惯、方便以及熟悉性来选择用哪一种颜色空间更有利。鉴于染料、颜料以及油墨等颜色工业部门最先选用了 CIE 1976 $L^*a^*b^*$ 匀色空间，美国印刷技术协会（TAGA）在 1976 年的论文集上，发表了 R. H. Gray 和 R. P. Held 关于"研究色彩新方法"的文章，赞成采用 CIE 1976 $L^*a^*b^*$ 匀色空间系统作为印刷色彩的颜色匹配和评价的方法；二十多年来，在 TAGA 发表的许多文章和在国际印刷研究所协会（IARIGAI）的论文集，以及我国的一些印刷刊物发表的关于印刷色彩研究的文章和资料中，大多数采用 CIE 1976 $L^*a^*b^*$ 系统。至于 CIE 1976 $L^*u^*v^*$ 系统，它本身具有特殊的优点，如 u^*v^* 色度图仍然保留了马蹄形的光谱轨迹，比较适合于对光源色、彩色电视等工业部门的应用。

8.5　色差及色差公式

理想的色差公式应该基于真正视觉感知均匀的颜色空间，其预测的色差应该与目视判别有良好的一致性，而且可以采用统一的色差宽容度来进行颜色质量的控制，即对所有的颜色产品能够用相同的色差容限来判定其合格与否，而与标准色样在颜色空间中所处的位置或所属的色区无关。

纵观色差公式的发展，以 1976 年为界，大致分为两个阶段。1976 年以前，因无统一的标准和约定，颜色工作者纷纷以所涉及的数据、产品和领域为基础，提出了各自的色差公式。但效果都不能令人十分满意，而且给普及应用带来了很大的麻烦。因为不同的色差公式之间数据很难或无法相互转换，又没有一个具有权威性的色差公式可使大多数人接受并使用。当时有较大影响力的有瑞利立方根（Reilly Cube Root）色差公式、FMC-I（Friele-Mac-

Adam-Chickering-I）色差公式、FMC-II（Friele-MacAdam-Chickering-II）色差公式、ANLAB（Adams-Nickerson LAB）色差公式和亨特LAB（Hunter LAB）色差公式等。为了克服这种混乱，进一步统一色差评定的方法，国际照明协会在广泛的讨论和试验的基础上，于1976年正式推荐两个色空间及相应的色差公式，即CIE LUV色差公式和CIE LAB色差公式，前者主要用于彩色摄影和彩色电视等领域，后者则广泛用于纺织印染、染料、颜料等绝大多数与着色有关的行业。

由于CIE LAB色差公式在当时是使用效果最好的色差公式，许多国家包括国际标准化组织（ISO）都采用它作为自己的标准，因此CIE LAB色差公式是自1976年起使用较广泛、较通用的色差公式。但是这并不排除CIE LAB色差公式本身存在的不足之处，其中最主要的便是其计算结果与目测感觉并不总能保持一致。例如，与对深度变化相比，人眼对色相的变化更为敏感；另外人眼在低饱和度的色区的辨色能力远比在明亮鲜艳色区为高。这就意味着在不同的色区即使用CIE LAB色差公式得出一样的数值，也不能肯定地说目视评定感觉也一样。例如有一对嫩黄样品和一对深灰样品，二者 ΔE_{ab}^* 均等于1，但目测会感觉到深灰样品间的差别比嫩黄样品间的要大几倍。1986年，Luo和Rigg收集了大量表面色的中小色差实验数据，绘制了CIE LAB a*b*图宽容量椭圆，如图8-8所示。

图8-8清楚地说明了CIE LAB是个均匀性很差的颜色空间，至少和小色差有关。如果实验数据和CIE LAB空间能够完美地匹配，所有的椭圆都是同尺寸的圆圈。从图8-8可以发现一些趋势：接近中性色的椭圆最小；随着彩度的增加椭圆变大变长；除了蓝色区域外，大多数椭圆都指向原点（非彩色点）。

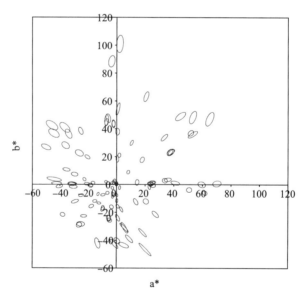

图8-8　CIE LAB 宽容量椭圆

近20年来，颜色科技工作者寻求更理想的色差公式的探索和努力一直就没有停止过。曾经使用的色差公式主要有：FCM（fine color metric）色差公式、LABHNU色差公式、

JPC79 色差公式、CMC（1：c）色差公式、ATDN 色差公式、住友方法、CIE LAB 色差公式的改良式、SVF 色差公式、BFD（1：c）色差公式、CIE 94 色差公式、CMC（1：c）色差公式的简化式、CIE DE2000 色差公式。下面主要介绍一下 CMC（1：c）色差公式、CIE 94 色差公式和 CIE DE2000 色差公式。

8.5.1 CMC（1：c）色差公式

1984 年英国染色家协会（SDC，the Society of Dyers and Colourist）的颜色测量委员会（CMC，the Society's Color Measurement Committee，）推荐了 CMC（1：c）色差公式，该公式是由 F. J. J. Clarke、R. McDonald 和 B. Rigg 在对 JPC 79 公式进行修改的基础上提出的，它克服了 JPC 79 色差公式在深色及中性色区域的计算值与目测评价结果偏差较大的缺陷，并进一步引入了明度权重因子 l 和彩度权重因子 c，以适应不同应用的需求。

在 CIE LAB 颜色空间中，CMC（1：c）公式把标准色周围的视觉宽容量定义为椭圆，见图 8-9。椭圆内部的颜色在视觉上和标准色是一样的，而在椭圆外部的颜色和标准色就不一样了。在整个 CIE LAB 颜色空间中，椭圆的大小和离心率是不一样的。以一个给定的标准色为中心的椭圆的特征，是由相对于标准色在 ΔL^*、ΔC_{ab}^*、ΔH_{ab}^* 方向上的两半轴的长度决定的。用椭圆方程定义的色差公式 $\Delta E_{CMC(1:c)}$ 如下所示：

$$\Delta E_{CMC(1:c)}^* = \sqrt{\left(\frac{\Delta L^*}{lS_L}\right)^2 + \left(\frac{\Delta C_{ab}^*}{cS_C}\right)^2 + \left(\frac{\Delta H_{ab}^*}{S_H}\right)^2} \tag{8-25}$$

其中：

$$S_L = \begin{cases} 0.040975L_s^* / (1+0.01765L_s^*) & L_s^* \geqslant 16 \\ 0.511 & L_s^* < 16 \end{cases}$$

$$S_C = 0.0638C_{ab,s}^* / (1+0.0131C_{ab,s}) + 0.638$$

$$S_H = S_C (F \cdot T + 1 - F)$$

$$F = \sqrt{(C_{ab,s}^*)^4 / \left[(C_{ab,s}^*)^4 + 1900\right]} \tag{8-26}$$

$$T = \begin{cases} 0.36 + |0.4COS(h_{ab,s}^* + 35)| & h_{ab,s}^* > 345° \quad \text{或} \quad h_{ab,s}^* < 164° \\ 0.56 + |0.2COS(h_{ab,s}^* + 168)| & 164° \leqslant h_{ab,s}^* \leqslant 345° \end{cases} \tag{8-27}$$

上式中，L_s^*、$C_{ab,s}^*$、$h_{ab,s}^*$ 均为标准色的色度参数，这些值以及上面的 ΔL^*、ΔC_{ab}^*、ΔH_{ab}^* 都是在 CIE LAB 空间计算得到。

S_L、S_C 和 S_H 是椭圆的半轴，l、c 是因数，通过 l、c 可以改变相对半轴的长度，进而改变 ΔL^*、ΔC_{ab}^*、ΔH_{ab}^* 的相对容忍度。例如，在纺织行业中，l 通常设为 2，允许在 ΔL^* 上有相对较大的容忍度，这也就是 CMC（2：1）公式。

很明显，用标准色的 CIE LAB 坐标 L_s^*、$C_{ab,s}^*$、$h_{ab,s}^*$ 来对校正值 S_L、S_C 和 S_H 进行计算是极为重要的。这些参数用非线性方程定义。这也表明，ΔL^* 的宽容量随着 L_s^* 的增大而增大，ΔC_{ab}^* 的宽容量随着 $C_{ab,s}^*$ 的增大而增大，ΔH_{ab}^* 的宽容量随着 $C_{ab,s}^*$ 的增大而增大并且与 $h_{ab,s}^*$ 的变化同步。

由于 CMC 色差公式比 CIE LAB 公式具有更好的视觉一致性，所以对于不同颜色产品的质量控制都可以使用与颜色区域无关的"单一阈值（single number tolerance）"，从而给颜色测量和色差的仪器评价带来了很大的方便。因此，CMC公式推出以后得到了广泛的应用，许多国家和组织纷纷采用该公式来替代CIE LAB公式。1988年，英国采纳其为国家标准BS 6923《小色差的计算方法》，1989年被美国纺织品染化师协会（American Association of Textile Chemist and Colorist）采纳为AATCC检测方法173—1989，后来经过修改改为AATCC检测方法173—1992，1995年被并入国际标准《ISO 105 纺织品 – 颜色的牢度测量》，成为《J03 小色差计算》。在我国，国家标准GB/T 8424.3《纺织品色牢度试验色差计算》和GB/T 3810.16《陶瓷砖实验方法第十六部分：小色差的测定》中也采纳了CMC色差公式。在印刷行业中，现行的国家标准和行业标准依然采用的CIE LAB色差公式，部分企业在实际生产中发现了该色差公式的不足之处，在企业标准中开始采用CMC色差公式。

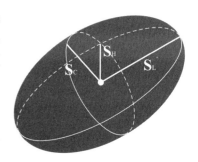

图8-9　CMC容差椭圆

8.5.2　CIE94 色差公式

1989年，CIE成立了技术委员会TC1-29（工业色差评估），主要任务是考察目前在工业中使用的在日光照明下进行物体色色差评价的标准，并给出建议。1992年TC1-29给出了一个实验性的包含二部分的提案。第一部分详述了经过修改CMC（1：c）公式而得出的一个新的色差公式，第二部分则阐述了在新的资料下或基本建模思想改变的情况下，新公式的修正方法。

这个最终的提案在1995年作为CIE的技术报告被公布出来。该报告详细说明了为了新的色差公式在色差方面以前所做的工作。新公式的完整的名称是"CIE 1994（ΔL^*、ΔC_{ab}^*、ΔH_{ab}^*）色差模型"，缩写为"CIE94"，或色差符号ΔE_{94}^*。

很多因素影响了视觉评价，比如，样品的特性和观测条件。联合CIE的另外一个技术委员会TC1-28（影响色差评价的因素）、TC1-29充分认识到这些因素的影响，并对它们进行了详细的考察；在CIE94公式中考虑到了一些因素的影响。现在不可能考虑所有因素的影响，两个技术委员会联合规定了一些参考条件，在这些参考条件下，参数给定了默认值，CIE94公式的性能很好。在其他条件下参数值的确定被认为是公式改进工作的一部分。参考条件适合于工业色差的评价，这些参考条件是：

①照明　CIE标准照明体D_{65}；

②照度　1000lx；

③背景　均匀的中性色，$L^* = 50$；

④观察模式　物体色；

⑤样品尺寸　视场大于4°；

⑥样品放置　直接边缘接触；

⑦样品色差幅度　0~5 CIE LAB色差单位；

⑧观察者　视觉正常；

⑨样品结构 在颜色上是均匀的。

新的色差公式基于 CIE LAB 颜色空间。TC1－29 认为在染色工业中该色差公式被广泛地接受以及明度、彩度、色相的差别和人的感觉的统一是极为重要的。在计算有色材料的中小色差时，这个色差公式替代了以前推荐的色差公式。但是它没有作为颜色空间替代 CIE LAB 和 CIE LUV。

CIE94 公式引入一个新的项 (ΔV)，即色差的视觉量化值。

$$\Delta V = K_E^{-1} \Delta E_{94}^* \tag{8-28}$$

K_E 并不是作为商业色差测量来用，而是一个总的视觉因素，在工业评定的条件下，设为一个单位，即 $\Delta V = \Delta E_{94}^*$。

CIE94 公式如下所示：

$$\Delta E_{94}^* = \sqrt{\left(\frac{\Delta L^*}{K_L S_L}\right)^2 + \left(\frac{\Delta C_{ab}^*}{K_C S_C}\right)^2 + \left(\frac{\Delta H_{ab}^*}{K_H S_H}\right)^2} \tag{8-29}$$

变量 K_L、K_C 和 K_H 和 CMC $(l:c)$ 公式中的 l、c、h 一样，〔在 CMC $(l:c)$ 公式中，可以认为在 ΔH_{ab}^* 项的除数中有一个因子 h，因为 $h=1$，忽略了〕。然而，它们在这里称为"参数因子"（parametric factors），因而就可以避免和 CIE94 中称为"相对容差"（relative tolerance）的 l、c 相混淆。在参考条件下，$K_L = K_C = K_H = 1$，使用条件和参考条件发生偏差时，会导致在视觉上每一个分量（亮度、彩度、色相）的改变，因而可以单独地调整色差公式中的各个色差分量以适应这种改变。例如，评价纺织品时，亮度感觉的降低，当 $K_L = 2$、$K_C = K_H = 1$ 时纺织品的视觉评价和 CIE94 公式的计算结果就比较接近；根据经验，印刷行业推荐使用 $K_L = 1.4$、$K_C = K_H = 1$。

就像在 CMC $(l:c)$ 公式中所做的一样，在 CIE94 中称为"权重函数"的椭圆半轴 $(S_L$、S_C 和 $S_H)$ 的长度允许在 CIE LAB 颜色空间中根据区域的不同进行各自的调整，但是，和 CMC $(l:c)$ 不同，它们用线性方程进行了不同的定义：

$$\begin{cases} S_L = 1 \\ S_C = 1 + 0.045 C_{ab,X}^* \\ S_H = 1 + 0.015 C_{ab,X}^* \end{cases} \tag{8-30}$$

当一对颜色中的标准色和被比较色明显不同时，则 $C_{ab,X}^* = C_{ab,S}^*$。这种经过优化的方程的不对称性，导致了一对样本色之间的色差，即颜色样本 A 和 B，以 A 为标准和以 B 为标准的计算结果就不一样。在逻辑上如果没有样本作为标准色时，$C_{ab,X}^*$ 可以用两个颜色的 CIE LAB 的彩度的几何平均值表示，如下所示：

$$C_{ab,X}^* = (C_{ab,A}^P \times C_{ab,B}^*)^{1/2} \tag{8-31}$$

TC1－29 的很多成员希望制定一个 CIE94 推荐标准，但是同时另外一部分人又不同意。TC1－29 的技术报告也存在矛盾之处，它的题目中并没有包含"推荐"一词，但是它的内容明显地表明在色差计算方面用 CIE94 色差公式代替 CIE LAB 公式。CIE94 色差公式发布后，很多的仪器制造商对该色差公式提供了支持，目前，支持 CIE94 的仪器有很多，如：X-Rite 530 光谱密度仪、X-Rite SP60 便携式球形分光光度仪、GretagMacbethColorEye® XTH 便携式分光光度仪、GretagMacbethSpectroEye™分光光度仪/色密度计等。

8.5.3 CIEDE2000 色差公式

为了进一步改善工业色差评价的视觉一致性，CIE 专门成立了工业色差评价的色相和明度相关修正技术委员会 TC1–47（Hue and Lightness Dependent Correction to Industrial Colour Difference Evaluation），经过该技术委员会对现有色差公式和视觉评价数据的分析与测试，在 2000 年提出了一个新的色彩评价公式，并于 2001 年得到了国际照明委员会的推荐，称为 CIE2000 色差公式，简称 CIEDE2000，色差符合 ΔE_{00}。CIEDE2000 是到目前为止最新的色差公式，与 CIE94 相比要复杂得多，同时也大大提高了精度。

CIEDE2000 色差公式主要对 CIE94 公式做了如下几项修正：

①重新标定近中性区域的 a^* 轴，以改善中性色的预测性能；

②将 CIE94 公式中的明度权重函数修改为近似 V 形函数；

③在色相权重函数中考虑了色相角，以体现色相容限随颜色的色相而变化的事实；

④包含了与 BFD 和 Leeds 色差公式中类似的椭圆选择选项，以反映在蓝色区域的色差容限椭圆不指向中心点的现象。

CIEDE2000 色差公式如下：

$$\Delta E_{00} = \sqrt{\left(\frac{\Delta L'}{K_L S_L}\right)^2 + \left(\frac{\Delta C'}{K_C S_C}\right)^2 + \left(\frac{\Delta H'}{K_H S_H}\right)^2 + R_T\left(\frac{\Delta C'}{K_C S_C}\right)\left(\frac{\Delta H'}{K_H S_H}\right)} \tag{8-32}$$

其计算过程如下：

首先由式（8-1）和式（8-4）计算 L^*、a^*、b^*、C_{ab}^*；

然后，

$$L' = L^* \tag{8-33}$$

$$a' = (1+G)a^* \tag{8-34}$$

这里，$G = 0.5\left(1 - \sqrt{\dfrac{\overline{C_{ab}^{*7}}}{\overline{C_{ab}^{*7}} + 25^7}}\right)$，$\overline{C_{ab}^*}$ 是一对样品色 C_{ab}^* 的算术平均值。

$$b' = b^* \tag{8-35}$$

$$C' = \sqrt{a'^2 + b'^2} \tag{8-36}$$

$$h' = \tan^{-1}\left(\frac{b'}{a'}\right) \tag{8-37}$$

$$\Delta L' = L_b' - L_s' \tag{8-38}$$

$$\Delta C' = C_b' - C_s' \tag{8-39}$$

$$\Delta H' = 2\sqrt{C_b' C_s'}\sin\left(\frac{\Delta h'}{2}\right) \tag{8-40}$$

$$\Delta h' = h_b' - h_s'$$

其中下标"s"表示颜色对中的标准色，"b"表示样品色。

$$S_H = 1 + 0.015\,\overline{C'}\,T \tag{8-41}$$

$$T = 1 - 0.17\cos(\overline{h'} - 30°) + 0.24\cos(2\,\overline{h'})$$
$$+ 0.32\cos(3\,\overline{h'} + 6°) - 0.20\cos(4\,\overline{h'} - 63°) \tag{8-42}$$

$$S_L = 1 + \frac{0.015(\overline{L'} - 50)^2}{\sqrt{20 + (\overline{L'} - 50)^2}} \qquad (8-43)$$

$$S_C = 1 + 0.045\,\overline{C'} \qquad (8-44)$$

式中$\overline{L'}$、$\overline{C'}$、$\overline{h'}$是一对色样 L'、C'、h' 的算术平均值。

$$R_T = -\sin(2\Delta\theta)R_C \qquad (8-45)$$

$$\Delta\theta = 30\exp\left[-\left(\frac{\overline{h'} - 275^0}{25}\right)^2\right] \qquad (8-46)$$

$$R_C = 2\sqrt{\frac{\overline{C'^7}}{\overline{C'^7} + 25^7}} \qquad (8-47)$$

最后，由式（8-32）计算色差值。

在计算$\overline{h'}$时，如果两个颜色的色相处于不同的象限，就需要特别注意，以免出错。如，某颜色样品对标准色和样品色的色相角分别为90°和300°，则直接计算出来的算术平均值为195°，但是正确的应该是15°。实际计算时，可以从两个色相角之间的绝对差值来检查，如果该差值小于180°，那么应该直接采用算术平均值，否则（差值大于180°），需要先从较大的色相角中减去360°，然后再计算算术平均值。因此，在上述示例中，对于样品色先计算300° - 360° = -60°，然后计算平均值为15°。CIEDE2000 色差公式的宽容量椭圆如图8-10所示。

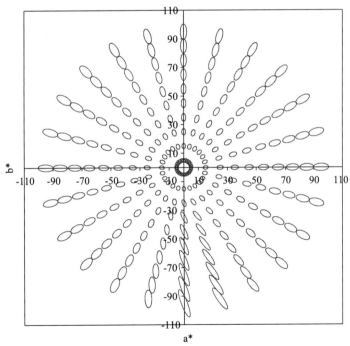

图 8 - 10　CIEDE2000 宽容量椭圆

以上基于对 CIELAB 公式改良的近期色差公式在数学上均采用椭球方程或其变形，并于椭球的边界来表示颜色的宽容量范围，再引入不同的参数来调节三个色差 ΔL、ΔC、ΔH 在总色差 ΔE 中的权重，以提高色差计算结果与目视评判的一致性。同时，所有这些公式都无一例外地建立在目视比较经验评色数据的基础之上。尽管有不少科学家提议从颜色的视觉机理出发，建立符合人眼视觉特征的真正的均匀颜色空间及其色彩评价模型，然而，迄今没有这样的颜色系统被提出。

8.6 光源的色温

8.6.1 黑体

一定的光谱功率分布表现为一定的光色，我们把光源的光与黑体的光相比较来描述它的颜色。

如果一个物体能够在任何温度下全部吸收任何波长的辐射，那么这个物体称为黑体，或者叫完全辐射体。天然的、理想的绝对黑体是不存在的。人造黑体是用耐火金属制成的具有小孔的空心容器，如图8－11所示。进入小孔的光，将在空腔内发生多次反射，每次反射都被容器的内表面吸收一部分能量，直到全部能量被吸收为止，这种带有小孔的容器就是绝对黑体。当物体加热到高温时，便产生辐射。一个黑体被加热，其表面按单位面积辐射光谱能量的大小及其分布完全决定于它的温度。

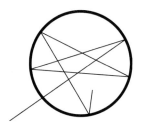

图8－11 绝对黑体示意图

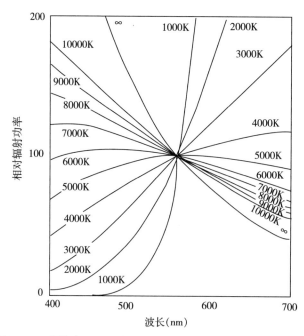

图8－12 黑体在不同温度下可见光谱范围的相对功率分布曲线

当黑体连续加热，温度不断升高时，其相对光谱能量分布的峰值部位将向短波方向变化，所发的光带有一定的颜色，其变化顺序是红－黄－白－蓝。黑体在不同温度下可见光谱范围的相对功率分布曲线如图8－12所示。随着温度的升高，按照普朗克公式计算出各种温度的相对光谱功率分布，转换成 CIE 1931 XYZ 色度图的色度坐标如表8－3所示。在色度图上，把完全辐射体（黑体）在不同温度下的色度点连接起来的线，叫作黑体轨迹，如图8－13所示。

表 8－3　完全辐射体不同温度时光色的色度坐标（$q = 1.4388 \times 10^{-2} m \cdot K$）

温度 T（K）	色度坐标		温度 T（K）	色度坐标	
	x	y		x	y
1000	0.6258	0.3444	4000	0.3805	0.3678
1200	0.6251	0.3674	4100	0.3761	0.3740
1400	0.5985	0.3858	4200	0.3720	0.3714
1500	0.5875	0.3931	4300	0.3681	0.3687
1600	0.5732	0.3993	4400	0.3644	0.3661
1700	0.5611	0.4043	4500	0.3608	0.3636
1800	0.5493	0.4082	4600	0.3574	0.3611
1900	0.5378	0.4112	4700	0.3541	0.3586
1000	0.5267	0.4133	4800	0.3510	0.3562
2100	0.5160	0.4146	4900	0.3480	0.3539
2200	0.5056	0.4152	5000	0.3451	0.3516
2300	0.4957	0.4152	5200	0.3397	0.3472
2400	0.4862	0.4147	5400	0.3348	0.3431
2500	0.4770	0.4137	5600	0.3302	0.3391
2600	0.4682	0.4123	5800	0.3260	0.3354
2700	0.4599	0.4106	6000	0.3221	0.3318
2800	0.4519	0.4086	6500	0.3135	0.3237
2900	0.4440	0.4065	7000	0.3064	0.3166
3000	0.4369	0.4041	7500	0.3004	0.3103
3100	0.4300	0.4016	8000	0.2952	0.3048
3200	0.4234	0.3990	8500	0.2908	0.3000
3300	0.4171	0.3936	9000	0.2869	0.2956
3400	0.4110	0.3935	10000	0.2807	0.2884
3500	0.4053	0.3907	15000	0.2637	0.2674
3600	0.3999	0.3879	30000	0.2501	0.2489
3700	0.3947	0.3851	－	－	－
3800	0.3697	0.3823	2045	0.5218	0.4140
3900	0.3850	0.3795	2856	0.4475	0.4074

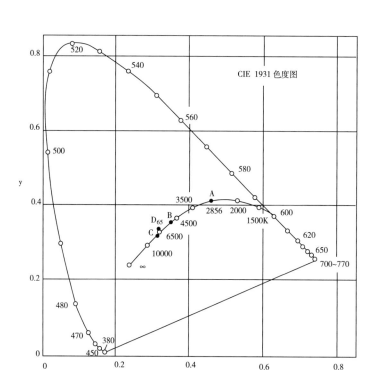

图 8 - 13　黑体不同温度的色度轨迹

8.6.2　光源的色温

8.6.2.1　色温及相关色温的定义

人们用黑体加热到不同温度所发出的不同光色来表示一个光源的颜色，称为光源的颜色色温，简称色温（color temperature）。在国家标准 GB/T 5698（颜色术语）中，色温的定义是"当光源的色品与某一温度下的完全辐射体的色品相同时，该完全辐射体的绝对温度为此光源的色温"。色温的符号为 Tc，单位为 K。在人工光源中，只有白炽灯灯丝通电加热和黑体的加热情况相同，对应除了白炽灯以外的其他人工光源的光色，其色度（品）不一定准确地与黑体加热时的温度相同，所以只能用光源色度与最接近的黑体的色度的色温来确定光源的颜色，这样确定的色温叫作相关色温（correlated color temperature）。在国家标准 GB/T 5698 中，相关色温是"当光源的色品点不在黑体轨迹上时，光源的色品与某一温度下的完全辐射体的色品最接近，或在均匀色品图上的色差距离最小时，该完全辐射体（黑体）的绝对温度"，相关色温的符号为 Tcp，单位为 K。常见光源的相关色温如表 8 - 4 所示。

表 8 - 4　常见光源的相关色温

光源	相关色温
白炽灯（500 W）	2900
碘钨灯（500W）	2700
溴钨灯（500W）	3400
荧光灯（日光色40W）	6600

续表

光源	相关色温
内镇高压汞灯（450W）	4400
镝灯（1000W）	4300
高压钠灯（400W）	1900
晴天自然光	11000～20000
阴天自然光	6500
日光荧光灯	6500
白色荧光灯	4500
暖白色荧光灯	4500
金属卤化灯	3800～6000

8.6.2.2 色温的应用

（1）根据光色的舒适感选择色温。

在人类所经历的漫长进化过程中，由于长期处于自然光环境中，形成了人的视觉器官的特殊结构，适应自然光强度的变化。自然光的最大特点是具有连续的光谱，在清晨和黄昏时色温较低约为2000～4500K，中午色温较高约为5000～7000K。在夜晚人们开始是用火把，随后发明了蜡烛与油灯。这些燃烧火光都是色温较低的连续光谱。所以人类在整个漫长进化历程中由于客观的原因比较习惯日光和火光，对这两种光源的光色形成了特殊的偏好。

那么实际上人们对什么光色感到最适宜、最舒服呢？是色温较高的蓝色光，还是色温较低的黄色光呢？在CIE的文件中，把光源的色温分为三组，分别表示其光的颜色属性，又称色表。第一组是色温为3300K以下，色表为暖色型；第二组是色温为3300～5300K，色表为中间型；第三组是色温为5300K以上，色表为冷色型。研究结果表明由于人们长期生存的环境决定了人对光源的舒适感接近自然光对人产生的生理效果，即

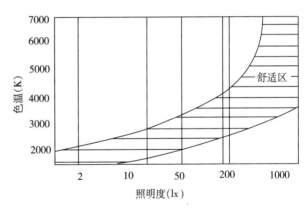

图8-14 照度水平与色光舒适感的程度

在很低的照度下采用接近火焰的低色温的光色较舒适；在中等照度下采用色温接近黎明或黄昏的色温略高的光色较适宜；而在高的照度下则是采用接近中午阳光或偏蓝的天空光色较舒适，即光色的舒适感与照度水平有关，见图8-14。人们对自然光的适应不仅是色温感觉问题，并且在光谱的分布上也要求人工光与自然光接近或基本相同，其光谱分布只有一峰值较好，若是两个峰值且不连续则易引起人们的视觉疲劳。光谱成分单一的光源，光色质量较差，照明效果不好。同一类光源光谱能量分布较宽的光源照明质量比分布较窄的效果要好，舒适度高。

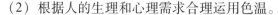

（2）根据人的生理和心理需求合理运用色温。

各种光源的不同色温光色对人有一定的生理和心理效应。在生理方面，红色使人兴奋，蓝色使人沉静；波长较长的红黄光使人有近感，波长较短的蓝青光使人有远感；重量大小相同的物体深暗色看起来重而小，明亮色看起来轻而大。在心理方面，红系统光可以增加食欲，蓝系统光则会使食欲减退。彩色度高的比彩色度低的光更能使人产生激情。低色温光给人以温暖的感觉（称暖色光），高色温光给人以冷的感觉（称冷色光），所以当需要一种热烈激昂的气氛时可用低色温的暖色光源，当需要冷静沉稳的气氛时可用高色温的冷色光源。在温度较高的热带地区，宜用高色温光源增加凉爽的舒适感，在寒冷地区宜使用低色温光源，给人以温暖祥和的感觉。

（3）根据不同的被照场所使用色温。

以色温对人产生的生理及心理效应为依据，对不同的被照场所选用不同色温光源。如在餐厅选用以红黄为主的光色，可以给人一种灯火辉煌的感觉，使人兴奋食欲增强；而在紧张繁忙的车间则较适宜采用高色温的冷色光源，可缓解人们的紧张情绪；在医院病人的情绪多是焦虑不安，选用色温高的冷色光源可减轻这种感觉，多些平静感；在卧室或宾馆客房采用茶色或橙色光源，会使人具有休闲、安逸和温馨的感觉；在商店为了吸引顾客要设法使商品突出，通常的做法是使商品和衬托背景具有强烈的对比效应，达到醒目的效果再加上适当的彩色投光装饰，效果会更佳。

（4）印刷行业对光源色温的要求。

印刷行业是一个重在色彩复制的行业，光源色温选择的好坏直接影响着最终产品的质量，因此无论是在拍摄原稿的过程中，还是制版、印刷过程中，光源的色温都有着重要的作用。

拍摄彩色原稿的彩色胶片分为日光型片和灯光型片两种。日光型片主要用于室外日光下拍摄，要求色温5400～5600K，如果色温低或在室内拍摄，会使照片偏黄；灯光型片主要用于室内拍摄，要求色温2800～3200K，如果色温高或在室外拍摄，会使照片偏蓝。彩色复制过程中，制版光源对色温的要求更高，一般要求色温在5000～6000K左右，色温过高或过低都会影响制版的质量。制版车间和印刷车间的照明光源，色温最低应该在2850K以上。严格说来，按照我国的行业标准规定，观察透射样品时，光源的相关色温应该为5003K；观察反射样品时，光源的相关色温应该为6504K。否则，在观察原稿或者印刷品时色彩就会出现偏差。

8.7　光源的显色性

光源的显色性是指与参照光源相比较，光源显现物体颜色的特性，它是表征在光源下物体颜色对人所产生的视觉效果。光源显色性直接影响物体颜色的外貌。因此，世界各国都十分重视对光源显色性的客观定量评价方法的研究。

国际照明委员会（CIE）在1964年就制定了光源显色性评价的方法。1984年，我国在制定光源显色性评价方法的国家标准时，既采用了CIE推荐的光源显色性评价方法，又考虑到我国人肤色的特征，在计算光源显色性时，增加了我国女性面部肤色，使我国的光源显色性评价方法既具有国际通用性，又符合中国人的视觉心理。我国于 1985 年制定了国家标准 GB/T 5702《光源显色性评价方法》，并于 2003 年进行了修订。

8.7.1 光源的显色指数

光源的显色指数是衡量待测光源下物体的色彩与参照光源下物体的色彩相同程度的量值，是对显色性给予定量评价的指标，一般 ≤100。

国家标准 GB/T 5702 中规定定量评价任意光源显色性的方法是：

①选定标准参照光源 r，规定其显色指数为 100；

②选定 15 块试验色样，其中前 8 块几乎包括了所有的孟塞尔颜色空间的色相（且明度相同），后几块为一些有特征的物体色；

③计算 15 个试验色样在待测光源 k 及参照光源 r 照明下的色品值 x，y；

④将 CIE 1931 色品值转换为 CIE 1960 均匀标尺下的色品值 u、v；

⑤计算每个色样在两种光源下在 CIE 1964 均匀色彩空间的值 W^*、U^*、V^*；

⑥计算每个色样在两种光源下的色差值；

⑦根据每个色样在两种光源下的色差值，计算光源的显色性指数。

特殊显色性指数计算：

$$R_i = 100 - 4.6\Delta E \qquad i = 1，2，3，\cdots，15 \qquad (8-48)$$

一般显色性指数计算：

$$R_a = \frac{1}{8}\sum_{i=1}^{8} R_i \qquad i = 1，2，3，\cdots，8 \qquad (8-49)$$

表 8-5 列出了常见光源的显色性指数。

表 8-5 常用光源的显色性指数

光源名称	一般显色指数
白炽灯（500W）	95～100
碘钨灯（500W）	95～100
溴钨灯（500W）	95～100
镝灯（1000W）	85～95
荧光灯（日光色40W）	70～80
外镇高压汞灯（400W）	30～40
内镇高压汞灯（450W）	30～40
高压钠灯（400W）	20～25

8.7.2 显色性的应用

（1）根据不同的装饰效果运用显色特性。

在实际的夜景装饰、电影、电视、布景及室内装饰等工程中，可以根据不同的装饰要求选用不同光源。例如：荧光高压汞灯发出的光亮而白，说明其色表好，但它照在人的脸上却发青很难看，说明它显色性差。因为它的光谱成分中青绿较多，所以若将其用于草坪装饰，会使草坪看上去更加郁郁葱葱，生机盎然，具有更佳的效果。再如低压钠灯表面光色为橙黄色，但由于它的光谱成分中是单色黄，所以照在人和物体上都会变色，很难看，说明其显色性差，若将这种显色特性用于特殊的灯光制景，会达到满意的效果。

（2）根据被照场所对显色指标要求运用显色特性。

显色指数 R_a 如前所述指光源照在物体上显色是否接近自然光的一相对指数。在印刷、摄影、印染、展厅等场所，要求将物体的颜色真实地显现出来。选显色系数较高的光源，可将物体的原色真实地反映出来，以达到良好的照明效果。

虽然光源的显色性和色温都与光源的光谱功率分布有关，但它们之间并没有必然的联系。色温是衡量光源本身光色的指标，显色性是衡量光源视觉质量的指标。对于从事色彩设计及复制行业的人来说，二者都是光源重要的评价指标，而显色性具有更重要的意义。

复习思考题

1. 什么是颜色宽容量？

2. 何谓"均匀颜色空间"？有何特点？

3. CIE LAB 是否是理想的均匀颜色空间，为什么？

4. 若已知两颜色样品的三刺激值为：$X_1 = 21.13$，$Y_1 = 18.52$，$Z_1 = 12.30$；$X_2 = 4.31$，$Y_2 = 7.43$，$Z_2 = 2.96$；试计算它们的色度指数 u^*、v^*。

5. 若已知两个颜色样品的三刺激值为：$X_1 = 24.90$、$Y_1 = 19.77$、$Z_1 = 16.30$，$X_2 = 31.55$、$Y_2 = 24.58$、$Z_2 = 17.31$，采用 D_{65} 光源 2°视场，试计算两颜色的 ΔL^*、Δa^*、Δb^*、Δu^*、Δv^*、ΔC_{ab}^*、Δh_{ab}^*、ΔC_{uv}^*、Δh_{uv}^* 和色差 ΔE_{ab}^*、ΔE_{uv}^*、$\Delta E_{CMC(1:1)}$、ΔE_{94}（$K_L = K_H = K_C = 1$）、ΔE_{00}（$K_L = K_H = K_C = 1$）。

6. 试根据标准光源 A、C、D_{65} 的相对光谱能量分布 $S(\lambda)$，取 $\Delta\lambda = 20nm$，计算光源 A、C、D_{65} 的三刺激值 X、Y、Z 和色度坐标。

7. 何谓一股显色性指数 Ra 和特殊显色性指数 Ri？它们受什么因素影响？

8. 试举例说明光源的色温对物体色的影响。

第九章 **9**

色貌与色貌模型

9.1 色 貌

9.1.1 色度学的发展

色度学是研究人眼对颜色感觉规律的一门科学，其任务是研究人眼彩色视觉的定性和定量规律及应用。颜色并不是物体的固有特性，其既与物质本身的分光等特性有关，又与照明条件、观测条件和观察者的视觉特性等息息相关。英国的 Hunt 教授指出，CIE 色度学的发展根据其特点可以分为三个阶段，即色匹配阶段、色差阶段和色貌阶段。CIE 色度学发展至今已有 80 多年的历史，其理论在实验和应用过程中逐步得到完善。

（1）色匹配阶段。

色匹配研究阶段建立了颜色的基本表示和测量方法。1931 年，国际照明委员会（CIE）推荐了 CIE 1931 标准色度观察者的颜色匹配函数，由此奠定了色度学的基础。某一颜色的 CIE 三刺激值 X、Y、Z 可在可见光波长范围内由标准色度观察者的颜色匹配函数、照明体的光谱功率分布以及物体的光谱光度特性（透射比或反射比）计算出来，进而获得该颜色的色品坐标，在 CIE xy 色品图上确定该颜色对应的位置。

（2）色差阶段。

色差研究阶段建立了 CIE LAB、CIE LUV 两个均匀色空间，以及明度、色品坐标、彩度、色相和色相角的计算，促进了色差公式的产生和发展。其中，CIE LAB 颜色空间及对应的色差公式是应用效果最好的色差评价模型。利用 CIE LAB 色空间对颜色的彩度、明度、色调的计算，为色差的精确量化提供了可能。

（3）色貌阶段。

CIE 色度系统定义了色觉经验的三要素：照明体、色源和观察者。当这三者确定后，颜色能准确地表示出来，并且便于仪器测量。但是，颜色和色差的测量及表示均被限定在上述三要素固定的条件下。随着颜色空间及色差公式在科学研究和工业应用中的不断深入，CIE LAB 的不足逐渐暴露出来。例如，匹配相同的颜色在不同的照明条件下或其他不同条件下可能会呈现出不同的颜色（即工业上广为利用的三刺激值匹配）；同一物品在屏幕上所见的色彩与所见实物的色彩往往有不同程度的差异等。这是由于传统 LAB 颜色空间色相缺乏视觉均匀性，色差计算仅适合特定条件下色块的颜色差别，存在着非一致性。

所以，当人们在不同的观察条件下观察具有相同三刺激值的样品颜色时，其视觉感受是不同的。因此，可以认为，CIE 色度学对不同光源、照明水平和观察背景等条件引起的色适应、色对比等效应并没有从量值上做比较精确的预测，至于不同介质对颜色显色特性的影响，更没有提出合理的计算参数。

传统的基于 CIE LAB 的颜色空间已经越来越不能满足各行业对数字化信息化颜色的传递与交流的发展要求。例如对于一块样品颜色，与它存在的环境有关，同一颜色在不同的照明条件、背景、介质，以及由不同的观察者观察，都会具有不同的颜色感觉，即色貌。因此，为了解决这一问题，人们提出了色貌模型，即色度学发展的第三阶段。

9.1.2　色貌及其属性

所谓色貌，GB/T 5698—2001《颜色术语》定义为"与色刺激和材料质地等有关的颜色的主观表现"。根据 G. Wyszecki 的定义，是指观察者对视野中的颜色刺激根据其视知觉的不同表象而区分的颜色知觉属性（又称色貌属性）。也就是说由于受颜色刺激的物理条件，包括空间特性（如大小、形状、位置、表面纹理结构）、时间特性（静态、动态、闪烁态）和光谱辐亮度分布，以及观察者对颜色刺激的注意程度、记忆、动机、情感等主观因素的影响，所产生的颜色的复杂外观表象。色貌模型就是对色貌属性做定量计算的数学模型，其中色貌属性包括色调、视明度、明度、视彩度、饱和度、彩度等。

（1）色调（hue）。

色调的概念是基于 NCS 颜色体系中有关色调的叙述。所谓色调，即某一颜色刺激与四种基本色（红、绿、蓝、黄）中的一种相似的程度或由四种基本色中的两种组成的比例所引起的视知觉，一般用两种基本色（红、黄）或（红、蓝）、（黄、绿）或（蓝、绿）的百分组成来表达。没有色知觉的称为中性色，如黑、灰、白。

（2）视明度（brightness）。

视明度是指观察者对所观察颜色刺激在明亮程度上的感受强度，或认为是刺激色辐射出光亮的多少，过去也曾被称为主观亮度。

视明度是一绝对量，其大小变化对应于颜色刺激表现为从亮（bright or dazzling）变为暗（dim or dark）或从暗变为亮。

（3）明度（lightness）。

明度是指观察者对所观察颜色刺激所感知到的视明度相对于同一照明条件下完全漫反射体视明度的比值，明度是一个相对量，可用下式表示。

$$L = \frac{B}{B_W} \tag{9-1}$$

式中　L——明度；

　　　B——视明度；

　　　B_W——白点的视明度，即同一照明条件下完全漫反射体视明度。

（4）视彩度（colorfulness）。

视彩度是指某一颜色刺激所呈现色彩量的多少或人眼对色彩刺激的绝对响应量。一般情况下，照度增加，物体变得更明亮，人眼对其的色彩知觉也相应变得更强烈，即视彩度增加。如果某颜色为没有色彩刺激的中性颜色，则其视彩度为0。

（5）饱和度（Saturation）。

人眼依据某一刺激量，视觉感受出其视彩度与视明度的相对比例值（相对值），可用下式表示：

$$S = \frac{C}{B} \tag{9-2}$$

式中　S——饱和度；

　　　C——视彩度。

（6）彩度（chroma）。

人眼依据某一刺激量，视觉感受出其视彩度与周围白点或最亮区块视明度之相对比例值（相对值），可用下式表示：

$$C_h = \frac{C}{B_W} \tag{9-3}$$

式中　C_h——彩度。

根据式（9-1）~（9-3），可以得出如下关系：

$$S = \frac{C_h}{L} \tag{9-4}$$

清楚了彩度、饱和度等之间的关系，也就不难解释图7-8中为什么Yxy的三维色度图不是近似球形，而是近似锥形。

9.2　色　貌　现　象

当两个颜色的CIE三刺激值（XYZ）相同时，人的视网膜的视觉感知这两个颜色是相同的。但两个相同的颜色，只有在周围环境、背景、样本尺寸、样本形状、样本表面特性和照明条件等都相同的观察条件下，视觉感知才是一样的（匹配的）。一旦将两个相同的颜色置于不同的观察条件下，虽然三刺激值仍然相同，但人的视觉感知会产生变化，这就是所谓的色貌现象。颜色对比和适应性在前文中已有介绍。另外，样本的色相、明度和彩度等颜色感知属性也会随着照明条件等环境因素的不同而发生变化。

（1）Bezold-Brücke色相漂移。

即当亮度发生变化时，一个单色刺激的色相（Hue）将产生漂移。即样本的色相在照明的亮度发生变化时不保持恒常。当光源亮度值有变动时，色相会随着亮度变化而有所偏移。

（2）Abney效应。

当一束单色光与白光混合后，施照态的色纯度将被改变。根据Bezold-Brücke色相漂移效应，样本的色相也将发生变化。这一现象被称为Abney效应。

（3）Helmholtz-Kohlrausch效应。

Helmholtz-Kohlrausch效应指的是当亮度（luminance）一定时，心理物理量明度（brightness）随着颜色的饱和度的增加而增加。

（4）Hunt 效应。

物体的色貌随着整体的亮度变化发生明显的改变，即色度随着亮度的变化而变化。例如，物体的色貌在夏天的下午显得更加鲜艳和明亮，而在傍晚则显得柔和。即色度随着亮度的变化而变化，这就是所谓的 Hunt 效应。

（5）Stevens 效应。

Stevens 效应与 Hunt 效应是密切相关的。Hunt 效应说明彩色对比（色度）随亮度的提高而提高。Stevens 效应则说明明度对比（brightness contrast）随亮度的提高而提高。

彩图 21 说明了 Hunt 效应和 Stevens 效应。

（6）Bartleson-Breneman 等式。

1967 年，Bartleson 和 Breneman 发现当一个复杂刺激（图像）的周围环境从黑→暗→亮发生变化时，其感知对比度也随着逐渐增加。

除了以上的色貌现象，还有同时对比、颜色对比、赫尔森 - 贾德效应、Crispening 效应等，由此看来，各种色貌属性随着观察条件的不同发生着广泛的变化，这对色貌模型来说是一个严峻的挑战。

9.3　色　貌　模　型

9.3.1　色貌模型的发展

为了解决不同观察条件下的颜色再现问题，早在 1902 年 Von Kries 就提出了一种色适应模型。但传统的色适应变换（chromatic-adaptation transforms）仅能解决不同的观察条件下的相关色的问题，并不能用于描述处于一定观察条件下颜色的色貌，也没有提供测量和预测颜色感知属性（明度、色度和色相）的方法。对于色貌问题，需要由色貌模型来解决。也就是说，人们也希望与色适应模型一样，用一个数学模型来描述色貌。CIE 技术委员会1 – 34（TC1 – 34）对色貌模型（Color Appearance Model，CAM）的定义是至少要包括对相关的颜色属性，如明度、彩度和色相，进行预测的数学模型。具体地说就是指通过特定照明、背景以及观察环境等条件下的 CIE 色度参数（例如三刺激值）进行颜色属性参数（例如明度、彩度、色相）计算或预测的数学表达式或数学模型。

色貌模型主要是解决不同介质（media）在不同的观察条件（viewing condition）、不同的背景（background）和不同的环境（surround）下的颜色真实再现问题。开展色貌模型研究具有重要的科学和应用价值：在颜色科学基础研究领域，色貌模型的理论可以直接用于解决均匀色空间、标准色差理论等问题；而在应用研究领域，色貌模型的研究结果可以解决各种跨媒体的颜色信息保真（fidelity）问题。例如彩色复制中的色彩管理系统（CMS）、计算机辅助设计（CAD）、电脑配色系统（CCM）、微光成像系统，以及互联网用户之间的真实颜色信息传递等。

CIE 于 1931 年建立了基于标准观察者的色度系统，为颜色科学的理论研究打下了基础，并于 1976 年推荐使用 CIE LAB 均匀色空间。实际上 CIE LAB 已经具有色貌模型的一些性质，但当 CIE LAB 用于描述色貌模型时，它的色适应变换会出现一些负值。这是因为 CIE (1976) 侧重于考虑一个匀色空间而不是色貌模型。近 10 年来，不少颜色工作者在深入研究色适应、色对比等视觉现象的基础上，结合现代颜色视觉形成理论，提出了若干定量计算色貌的数学模型，如英国的 Hunt 模型、日本的 Nayatani 模型、美国的 RLAB 模型等。

早在 1982 年，英国的 Hunt 教授就推出了精细而复杂的 Hunt 色貌模型。1986 年，日本的 Nayatani 教授以预测光源显色性为目的提出了 Nayatani 色貌模型。1993 年，美国 Munsell 实验室的 Fairchild 教授在 Von Kries 色适应的基础上提出了 RLAB 模型，用于跨媒体图像再现。1996 年，英国的 Luo 教授推出了 LLAB 模型。

这些模型总的特点是力求由可以预先设定的观察条件诸要素（如照明光源、观察视场、背景等）的 CIE 色度参数（如三刺激值、色品坐标、色温等）计算出该观察条件下的色貌或者由给定的色貌来预测该观察条件下的 CIE 色度参数。总之，这些模型的建立，为颜色信息资源的传递交流、交互界面上颜色的精确复制提供了必要的理论前提。

CIE 于 1997 年推荐了一个色貌模型，它由英国 Derby 大学的 M. R. Luo 与 R. W. G. Hunt 首先提出，后经 CIE 1996 东京大会通过。CIECAM97s 是在 Hunt、LLAB、Nayatani、RLAB 等著名模型的基础上，总结了大量颜色视觉生理和心理实验研究成果建立起来的。

CIECAM97s 对色彩的预测比以上四种模型更准确，并被作为色貌模型的标准。但在实验过程中，研究人员也发现了该模型的一些缺点，为此对它进行了修正，并于 2002 年推出了新的色貌模型 CIECAM02，用于替代 CIECAM97s。

为了推动色貌模型研究工作的进展以及对各种色貌模型的实际效果进行测评，国际照明委员会先后成立了 TC 1 - 27（负责制定色貌模型规范）、TC 1 - 34（负责对色貌模型的检验评估）和 TC 8 - 01（用于色彩管理系统的色貌建模）若干分委员会。研究人员对不同的色温、照度和黑环境下的复杂图像的跨媒体复制进行了大量的研究。也有学者在某些照明条件下（例如 D_{65} 和 D_{50}）测试了一些色貌模型的性能。在此基础上，有学者进一步对更加实用的不相等照明条件和暗环境进行了探索，并开发了包括色盲在内的颜色诊断系统。各种色貌模型推出以后，各国的颜色科技工作者利用各种色差数据集和色貌数据开展了大量针对色貌模型的评价研究工作，其中包括大色差数据：OSA 数据、Munsell 数据、Pointer 和 Attridge 数据、BFDB 数据；小色差数据 BFD、RIT-DuPont、Leeds 和 Witt；色貌数据 LUTCHI。随着评价研究工作的进行，各色貌模型不断被修正，预测精度不断得到改善，适用范围也越来越广。

CIECAM02 虽然能够预测不同视觉条件下的颜色再现效果，却没有将人类视觉的空间和时间特性与图像视觉效果结合起来。因此，在 2004 年，Fairchild 和 Johnson 又推荐了图像色貌模型 iCAM（image color appearance model），icam 结合了人类视觉的空间和时间特性，具有很好的色相均匀性，既可以预测复杂图像的色貌特征，又可以测量图像的差别和质量，适合于跨媒体图像复制和高动态范围的成像技术。

9.3.2　CIECAM02 模型

9.3.2.1　正向模型

色貌模型提供了进行三刺激值和感觉属性进行转换的具体方法。模型的两大块就是色适应变换和用于计算感觉属性（如明度、亮度、色度、饱和度、色彩、色相等）的方程。色适性变换考虑了适应白点的色度变化，另外，白点的亮度会影响观察者对白点的适应程度。因而，适应程度或 D 因子就成了色适应变换的另外一个方面。一般地，色适应变换和计算感觉属性之间，有一个非线性的响应压缩。色适应变换和 D 因子是相应颜色数据集的实验结果，非线性响应压缩来源于生理学数据以及其他的考虑。感觉属性的获得是通过比较大量的评价实验的预测结果，如 LUTCHI 数据的不同阶段，其他数据集，如孟塞尔图册。最后，模型的整个结构在一个封闭的形式下强制可逆转换，并考虑到了颜色外貌现象的子集。

（1）输入参数。

模型的输入数据包括适应区域的照度 L_A，样本在测试条件下的色度坐标 Yxy，测试条件下的参考白点的色度坐标 X_w、Y_w、Z_w；背景参数 Y_b 和明度对比因子 F；环境影响参数 c；色诱导因子 N_c。

首先，选择环境，F、c 和 N_c 的值就可以从表 9 – 1 中得到，对于中间的环境参数可以通过线性内插获得。

F_L 的值可以用方程（9 – 6）计算获得，L_A 是适应区域的亮度，单位 cd/m^2。注意，在比较暗的情况下，两个公式的值变得非常小。

表 9 – 1　不同环境的观测条件参数

环境	F	c	N_c
平均	1.0	0.69	1.0
暗	0.9	0.59	0.95
黑	0.8	0.525	0.8

$$k = 1/(5L_A + 1) \qquad (9-5)$$
$$F_L = 0.2k^4(5L_A) + 0.1\ (1 - k^4)^2(5L_A)^{1/3} \qquad (9-6)$$

n 值是背景的亮度因数的函数，提供了一个非常有限的空间色貌模型。n 的值范围从 0 到 1，0 表示背景的亮度因数为 0，1 表示背景的亮度因数和选取的白点的亮度因数相同。n 值可以用于计算 N_{bb}、N_{cb} 和 z，这些值在计算几个感觉属性的时候会用到。这些计算可以在给定的观测条件下一次完成。

$$n = Y_b/Y_w \qquad (9-7)$$
$$N_{bb} = N_{cb} = 0.725\ (1/n)^{0.2} \qquad (9-8)$$
$$z = 1.48 + \sqrt{n} \qquad (9-9)$$

（2）色适应变换。

一旦观测条件参数计算出来，就可以先从色适应变换开始处理输入三刺激值。转换包括 3 个主要的部分。一是转换使用的空间，二是详细的转换，三是不完善的适应模型。

在优化色适应变换空间时用到了 8 个数据集，选用的数据集的观测条件和典型的图像应用的条件非常相似。数据集的所有白点的散点图如图 9 – 1 所示。只有 McCannet al. 数据集没有包含在最后的优化中，这个数据集在获取的过程中使用了高色度、低照度水平，它对于理解色彩感觉具有潜在的应用价值，但是 TC 8 - 01 没有认同它的功能。图 9 - 1 中的实心方块是获得 CAT02 的数据集的白点，空心方块是考虑到但没有用到的数据集的白点。

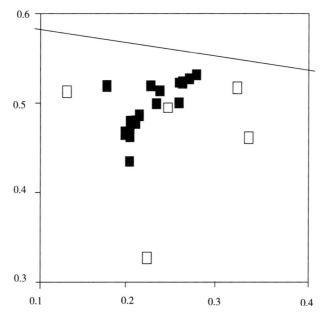

图 9 - 1 优化色适应变换空间时用到的数据集的所有白点的散点图

CIECAM02 模型选用的空间是修正的 Li et al. RGB 空间，也就是修正的 CMCCAT2000 转换。据技术委员会讲，从众多的选择中选取了 CAT02 是存在很大的争议的，并且最终的转换并不是任何一个人的首选。预测误差的方法测试、传播误差分析和心理评价表明，在 CIE TC 8 - 9 技术委员会考虑的 6 个备选转换中，差别很小或者说就没有差别。然而，CAT02 和 CIECAM97s 的 Bradford 非线性转换具有相似的性能，因而对 CIECAM97s 具有很好的兼容性，另外，预测误差的运行测试也倾向于 CAT02。用于把三刺激值转换到 CAT02 空间的等能平衡矩阵如下所示：

$$\begin{bmatrix} R \\ G \\ B \end{bmatrix} = M_{CAT02} \begin{bmatrix} X \\ Y \\ Z \end{bmatrix} \tag{9 - 10}$$

$$M_{CAT02} = \begin{bmatrix} 0.7328 & 0.4296 & -0.1624 \\ -0.7036 & 1.6975 & 0.0061 \\ 0.0030 & 0.0136 & 0.9834 \end{bmatrix} \tag{9 - 11}$$

D 因子或者说是适应程度是环境和 L_A 的函数，理论上从 0（对选取的白点不能适应）到 1（完全适应）。实际上，D 的最小值不低于黑暗环境下的 0.65，并随着 L_A 呈指数增长。三种环境下的 D 和 L_A 的关系曲线如图 9 - 2 所示。D 的公式如下：

$$D = F\left[1 - \left(\frac{1}{3.6}\right)^{e^{\left(\frac{-L_A - 42}{92}\right)}}\right] \tag{9 - 12}$$

这里，F 在平均观测条件下为 1，在较暗的条件下为 0.9，黑时为 0.8。计算出来的 D 大于 1 时，就设为 1，同样，小于 0 时，设为 0。

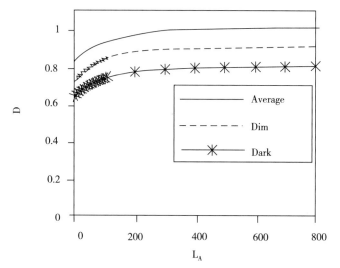

图 9-2　用 L_A 和环境计算适应程度

有了 D 因子和 CAT02 转换来的数据，整个的色度适应转换可以写成如下形式：

$$R_c = \left[\left(Y_w \frac{D}{R_w} \right) + (1 - D) \right] R \qquad (9-13)$$

式（9-13）中的下标 w 是白点的相应值，下标 c 是刺激值。同样可以计算 G_c 和 B_c，以及 R_{cw}、G_{cw} 和 B_{cw}。式（9-13）在计算时包含因数 Y_w，这样适应就不依赖于采纳的白点的亮度因数。例如，一个反射印刷品的 Y_w 小于 100，假定是 90，在等能光源下 X_w、Y_w、Z_w 和 R_w、G_w、B_w 都等于 90。在这种情况下，R_c、G_c、B_c 就分别等于（$D/9 + 1$）R、（$D/9 + 1$）G、（$D/9 + 1$）B，但是由于用了等能光源，没有色适应，R_c、G_c、B_c 就应该等于 R、G、B。乘以 Y_w 就确保适应和采纳的白点的亮度因数无关。

在快速适应非线性响应压缩前，把 R_c、G_c、B_c 转换到 Hunt Pointer Estevez 空间。和 CIECAM97s 一样，CIECAM02 在色度适应转换时使用了一个空间，在计算感觉属性时又使用了另一个空间，这增加了模型的复杂性，但是，初步研究表明，色适应结果会在锐化度高的空间中很好的预测。

$$\begin{bmatrix} R' \\ G' \\ B' \end{bmatrix} = M_{HPE} M_{CAT02}^{-1} \begin{bmatrix} X \\ Y \\ Z \end{bmatrix} \qquad (9-14)$$

$$M_{CAT02}^{-1} = \begin{bmatrix} 1.096124 & -2.278869 & 0.182745 \\ 0.454369 & 0.473533 & 0.072098 \\ -0.009628 & -0.005698 & 1.015326 \end{bmatrix} \qquad (9-15)$$

$$M_{HPE} = \begin{bmatrix} 0.38971 & 0.68898 & -0.07868 \\ -0.22981 & 1.18340 & 0.04641 \\ 0.0000 & 0.0000 & 1.0000 \end{bmatrix} \qquad (9-16)$$

（3）非线性响应压缩。

快速适应非线性响应压缩应用于方程（9－14）的输出。CIECAM97s 使用了双曲线函数，但有一些缺点。CIECAM97S 考虑了许多函数，最终选择了修正的双曲线函数。这个函数是基于 Michaelis-Menten 方程，与 Valeton 和 van Norren's 生理学数据一致。图9－3 是 La 为 200（F_L 等于 1）时的压缩函数的 log-log 曲线。

由于逐渐增大的强度，CIECAM02 的非线性汇集一个有限数，对于逐渐变小的强度也逐渐变小。如果 R'、G'、B' 中任何一个为负，就要用它们的正的等价量，因而要使 R'_a、G'_a、B'_a 为负。方程（9－17）是计算非线性和数值的方程，G'_a 和 B'_a 的计算方法类似，R'_{aw}、G'_{aw} 和 B'_{aw} 也是一样。

$$R'_a = \frac{400\,(F_L R'/100)^{0.42}}{27.13 + (F_L R'/100)^{0.42}} + 0.1 \tag{9－17}$$

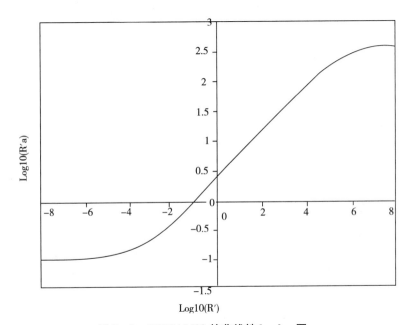

图9－3　CIECAM02 的非线性 log-log 图

（4）感觉属性。

方程（9－18）和（9－19）可以计算出初步的卡笛尔坐标 a 和 b。反过来，这些值可以用来计算 t，不要和方程（9－31）和（9－32）的最终的卡笛尔坐标混淆。

$$a = R'_a - 12G'_a/11 + B'_a/11 \tag{9－18}$$

$$b = (1/9)(R'_a + G'_a - 2B'_a) \tag{9－19}$$

$$t = \frac{e\,(a^2 + b^2)^{0.5}}{R'_a + G'_a + (21/20)B'_a} \tag{9－20}$$

色相角 h 可以计算出来，它也可以用来计算离心率。离心率的值范围从 0.8 到 1.2，是 h 的函数，方程（9－24）用来计算色相组成或 H。对于单独的色相，红、黄、绿、蓝，h_i、H_i 的数据如表9－2 所示。

表 9 - 2　色相数据

	红	黄	绿	蓝	红
i	1	2	3	4	5
h_i	20.14	90	164.25	237.53	380.14
e_i	0.8	0.7	1.0	1.2	0.8
H_i	0	100	200	300	400

如果 $h < h_1$，$h' = h + 360$，否则 $h' = h$。

选择一个合适的 i（i = 1、2、3 或 4）使得 $h_i \leq h' \leq h_{i+1}$。

$$h = \tan^{-1}(b/a) \tag{9-21}$$

$$e_t = \left[\frac{\cos\left(h'\frac{\pi}{180} + 2\right) + 1}{4} + 0.7 \right] = \frac{1}{4}\left[\cos\left(h'\frac{\pi}{180} + 2\right) + 3.8\right] \tag{9-22}$$

$$e = \left(\frac{12500}{13}N_c N_{cb}\right)e_t \tag{9-23}$$

$$H = H_i + \frac{100(h' - h_i)/e_i}{(h - h_i)/e_i + (h_{i+1} - h)/e_{i+1}} \tag{9-24}$$

计算色相组成：

kk 为 $H/100$ 的整数部分，Hp 为 100（$H/100 - k$）四舍五入的整数，那么 H_c 就是：

如果 $kk = 0$，则 $H_c = H_p$ 黄，$100 - H_p$ 红；

如果 $kk = 1$，则 $H_c = H_p$ 绿，$100 - H_p$ 黄；

如果 $kk = 2$，则 $H_c = H_p$ 蓝，$100 - H_p$ 绿；

如果 $kk = 3$，则 $H_c = H_p$ 红，$100 - H_p$ 蓝；

非彩色响应，即 A，可以用方程（9-25）计算。常数项决定了最小的亮度值，对于 CIECAM02 模型来说，该项设为 -0.305，这样当 Y 为 0 时 A 也为 0。亮度值 J 可以使用和 CIECAM97s 相同的方程计算，但是要注意，在计算中的修正意味着即使计算时用的是同一个方程，J 的计算结果和 CIECAM9s 的也可能不相同。同样也应该注意，方程（9-26）是白点的非彩色响应。这就意味着对每一种观测条件或白点，方程（9-10）~（9-24）都要计算一遍。为了紧凑，这里没有说明，但是必须在下标处使用小写字母 w。有了非彩色响应和亮度，明度的感觉属性 Q 就可以计算出来。

$$A = [2R'_a + G'_a + (1/20)B'_a - 0.305]N_{bb} \tag{9-25}$$

$$J = 100(A/A_w)^{cz} \tag{9-26}$$

$$Q = (4/c)\sqrt{J/100}(A_w + 4)F_L^{0.25} \tag{9-27}$$

有了亮度和临时变量 t，彩度值可以用方程（9-28）计算。这个新的方程结合了修正的非线性响应压缩，减少了彩度计算的中间项。色彩值 M 可以通过彩度相关计算出来。最后，计算饱和度相关 s。注意，饱和度公式和 CIECAM97s 中用的不同。

$$C = t^{0.9}\sqrt{J/100}(1.64 - 0.29^n)^{0.73} \tag{9-28}$$

$$M = CF_L^{0.25} \tag{9-29}$$

$$s = 100 \sqrt{M/Q} \qquad (9-30)$$

最后，有了 C、M 或 s 和 h、a，卡笛尔值就可以计算出来，如使用了彩度相关的方程 $(9-31)$、$(9-32)$。下标 C 由于表明使用了彩度相关，a_M、b_M、a_s、b_s 也是一样。下标用来避免与方程 $(9-18)$、$(9-19)$ 的初步卡笛尔坐标混淆，也用来表明是基于哪一种感觉属性相关。

$$a_C = C\cos(h) \qquad (9-31)$$
$$b_C = C\sin(h) \qquad (9-32)$$

9.3.2.2　反向模型

输入参数：J 或 Q；C，或 M，或 s；H 或 h。

输出参数：在测试照明条件 X_w、Y_w、Z_w 下的 X、Y、Z。

照明、观测环境和背景参数：

测试照明采用的白：X_w、Y_w、Z_w（$Y_w = 100$）；

测试条件的背景：Y_b；

参考照明的参考白：$X_{wr} = Y_{wr} = Z_{wr} = 100$；

测试区域的照度（cd/m^2）：L_A；

背景参数与表 9-1 相同。

反向第 1 步：数据准备，用式 $(9-5) \sim (9-9)$、$(9-12)$ 计算 F_L、n、N_{bb}、z、D 等参数：

$$\begin{bmatrix} R_w \\ G_w \\ B_w \end{bmatrix} = M_{CAT02} \begin{bmatrix} X_w \\ Y_w \\ Z_w \end{bmatrix} \qquad (9-33)$$

$$\begin{cases} D_R = Y_w D/R_w + 1 - D \\ D_G = Y_w D/G_w + 1 - D \\ D_B = Y_w D/B_w + 1 - D \end{cases} \qquad (9-34)$$

$$\begin{bmatrix} R_{wc} \\ G_{wc} \\ B_{wc} \end{bmatrix} = \begin{bmatrix} D_R R_w \\ D_G G_w \\ D_B B_w \end{bmatrix} \qquad (9-35)$$

$$\begin{bmatrix} R'_w \\ G'_w \\ B'_w \end{bmatrix} = M_{HPE} M_{CAT02}^{-1} \begin{bmatrix} R_{wc} \\ G_{wc} \\ B_{wc} \end{bmatrix} \qquad (9-36)$$

$$\begin{cases} R'_{aw} = \dfrac{400(F_L R'_w/100)^{0.42}}{27.13 + (F_L R'_w/100)^{0.42}} + 0.1 \\[4mm] G'_{aw} = \dfrac{400(F_L G'_w/100)^{0.42}}{27.13 + (F_L G'_w/100)^{0.42}} + 0.1 \\[4mm] B'_{aw} = \dfrac{400(F_L B'_w/100)^{0.42}}{27.13 + (F_L B'_w/100)^{0.42}} + 0.1 \end{cases} \qquad (9-37)$$

如果 R'_w 是负值，那么 R'_{aw} 的计算公式改成：

$$R'_{aw} = \frac{400\left(-F_L R'_w/100\right)^{0.42}}{27.13 + \left(-F_L R'_w/100\right)^{0.42}} + 0.1 \tag{9-38}$$

G'_a、B'_a 也是同样如此。

$$A_w = \left[2R'_{aw} + G'_{aw} + B'_{aw}/20 - 0.305\right]N_{bb} \tag{9-39}$$

反向第 2 步：J 或 Q

如果已知 Q，则计算 J：

$$J = 6.25\left[\frac{cQ}{(A_w + 4)\ F_L^{0.25}}\right]^2 \tag{9-40}$$

反向第 3 步：C、M、或 s

如果已知 M，则计算 C：

$$C = M/F_L^{0.25} \tag{9-41}$$

如果已知 s，也计算 C：

$$Q = (4.0/C)(J/100)^{0.5}(A_w + 4.0)F_L^{0.25} \tag{9-42}$$

$$C = \left(\frac{s}{100}\right)^2 Q/F_L^{0.25} \tag{9-43}$$

反向第 4 步：H 或 h

如果已知 H，h 通过表 9-2 的信息获得。

选择一个合适的 i（$i = 1$、2、3 或 4）使得 $H_i \leqslant H \leqslant H_{i+1}$。

$$h' = \frac{(H - H_i)(e_{i+1}h_i - e_i h_{i+1}) - 100 h_i e_{i+1}}{(H - H_i)(e_{i+1} - e_i) - 100 e_{i+1}} \tag{9-44}$$

如果 $h' > 360$，那么 $h = h' - 360$，否则 $h = h'$。

反向第 5 步：t、e 和参数 p_1、p_2、p_3：

$$t = \left[\frac{C}{\sqrt{J/100}\ (1.64 - 0.29^n)^{0.73}}\right]^{1/0.9} \tag{9-45}$$

$$e_t = \cos\left(h\frac{\pi}{180} + 2\right) + 3.8 \tag{9-46}$$

$$e = \left(\frac{12500}{13}N_c N_{cb}\right)e_t \tag{9-47}$$

$$A = A_w(J/100)^{1/(cz)} \tag{9-48}$$

$$p_1 = e/t \quad (t \neq 0) \tag{9-49}$$

$$p_2 = (A/N_{bb}) + 0.305 \tag{9-50}$$

$$p_3 = 21/20 \tag{9-51}$$

反向第 6 步：计算 a 和 b：

如果 $t = 0$，则 $a = b = 0$ 跳到第 7 步。

[注意，在计算 $\sin(h)$ 和 $\cos(h)$ 时，要把 h 从度转换成弧度]

如果 $|\sin(h)| \geqslant |\cos(h)|$，那么

$$p_4 = p_1/\sin(h) \tag{9-52}$$

$$b = \frac{p_2(2 + p_3)(460/1403)}{p_4 + (2 + p_3)(220/1403)\left[\cos(h)/\sin(h)\right] - 27/1403 + p_3(6300/1403)} \tag{9-53}$$

$$a = b[\cos(h)/\sin(h)] \tag{9-54}$$

如果 $|\cos(h)| > |\sin(h)|$，那么

$$p_5 = p_1/\cos(h) \tag{9-55}$$

$$a = \frac{p_2(2+p_3)(460/1403)}{p_5 + (2+p_3)(220/1403) - [27/1403 - p_3(6300/1403)][\cos(h)/\sin(h)]} \tag{9-56}$$

$$b = a[\sin(h)/\cos(h)] \tag{9-57}$$

反向第 7 步：计算 R'_a、G'_a 和 B'_a：

$$\begin{cases} R'_a = \dfrac{460}{1403}p_2 + \dfrac{451}{1403}a + \dfrac{288}{1403}b \\[2mm] G'_a = \dfrac{460}{1403}p_2 - \dfrac{891}{1403}a - \dfrac{261}{1403}b \\[2mm] B'_a = \dfrac{460}{1403}p_2 - \dfrac{220}{1403}a - \dfrac{6300}{1403}b \end{cases} \tag{9-58}$$

反向第 8 步：计算 R'、G'、B'：

$$\begin{cases} R' = \text{sign}(R'_a - 0.1)\dfrac{100}{F_L}\left[\dfrac{27.13|R'_a - 0.1|}{400 - |R'_a - 0.1|}\right]^{1/0.42} \\[3mm] G' = \text{sign}(G'_a - 0.1)\dfrac{100}{F_L}\left[\dfrac{27.13|G'_a - 0.1|}{400 - |G'_a - 0.1|}\right]^{1/0.42} \\[3mm] B' = \text{sign}(B'_a - 0.1)\dfrac{100}{F_L}\left[\dfrac{27.13|B'_a - 0.1|}{400 - |B'_a - 0.1|}\right]^{1/0.42} \end{cases} \tag{9-59}$$

式中 $\text{sign}(x)$——符号函数。

$$\text{sign}(x) = \begin{cases} 1 & x > 0 \\ 0 & x = 0 \\ -1 & x < 0 \end{cases}$$

反向第 9 步：计算 R_C、G_C、B_C：

$$\begin{bmatrix} R_c \\ G_c \\ B_c \end{bmatrix} = M_{CAT02}M_{HPE}^{-1}\begin{bmatrix} R' \\ G' \\ B' \end{bmatrix} \tag{9-60}$$

其中：

$$M_{HPE}^{-1} = \begin{bmatrix} 1.910197 & -1.112124 & 0.201908 \\ 0.370950 & 0.629054 & -0.000008 \\ 0.000000 & 0.000000 & 1.000000 \end{bmatrix}$$

反向第 10 步：计算 R、G、B：

$$\begin{bmatrix} R \\ G \\ B \end{bmatrix} = \begin{bmatrix} R_c/D_R \\ G_c/D_G \\ B_c/D_B \end{bmatrix} \tag{9-61}$$

反向第 11 步：

$$\begin{bmatrix} X \\ Y \\ Z \end{bmatrix} = M_{CAT02}^{-1} \begin{bmatrix} R \\ G \\ B \end{bmatrix} \qquad (9-62)$$

9.3.2.3　CIECAM02 的应用

CIECAM02 自推出以来，得到了研究领域和工业领域的广泛关注。微软推出的 Vista 操作系统采用了新设计的 WCS 色彩管理系统，该系统即以 CIECAM02 为核心，以期解决在不同环境下色彩的还原问题。

研究表明，CIECAM02 模型在计算中存在的几个问题目前已经确定，相关报告概括了存在问题以及对模型修改或扩展建议，其中主要存在问题概括为 4 个方面：①某些颜色出现数学问题；②CIECAM02 颜色范围比 ICC 特征文件连接空间的颜色范围小；③HPE 矩阵问题；④视明度问题。

国际照明委员会新成立了 TC 8 – 11（CIECAM02 的数学问题）技术委员会，以解决 CIECAM02 上述以及其他问题。

复习思考题

1. 什么是色貌？
2. 常见的色貌现象有哪些？
3. 简述色貌模型的发展。
4. CIECAM02 色貌模型的输入参数有哪些，有何意义？
5. 简述色貌模型的应用。

色 度 测 量

　　颜色的测量是颜色科学的最重要的工程应用之一，它不仅依赖于颜色本身的光谱特性，还与测量的几何条件、照明光源的光谱分布等密切相关，因此，国际照明委员会（CIE）和全国颜色标准化技术委员会都推荐了相关的测色标准，以使颜色测量参数和各测色仪器制造商的产品能够进行交流和对比。

　　随着颜色科学技术及其产业化的发展，人们的生活水平不断提高，颜色产品已经出现在工业生产和日常生活的各个方面，从而对颜色的品质提出了越来越高的要求，所以，颜色的测量和评价日益重要。

　　颜色测量的方法分为目视测色和仪器测色两大类，其中仪器测色又可以分为分光光度法和光电积分法（也称三刺激值法）两种。

　　目视法是一种古老而基本的颜色测量方法，这种方法通过人眼的观察对颜色样品与标准颜色的差别进行直接的视觉比较，要求操作人员具有丰富的颜色观察经验和敏锐的判断力，即便如此，测色结果中仍不可避免地包含了一些人为的主观因素，而且工作效率很低，所以随着颜色科学的发展和工业化水平的提高，这种目视测色法在工业中的应用越来越少，取而代之的是采用物理仪器的客观测色方法。但是，颜色的比较和评估原则毕竟要以人眼的判定为依据，所以在颜色视觉机理和色貌模型等心理物理研究中，目视测色法仍被广泛采用。

　　分光光度测色方法主要是测量物体的光谱反射率或物体本身的光谱光度特性，然后再由这些光谱测量数据通过计算求得物体在各标准照明体及标准观察者下的三刺激值。这是一种精确的颜色测量方法，而且可以制成自动化的测色设备。光电积分法是通过把光电探测器的光谱响应匹配成所要求的 CIE 标准色度观察者光谱三刺激值曲线或某一特定的光谱响应函数，从而对探测器所接收的来自被测颜色的光谱能量进行积分测量。这类仪器测量速度快，精度较高。

10.1　目　视　测　色

　　在进行目视测色时，首先要确定标准的照明和观察条件，该条件要必须能在较长的时间内保持稳定。因此，通常需要采用光暗室（如标准灯箱），并且光暗室的光谱功率分布和照度应该要与样品需要的照明条件一致。尽管国际照明委员会（CIE）推荐了多种标准照明体，其中包括 D_{50}、D_{55}、D_{65}、D_{75} 等各种标准照明体，但还没有相应的可用于光暗室的 CIE 自然日光标准光源。所有实际用于目视评估的光源，与自然昼光在光谱功率分布和照度上都存在很大差异。为此，需要科学合理地定义目视照明的周围场和背景，使光暗室中的真实光源达到对现实世界照明条件的最接近模拟。

周围场（surround）指的是光暗室的内壁，其应该是无光泽和中性的，而且其特定的明度取决于被模拟的照明环境。当内壁是黑色时，照明基本上是定向的，它与直射太阳光照射物体的照明情况相似。随着壁面明度的增加，从壁面到光暗室底面的二次反射也有所增大，这种反射增加了光暗室的漫射特征，因此提高了对多云天空条件的模拟程度。大多数光暗室的明度 L^* 在 $60 \sim 70$，由此获得了定向与漫射的组合照明，以便观察被测物体颜色的差异。如果待测物体不是高光泽材料，最好不要改变周围场的特征。当对高光泽材料进行评估时，光暗室的背景应该涂成黑色，或采用黑色的天鹅绒进行覆盖，这样可以消除由镜面反射导致的光暗室背景的图像。

背景（background）指的是样品放置其上的表面，一般大多指光暗室的底面。如果目视测量的目的是评估色表，那么背景应该是无光泽的，并且具有中等明度（$L^* = 50$）。当判断色差时，有时需要改变背景的明度，以增加小色差的差异，这是通过选择介于标准和样品之间的明度而实现的，但这样会减弱仪器测色与目视测色之间的可比性，所以一般不推荐这种用法。

当限定了光暗室的周围场和背景，并且其光源也选定后，必须测量光源的光谱功率分布和照度水平。理论上要求光暗室的所有光源的照度非常一致（约 100lx 以内），但实际上商用光暗室的光源照度差别较大。一般，在颜色的目视评估中，其照度应控制在 1000lx 水平。

被测颜色样品的尺寸应该保持一致，并且样品的尺寸越大，其目视测量的精确度也越高。一般，样品至少应有 $13cm^2$ 大小。如果达不到这种尺寸要求，那么在使用小一些的样品时，观察者应该在视角不小于 2° 的距离外观察样品。如果标准色样的尺寸比样品还小，则应该采用罩子分别覆盖其上，以便得到相等的观察面积，同时罩子的明度和表面性能应该与背景相同。若已知样品的尺寸及其到观察者的距离，如第三章图 3 – 5 所示，则可以由第三章式（3 – 3）计算出观察视角。

判断两个试样的色差时，该样品对的制备方法应该相同，并且习惯上将试样以边界接触的方式放置。试样应平放于光暗室的底面上，以使照明与试样平面垂直。观察者离光暗室开口距离约 $15 \sim 30cm$，并且保持观察角度（观察方向与试样法线之间的夹角）为 45° 的高度，如图 10 – 1 所示。由于光暗室的照明取决于特定的光源、散射体及周围场的明度，并在基本定向反射与中等散射范围内变化，因此，在目视评估中，保持观察者与试样的距离不变是非常重要的。

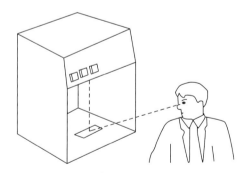

图 10 – 1 利用光暗室进行目视测色的观察条件

此外，应该关闭观察环境中的室内照明灯，并且在光暗室中只放置待测色样，以避免光室内零乱堆放的试样可能导致的照明光谱性能的变化。

综上所述，用于目视测色的光暗室的照明和观察条件，即参比条件主要包括以下参数：

①相对光谱功率分布；②色品坐标；③相关色温；④照度；⑤显色指数；⑥日光模拟器分类等级（Daylight Stimulator Category Rating）；⑦光暗室内壁与底面的明度。

在一般情况下，对颜色进行视觉测量时，最佳的目视检测方法是：将待测样品与标准色样在标准光源照射下并排放置，同时观察两个样品，以判断颜色质量。在大多数情况下，需要对颜色的同色异谱程度进行评价，所以单一光源是不够的，应该允许使用多种标准光源。

在标准与样品颜色不匹配时，使用单一标准判断颜色质量会出现困难。单个标准只代表三维颜色空间中的一个点，如果样品与标准颜色不匹配，那么就需要正确描述其色差（样品与颜色质量的偏离），还要判定该色差是否在颜色公差范围之内。这时，目视检测的目标已经走向定量判断，但是人眼对于颜色的定量分析判断，不如其判断两种材料的颜色是否相同那么擅长。人眼判断色差的这种局限性，可通过多种标准与样品的比较来补偿。如果观察者还有一个比第一个标准（在颜色空间的指定方向上）更接近或更远离样品的第二个标准，或极限标准（在相同方向上），那么观察者就能更容易地判断出样品是接近还是远离第一个标准或其他要求的标准。

10.2 仪器测色的色度基准

按照国际照明委员会（CIE）的规定，反射颜色样品的光谱反射率因数，是相对于完全反射漫射体（在整个可见光谱范围内的反射比均为 1）来测量的。然而，现实中并不存在理想的完全漫反射体实物标准，所以必须用已知绝对光谱反射比的氧化镁（MgO）、硫酸钡（BaSO$_4$）等工作标准白板来校准分光光度计，才能在仪器上直接测量样品的绝对光谱反射比。因此，首先必须准确测量氧化镁、硫酸钡等工作标准的绝对光谱反射比，建立准确可靠的测色工作标准，并进行科学有效的量值传递。

为了建立国家色度基准，中国计量科学研究院根据光度测量的积分球原理，利用辅助积分球法（双球法）来实现绝对光谱反射比的测量。对于透射比的测量，一般以空气为 100% 的参比标准。

利用漫反射性能好、反射比高的 MgO（烟积或喷涂）、BaSO$_4$ 和海伦（Halon）等材料进行反射比测量，可以得到较高的准确度。然而，这些材料的光学稳定性差，容易污染，完好保存及重复使用困难，因而无法长久地保持反射比量值的稳定性和准确性。为了多次标定以提高准确度，应在得到色度基准的绝对光谱反射比之后，随即将其量值传递到光学性能稳定、经久耐用、表面便于清洁的乳白玻璃、高铝瓷板、陶瓷白板或搪瓷白板上，作为保存反射比量值的副基准白板。

中国色度计量器具检定系统 JJG 2029—2006《色度计量器具》规定了我国色度国家基准的用途。该基准包括了基准的计量器具、基准的基本计量学参数，以及借助副基准、工作基准和标准向工作计量器具传递色度单位量值的程序。国家色度计量基准用于复现国家色度计量单位，通过色度副基准、工作基准、一级基准、二级基准和专用标准反射板，向全国传递色度单位量值，以保证我国色度量值的准确和统一。

在国家基准体系中，一级基准、二级基准和专用标准反射白板或色板都需按照 JJG 453—2002《标准色板》国家计量检定规程的要求，采用光谱光度法在分光测色仪上进行检定。工作计量器具中色差计、色度计和白度计等，经过标准反射板校准后，即可应用光电积分法来比较和检测各类白板、色板、色卡和其他各种颜色样品。对这些色度测量仪器的检定，在国家计量标准中规定了相应的规程，如 JJG 512—2002《白度计》、JJG 211—2005《亮度计》、JJG 595—2002《测色色差计》等。

10.3　颜色测量的几何条件

在光与材料相互作用时会产生镜面反射和漫反射、定向透射和散射透射以及光吸收等，其中每种成分的特定组合取决于光源、材料的性能及其几何关系。当人们在观察一种均匀有色材料时，会注意到其颜色以及光是如何从材料表面反射的。从材料表面反射的光产生镜面光泽、纹理、图像清晰度光泽和珠光等。由于光源、物体和观察者的相互作用取决于光源的漫射和定向性能、观察位置以及光源与样品、样品与观察者之间的特定几何关系，所以可以通过调整相关的条件参数，以突出或减弱其颜色、纹理或光泽。根据每种光学成分的关系，以及每种成分的颜色，可以判断该材料是否漆有油漆，或是否为塑料织物、金属等。因此，在大多数计算机三维作图软件中，通过改变三原色的比例，可以模拟出日常生活中的物体。

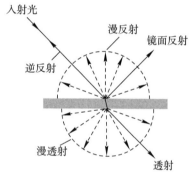

图 10-2　半透明材料的反射、透射和吸收

如图 10-2 所示为光线照射到半透明物体上所发生的反射、透射和吸收示意图。反射包括了镜面反射、漫反射或逆反射（回射），透射有定向透射和漫透射之分，而既不被反射又不被透射的光则被吸收。

图 10-3 示意了半光泽物体漫反射、光泽物体表面的近似镜面反射和逆反射（回射）性能的差异。

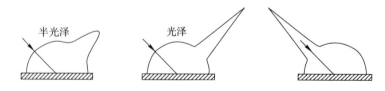

（a）半光泽材料的漫反射　（b）光泽材料的近似镜面反射　（c）逆反射（回射）

图 10-3　物体表面对光的几种反射情况

为了使颜色的测量与计算标准化，国际照明委员会（CIE）规定了相应的标准照明体、标准色度观察者及标准的照明观测条件。由于样品表面的结构特性不同，同样的物体在不同的方向上具有不同的（光谱）反射率或（光谱）透射率，因此照明的几何条件对颜色测量的结果会有很大的影响。图 10 - 4 所示为某物体表面当观察方向改变时其辐亮度因数所发生的变化。照明光束的孔径和测量光束对颜色测量的结果也有影响，这些几何参数称为照明和观察条件。可见，为了交流、比较颜色测量的结果，必须严格规定照明和观察几何条件。

在 2004 年之前，CIE 根据人眼观察物体的主要方式规定了 4 种反射测量的几何条件和 4 种透射测量的几何条件。CIE15：2004 第三版对反射样品推荐了 10 种几何条件；透射样品推荐了 6 种几何条件。主要是对照明和接收角度做了规定。

从光束结构看，几何条件可分为两类：一类是定向型（45°a：0°，0°：45°a，45°x：0°，0°：45°x），它们不用积分球，是定向照明和定向接收；另一类是漫射型的，用积分球，是由所有方向照明或由所有方向接收。从 CIE 推荐的几何条件还可以看出：一个条件的照明方向和接收方向互换就成了另一个条件。在一般实际中选择条件时，可以把互换的一对几何条件当作类似性质来看待。对荧光材料，互换条件是不适合的。

CIE 推荐的几何条件可以满足绝大多数使用者的要求。它适用于分光式测色仪器，也适用于光学积分式测色仪器。

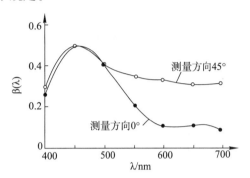

图 10 - 4　当照明方向为 45°时不同测量方向上 β（λ）的变化

10.3.1　基本术语

CIE15：2004 引入了一些术语，这些术语在以前的版本中没有用过，应用这些术语，能够更精确地说明几何条件的含义。它们是：

（1）参照平面（reference plane）。

反射样品测量时，参照平面就是放置样品或参比标准的平面。几何条件就是相对于此平面确定出来的。

透射样品测量时，有两个参照平面，第一个是入射光参照平面；第二个是透射光参照平面。它们的距离等于样品的厚度。CIE 推荐书假定样品厚度可以忽略，两个参照平面合为一个。

（2）采样孔径（sampling aperture）。

采样孔径是在参照平面上被测量的面积。它的大小由被照明面积和被探测器接收的面积中较小的一个来确定。如果照明面积大于接收面积，被测面积称为过量（over filled）；如果照明面积小于接收面积，被测面积称为不足（under filled）。

（3）调制（modulation）。

调制是反射比、反射因数、透射比的通称。

（4）照明几何条件［irradiation or influx（illumination or incidence）geometry］。

照明几何条件是指采样孔径中心照明光束的角分布。

（5）接收几何条件［reflection/transmission or efflux（collection，measuring）geometry］。

接收几何条件是指采样孔径中心接收光束的角分布。

10.3.2 定向照射的命名法

（1）45°方向几何条件（45°x）〔Forty-five degree directional geometry（45°x）〕。

测量反射样品颜色时，45°x 表示：与样品法线成 45°，且只有一条光束照明样品，符号"x"表示该光束在参照平面上的方位角。方位角的选取应考虑样品的纹理和方向性。

（2）45°环形几何条件（45°a）〔Forty-five degree annular geometry（45°a）〕。

测量反射样品颜色时，45°a 表示：与样品法线成 45°，从所有方向同时照明物品。符号"a"表示环形照明。这种条件能使样品的纹理和方向性对测量结果影响较小。这种几何条件可用一个光源和一个椭球面环形反射器或其他非球面光学系统来实现，称作 45°环形照明，记作 45°a。这种几何条件，有时也采用在一个圆环上由多个光源或用一个光源由光纤分成多束，其端部装在一个圆环上来完成。这种离散的环形照明记为 45°c。

（3）0°方向几何条件（0°）〔Zero degree directional geometry（0°）〕。

在反射样品的法线方向照明。

（4）8°方向几何条件（8°）〔Eight degree geometry（8°）〕。

与反射样品法线成 8°角，且只有一个方向照明样品。在许多实际应用中，该条件可用于代替 0°方向几何条件。在反射样品测量中，这种条件就可以实现包含或排除镜面反射成分两种几何条件的区别。

10.3.3 反射测量条件

（1）di：8°。

漫射照明，8°方向接收，包括镜面反射成分，如图 10-5（a）所示。

样品被积分球在所有方向上均匀地漫射照明，照明面积应大于被测面积。接收光束的轴线与样品中心的法线之间的夹角为 8°，接收光束的轴线与任一条光线之间的夹角不应超过 5°，探测器表面的响应要求均匀，并且被接收光束均匀地照明。

（2）de：8°。

漫射照明，8°方向接收，排除镜面反射成分，如图 10-5（b）所示。

几何条件同 di：8°，只是接收光束中不包括镜面反射成分，也不包括与镜面反射方向成 1°角以内的其他光线。

（3）8°：di。

8°方向照明，漫反射接收，包括镜面反射成分，如图 10-5（c）所示。

几何条件同 di：8°，光路是 di：8°的逆向光路。也就是照明光束的轴线与样品中心的法线之间的夹角为 8°，照明光束的轴线与任一条光线之间的夹角不应超过 5°。样品被照明面积应小于被测面积。漫反射光采用积分球从所有的方向上接收。

（4）8°：de。

8°方向照明，漫反射接收，排除镜面反射成分，如图 10-5（d）所示。

几何条件同 de：8°，光路是 de：8°的逆向光路。样品被照明面积应小于被测面积。

（5）d：d。

漫射照明，漫反射接收，如图 10-5（e）所示。

几何条件同 di：8°，只是漫反射光用积分球从所有方向上接收。在这种几何条件下测试，照明面积和接收面积是一致的。

（6）d：0°。

漫射照明，0°方向接收，排除镜面反射成分，如图 10-5（f）所示。

d：0°是漫射照明的另一种形式。样品被积分球漫射照明，在样品法线方向上接收。这种几何条件能很好地排除镜面反射成分。

（7）45°a：0°。

45°环形照明，0°方向接收，如图 10-5（g）所示。

样品被环形圆锥光束均匀地照明，该环形圆锥的轴线在样品法线上，顶点在样品中点，内圆锥半角为 40°，外圆锥半角为 50°，两圆锥之间的光束用以照明样品。在法线方向上接收，接收光锥的半角为 5°，接收光束应均匀地照明探测器。

如果将上述照明光束改为：在一个圆环上装若干离散光源或装若干光纤束来照明样品，就成为 45°c：0°几何条件。

（8）0°：45°a。

0°方向照明，45°环形接收，如图 10-5（h）所示。

几何条件同 45°a：0°，只是 45°a：0°的逆向光路。在法线方向上照明样品，在与法线成 45°方向上环形接收。

（9）45°x：0°。

45°定向照明，0°方向接收，如图 10-5（i）所示。

几何条件同 45°a：0°相同，但照明方向只有一个，而不是环形。"x"表示照明的方位。在法线方向上接收。

（10）0°：45°x。

0°定向照明，45°方向接收，如图 10-5（j）所示。

几何方向同 45°x：0°，不过是 45°x：0°的逆向光路。在法线方向上照明样品，在一定的方位角上与法线成 45°角接收。

上述（1）、（2）、（6）~（10）几何条件下，测到的是反射因数 R（λ），其中定向接收的几何条件，当接收的立体角足够小时，给出的反射因数称为辐亮度因数 β（λ）。条件（3）给出的是光谱反射比。所以，在极限条件下，45°x：0°条件给出辐亮度因数 $\beta_{45°x:0}$；0°：45°x 条件给出辐亮度因数 $\beta_{0x:45}$；di：8°条件给出辐亮度因数 $\beta_{di:8}$；d：0°条件下给出近似辐亮度因数 $\beta_{di:0°}$；几何条件 8°：di 给出光谱反射比 ρ。

当使用积分球时，球内要加白色屏，以阻止样品和光源在球壁的照射点或样品和球壁被测量点之间光线的直接传递。积分球开孔的总面积不应超过积分球内表面的 10%。

在进行漫反射比测量时，接收光能应包括样品所有方向上的漫反射光（包括与法线近于 90°的散射）。

当用积分球测量发光（荧光或磷光）样品时，照明光的光谱功率分布会被样品的反射和发光改变，优先采用定向型的几何条件 45°a：0°，45°x：0°或 0°：45°a，0°：45°x。

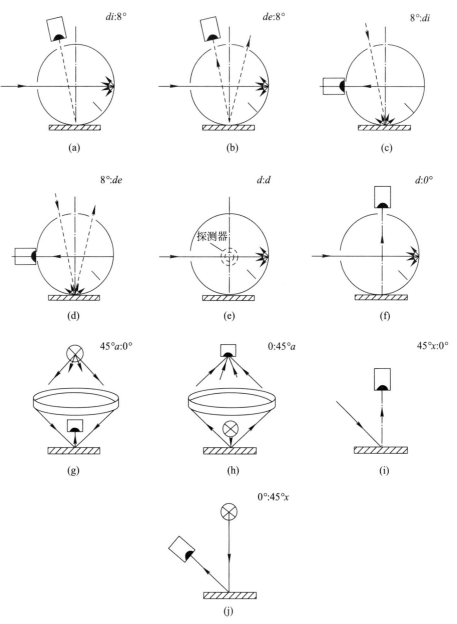

图 10－5　反射测量的几何条件

CIE 标准照明和观测条件与现实世界或光暗室中观察物体时所看到的明显不一致。首先，上述几何条件将纹理均匀化了，但是纹理是决定试样外貌的一个重要因素，它对色差的影响很大，因此实际计算纹理的方式不可能与仪器测量的空间均匀相等；其次，大多数照明是定向成分与漫射成分的组合，可是 CIE 的标准几何条件要么提供定向成分，要么提供漫射成分。

不过，上述矛盾在某些情况下可以得到缓解。对于漫射材料，无论是用定向照明还是漫射照明，它们看起来都是一样的，因为其表面的一次反射在所有观察角均匀发散。因此，当人们在观察漫射材料时，几何条件的选择就不重要了，不同的几何条件几乎产生一样的结果，并且与目视测量极其相近。对于高光泽材料，其表面形成一个易画出界限的镜面反射，所以观察者可以通过选择样品来消除镜面反射成分。如果样品放置在光暗室的底面，并以45°角观察，则光暗室的后部应该衬上黑色的天鹅绒。这样，当人们测量高光泽材料时，可以选用 di：8°和45°a：0 中的任何一个条件，它们将得到相同的结果，并且与目视测量密切相关，因为在这两种情况下被测表面的一次反射都消除了。

对于表面介于高光泽和高漫射之间的样品，它的色貌取决于照明的几何条件。如果能改变定向和漫反射的成分的比例，并保持颜色和照明强度的不变，那么可以观察到这些材料的明度和彩度发生改变。这时优先选择 45°a：0 几何条件。由于积分球孔径的尺寸没有标准化（只有与积分球总表面积的相对限制），因此采用 de：8°几何条件的仪器测量相互之间缺少一致性。然而，当降低定向灵敏度成为关键时（如测量纺织物和颗粒时），应该在候选的45°a：0 和 de：8°两种几何条件下旋转样品并对测量结果进行比较。在很多情况下，减少定向灵敏度比仪器测量间的一致性更重要。由于环形几何条件是关于照明而不是在所有方位角下的连续测量，因此这类仪器可能受到高定向灵敏度的影响。

10.3.4　透射测量条件

（1）0°：0°。

0°照明，0°接收。

照明光束和接收光束都是相同的圆锥形。均匀的照明样品或探测器，它们的轴线在样品中心的法线上，半锥角为5°。探测器表面的响应要求均匀，如图 10 - 6(a) 所示。

（2）di：0°。

漫射照明，0°接收。包括规则透射成分。

样品被积分球在所有方向上均匀的照明；接收光束的几何条件同0°：0°，如图 10 - 6(b) 所示。

（3）de：0°。

漫射照明，0°接收。排除规则透射成分，如图 10 - 6(c) 所示。

几何条件同 di：0°，只是当不放样品时，与光轴成 1°以内的光线均不直接进入探测器。

（4）0°：di。

0°方向照明，漫透射接收。包括规则透射成分。

此几何条件是 di：0°的逆向光路，如图 10 - 6(d) 所示。

（5）0°：de。

0°方向照明，漫透射接收。排除规则透射成分。

此几何条件是 de：0°的逆向光路，如图 10 - 6(e) 所示。

（6）d：d。

漫射照明，漫透射接收。

样品被积分球在所有方向上均匀的照明，透射光均匀地从所有方向上被积分球接收，如图 10 - 6 (f) 所示。

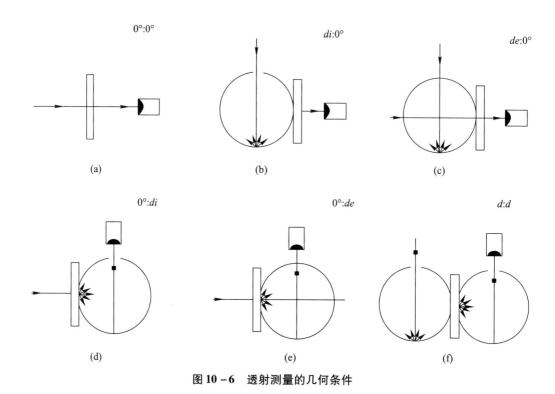

图 10 - 6　透射测量的几何条件

上述条件中，规则透射成分被排除的几何条件，给出的是透射因数，其余条件给出的是透射比。对一些特殊样品的测量，可以制定另外的几何条件，或给予不同的公差。当使用积分球时，球内要加白色屏，以阻止光源和样品（或参比标准）之间光线直接传递（漫射照明情况）；样品（或参比标准）和探测器之间光线直接传递（漫透射接收情况）。积分球开孔的总面积不应超过积分球内表面的 10%。0°：0°几何条件的测量仪器，结构设计应使照明光束和接收光束相等，不管是否放置样品。在进行漫透射比测量时，接受光束应包括所有方向上的漫透射光（包括与法线近于 90°的散射）当入射光束垂直于样品表面照射时，样品表面与入射光学系统光学零件表面的多次反射会造成测量误差。将样品稍微倾斜一些，可以消除这种影响。

10. 3. 5　多角几何条件

传统的材料在推荐的标准照明与观察几何条件下，在整个漫射角范围内旋转样品时具有相同的颜色。但是，现代的许多材料具有因角变色性，即它们颜色的改变是照明与观察几何条件的函数，如含有金属片或珠光颜料的涂料就是一个典型的例子。从变角光度数据和变角光谱光度数据的分析可以看出，观察角度对色度值有重要的影响，而且测色值是观察角度的函数，其中的数据都是在与样品法线成 45°角照明，并在与样品相同的平面里的任何角度下观察得到的。观察角度对测色值的影响是非线性的，具体的关系取决于涂料的组分及其应用方式。

当人们用目视方法来评估因角变色材料时，可以看见三种主色，即近镜面反射色、直视色和侧视色。近镜面反射色是在非常接近镜面反射角观察样品时观察到的颜色，它主要受金属片或干涉颜料的影响。随着近镜面反射角越来越接近镜面反射角，由于涂层表面产生了镜面和图像清晰度光泽，因而影响了近镜面反射色。直视色是在传统的散射角和45°角照明时在样品法线方向观察所见的颜色，它主要受传统着色剂的影响。侧视色是在与镜面反射角相反的方向观察样品时所看到的颜色，通常是在观察者远离样品时观察到的颜色，故称侧视色。侧视色既受传统颜料（产生漫反射）的影响，又受到金属片或干涉颜料的影响；当光照射在颜料粒子的边缘上时，后者也会产生漫反射。当侧视角随着镜面反射角的增加而增大时，金属片或干涉颜料带来的散射对侧视色的影响更大。

通常以逆定向反射角为基准来描述上述各个观察角，而逆定向反射角是与镜面反射方向的夹角，如图 10 –7 所示。

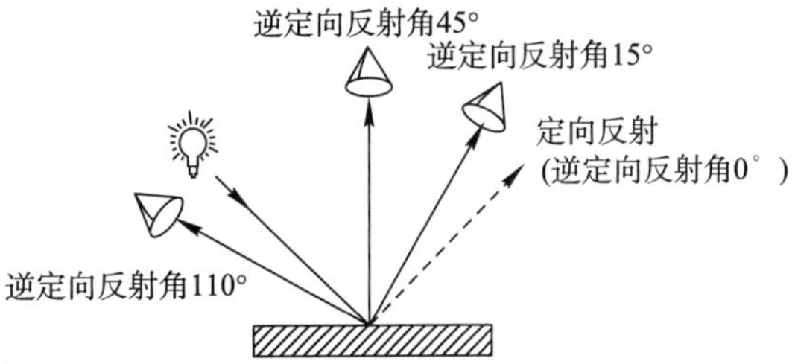

一般，近镜面反射角的范围在 15°～25° 逆定向反射角之间；直视角范围在 45°～60° 逆定向反射角之间；侧视角范围则在 70°～110°逆定向反射角之间。

图 10 –7　逆定向反射角

研究表明，为了使多角测量得到的色度数据与因角变色材料的视觉评价相一致，一般应采用三个观察角，具体的角度则可以根据实际的需要来选择。如美国推荐使用 15°、45°和110°逆定向反射角；而德国推荐的观察角度为 25°、45°和75°逆定向反射角。

10.4　色度测量仪器

10.4.1　分光光度测色仪

采用分光光度法测量颜色的内容，主要包括物体反射或透射光度特性的测定，以及根据标准色度观察者光谱三刺激值函数计算出样品的三刺激值 X、Y、Z 等色度参数。

随着电子计算机技术的高速发展，目前国内外现有的测色仪器产品几乎都利用计算机来完成仪器的测量、控制和大量的数据处理工作，使测色操作更为简单和快捷，测量精度更高，结果更可靠。这些自动分光光度测色仪器按其使用要求、技术指标或结构组成，可有很多分类方法。按光路组成不同，可分为单光束和双光束两类：按色散元件分类，则有棱镜、光栅、棱镜–棱镜、棱镜–光栅、光栅–光栅、干涉滤光片等不同色散元件，以及由此组成的分光光度测色仪，其中色散系统采用两个色散元件组合成的光学系统称为双单色仪色散系统。比较通用的分类方法是根据所用光探测器的不同，而分为以人眼作为光探测器的目视分光光度测色仪，以及应用物理光探测器的自动分光光度测色仪。

一般，物理分光光度测色方法可以分成常规的光谱扫描和同时探测全波段光谱两大类。光谱扫描法是利用分光色散系统（单色器）对被测光谱进行机械扫描，逐点测出各个波长对应的辐射能量，由此实现光谱功率分布的测量。这种方法属于机械扫描式分光光度法，精度很高，但是测量速度较慢，是一种传统的光谱光度测色方法。为了加快测量速度，提高测色效率，随着光电检测技术的发展，出现了同时探测全波段光谱的新型光谱光度探测方法。该方法基于阵列光电探测器的多通道检测技术，通过探测器内部的电子自动扫描来实现全波段光谱能量分布的同时探测，所以也称为电子扫描式分光光度法。

10.4.1.1 机械扫描式分光光度测色仪

在颜色测量仪器的发展进程中，机械扫描式光谱测色仪在分光光度测色仪器中占有十分重要的地位，目前仍是光谱检测和颜色科学研究中重要的高精度实验室测试设备之一。这类仪器一般由照明光源、单色仪、光电检测系统和微型计算机电子控制系统等主要部件构成（图10-8）。样品的光谱反射比是相对于标准的光谱反射比进行测量的。样

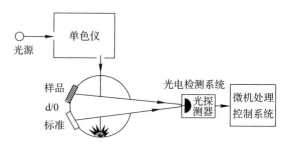

图10-8　机械扫描式分光光度测色仪的基本组成

品和标准均受到光源经单色仪分光后的漫射照明，而光探测器在接近垂直于样品的角度接收反射信号，最后由微机系统进行数据处理而获得测量结果。在该测色系统中，采用了通过积分球实现的d/0照明与观察几何条件。

10.4.1.2 电子扫描式分光光度测色仪

机械扫描式分光光度测色系统虽然实现了光谱测色的精度要求，但是由于其光谱测量是通过单色仪的机械扫描来完成的，所以测量速度较慢，工作效率低，不利于工业生产的应用。因此，作为分光光度测色技术的发展成就，采用光电探测器列阵的多通道快速分光测色仪已经逐渐普及。这类仪器除了具有分光光度测色仪器的测量精度之外，还具有光电积分式测色系统的测量速度，是现代颜色科学研究与工业测控技术不可缺少的颜色测量设备。

快速分光光度测色仪的出现与光电探测半导体技术的进展是分不开的，是随着固体图像传感器的发展而产生的。固体图像传感器（solid state imaging sensor）主要有三大类型：一种是电荷耦合器件（charge coupled device，简称CCD）；第二种是自扫描光电二极管阵列（self-scanning photodiode array，简称SPD），属于MOS图像传感器；第三种是电荷注入器件（charge injection device，简称CID）。其中前两种用得比较多，而在多通道快速测色系统中用得最普遍的是自扫描光电二极管阵列SPD。

在快速分光光度测色仪器中应用的阵列探测器件，可直接安装在分光色散系统的出射狭缝处。这里的分光系统的结构已不需要如机械扫描式光谱测色仪那样，用出射狭缝把单色辐射分割开来。这种仪器没有出射狭缝机械部件，因此该色散系统实际上是一个多色仪，全部单色光谱辐射都同时从出射狭缝射出，并射到光电探测器上，探测器阵列同时获得了整个光谱能量分布的信息。可见，这类仪器以光谱信号的电子扫描代替了传统的机械扫描方式，从而实现了对样品颜色的快速测量，因此称为电子扫描式分光光度测色仪。

与常规的用单色器分光实现波长扫描的测色系统相比，电子扫描式多通道系统除了具有快速、高效的优点之外，还大大降低了对测量对象和照明光源的时间稳定性要求。应用快速存取（对不含相关信息的通道快速跳过）和分组处理（通过将相邻通道相加可进一步改善

时间分辨率）等技术，在时间分辨率和光谱分辨率两者之间实现有益的兼顾。

目前，在国际市场上出现的多通道快速分光测色仪器越来越多，但是采用的原理结构大同小异，不外乎单光束和双光束两种类型，并以后者居多；照明光源则以脉冲氙灯为主，也有用卤钨灯等恒定光源的；探测器基本上都是 SPD 阵列，少数采用 CCD 阵列；样品测量尺寸一般都有几个孔径可供选择，同时系统中都考虑了镜面反射成分的因素，并具有（SCI/SCE）切换功能；此外，大多数仪器均可测量反射和透射特性两用。

10.4.2 光电积分式色度计

光电积分式颜色测量与分光光度测色方法不同，它不是测量各个波长的颜色刺激，而是在整个测量波长范围内对被测颜色的光谱能量进行一次性积分测量。如果能通过三路积分测量，分别测得样品颜色的三刺激值 X、Y、Z，那么就能进一步计算出样品颜色的色品坐标及其他相关色度参数。光电积分式测色仪器的光探测器一般为硅光电二极管，在要求仪器具有较高灵敏度的场合下，也可采用光电倍增管。

如果能利用有色玻璃等材料覆盖在光探测器上的方法，把探测器的相对光谱灵敏度 $S(\lambda)$ 修正成国际照明委员会（CIE）推荐的标准色度观察者光谱三刺激值函数 $\bar{x}(\lambda)$、$\bar{y}(\lambda)$、$\bar{z}(\lambda)$，那么用这样的三个光探测器接收颜色刺激 $\varphi(\lambda)$ 时，通过一次积分就能测量出样品颜色的三刺激值 X、Y、Z，即：

$$\begin{cases} X = K\int_\lambda \varphi(\lambda)\,\bar{x}(\lambda)\mathrm{d}\lambda = c_x\int_\lambda \varphi(\lambda)S(\lambda)\tau_x(\lambda)\mathrm{d}\lambda \\ Y = K\int_\lambda \varphi(\lambda)\,\bar{y}(\lambda)\mathrm{d}\lambda = c_y\int_\lambda \varphi(\lambda)S(\lambda)\tau_y(\lambda)\mathrm{d}\lambda \\ Z = K\int_\lambda \varphi(\lambda)\,\bar{z}(\lambda)\mathrm{d}\lambda = c_z\int_\lambda \varphi(\lambda)S(\lambda)\tau_z(\lambda)\mathrm{d}\lambda \end{cases} \tag{10-1}$$

式中　K 和 c_x、c_y、c_z——常数；

$\tau_x(\lambda)$、$\tau_y(\lambda)$、$\tau_z(\lambda)$ 分别为匹配三个光探测器的有色玻璃的光谱透射比。它们满足如下的光谱匹配关系：

$$\begin{cases} \bar{x}(\lambda) = S(\lambda)\tau_x(\lambda) \\ \bar{y}(\lambda) = S(\lambda)\tau_y(\lambda) \\ \bar{x}(\lambda) = S(\lambda)\tau_z(\lambda) \end{cases} \tag{10-2}$$

或

$$\begin{cases} \tau_x(\lambda) = \dfrac{\bar{x}(\lambda)}{S(\lambda)} \\ \tau_y(\lambda) = \dfrac{\bar{y}(\lambda)}{S(\lambda)} \\ \tau_z(\lambda) = \dfrac{\bar{x}(\lambda)}{S(\lambda)} \end{cases} \tag{10-3}$$

式（10-2）、（10-3）称为卢瑟（Luther）条件。

为了进行光电积分式颜色测量，仪器的三个光探测器的光谱响应必须满足卢瑟条件。能够实现这种要求的方法通常有两种，即模板法和光学滤色片法。

10.4.2.1　模板法

模板法采用模板（template）使光探测器的光谱响应特性与 CIE 光谱三刺激值函数相匹配，即满足卢瑟条件的要求。图 10－9 是模板法光电积分式色度计的光学系统，光源照明测试样品，由试样表面反射的光辐射，通过透镜和棱镜色散成光谱；在光谱面上分别放置 X 模板、Y 模板和 Z 模板，它们使光接收器对等能光谱的光谱响应，分别与色度匹配函数 $\bar{x}(\lambda)$、$\bar{y}(\lambda)$ 和 $\bar{z}(\lambda)$ 成正比；从模板透过的光谱能量，由透镜会聚于光接收器上，即可测出试样的三刺激值 X、Y、Z。由于模板法光电积分式色度计结构比较复杂，成本也高，所以没有得到广泛的应用。

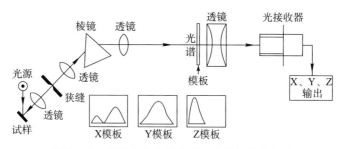

图 10－9　模板法光电积分式色度计的基本构成

10.4.2.2　光学滤色片法

光学滤色片法不采用色散系统和光谱模板，而是利用有色玻璃片的组合来实现卢瑟条件。为使光探测器的相对光谱灵敏度 S(λ) 符合 CIE 的色度匹配函数 $\bar{x}(\lambda)$、$\bar{y}(\lambda)$、$\bar{z}(\lambda)$，需要选择合适的滤光片及合适的厚度，使其光谱透射比 τ(λ) 与探测器的相对光谱灵敏度 S(λ) 的组合结果，满足卢瑟条件的要求。图 10－10 是采用光学滤色片法实现卢瑟条件的光电积分式色度计的基本构成示意图。这种类型的色度计构造简单，成本较低，因此在工业生产中得到广泛的应用。

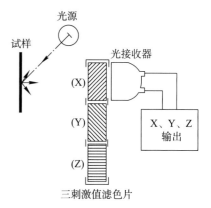

图 10－10　光学滤色片法光电积分式色度计的基本构成

采用光电积分式色度计可以方便地测定颜色的三刺激值，而现代电子及计算机技术的发展，又使这种仪器具有数据处理功能，可由测得的三刺激值自动计算出 CIE LAB 和 CIE LUV 等标准色度系统的各种色度参数。

光电积分式测色仪器的测量精度在很大程度上取决于光探测器的光谱匹配精度。由于有色玻璃的品种有限，所以往往在某些波长上会出现光谱匹配误差，同时在测量光探测器的相对光谱灵敏度时也存在一定的测量误差。因此，在进行光谱匹配计算及其制造的过程中，实际光探测器的光谱响应相对于标准色度观察者光谱三刺激值曲线，存在或大或小的差异。

为了提高仪器的测色准确性，一般尽量用与被测光源相类似的标准光源来校正仪器。如果测色仪器的三色光谱曲线匹配不佳，在测量各种具有不同光谱特性的光源时，会导致一定的测量误差。由此可见，普通的光电积分式测色仪器能准确地测出两个具有类似光谱功率分布的光源之间的差别，但测定色源三刺激值和色品坐标的绝对精度则有一定的局限性。

复习思考题

1. 颜色测量的方法有哪些?
2. 目视评价颜色时应注意哪些问题?
3. CIE 推荐的反射物体测量的几何条件有哪些?
4. CIE 推荐的透射物体测量的几何条件有哪些?
5. 在 CIE 推荐的颜色测量的几何条件中为什么有的条件要滤除镜面反射光?
6. 简述分光光度计和色度计的区别。

11

第十一章

颜 色 密 度

密度是对色彩进行评价的一种重要形式，测量密度的常用仪器是密度计。密度计本身有其独特的优点，这主要是对印刷过程控制而言。密度计价格便宜、读数迅速，在许多方面超过其他精密制作测量仪器，例如在控制墨层厚度中应用，它们还被用在一些简单而有意义的测量中。

11.1 密 度

11.1.1 密度的定义

11.1.1.1 密度

自然界的物体表面具有各种各样的颜色，在所有的颜色中，物体对光谱色的选择性吸收是产生颜色的主要原因。对于透射物体，由朗伯－比尔定律可以写成如下形式：

$$D_\tau = \lg \frac{\Phi_i}{\Phi_\tau} = a_\lambda \cdot l \cdot c \tag{11-1}$$

式中 l——物体厚度；

c——介质浓度，单位体积内含有色料的数量；

a_λ——吸收物体的分子消光指数。它与物体的分子结构有关，与照射波长有关。

由第二章式（2-22）和（11-1）也可以得出：

$$D_\tau = \lg \frac{1}{\tau} \tag{11-2}$$

同理可以得出反射物体的密度为：

$$D_\rho = \lg \frac{1}{\rho} = \lg \frac{\Phi_i}{\Phi_\rho} \tag{11-3}$$

从上式也可以看出，反射率越高，则密度越小。当反射率 $\rho = 0.1\%$ 时，密度 $D = 3$；$\rho = 1\%$ 时，$D = 2$；$\rho = 10\%$ 时，$D = 1$；$\rho = 50\%$ 时，$D = 0.3$；$\rho = 100\%$ 时，$D = 0$。

我们知道，光源的能量、光透射率以及光密度都是光谱波长的函数，因此可以写成按光谱分布计算的积分形式：

$$D = -\lg \frac{\int_\lambda S(\lambda) \cdot S_r(\lambda) \cdot \beta(\lambda) \cdot \mathrm{d}\lambda}{\int_\lambda S(\lambda) \cdot S_r(\lambda) \cdot \mathrm{d}\lambda} \qquad (11-4)$$

式中　D——密度；

　　　$S(\lambda)$——光源的相对光谱功率分布；

　　　$S_r(\lambda)$——传感器相对光谱灵敏度；

　　　$\beta(\lambda)$——物体的光谱反射率或透射率。

当使用 R、G、B 三滤色片测量三滤色片密度时，式（11-4）则为：

$$\begin{cases} D_R = -\lg \dfrac{\int_\lambda S(\lambda) \cdot S_r(\lambda) \cdot \beta(\lambda) \cdot \tau_R(\lambda) \cdot \mathrm{d}\lambda}{\int_\lambda S(\lambda) \cdot S_r(\lambda) \cdot \tau_R(\lambda) \cdot \mathrm{d}\lambda} \\[4mm] D_G = -\lg \dfrac{\int_\lambda S(\lambda) \cdot S_r(\lambda) \cdot \beta(\lambda) \cdot \tau_G(\lambda) \cdot \mathrm{d}\lambda}{\int_\lambda S(\lambda) \cdot S_r(\lambda) \cdot \tau_G(\lambda) \cdot \mathrm{d}\lambda} \\[4mm] D_B = -\lg \dfrac{\int_\lambda S(\lambda) \cdot S_r(\lambda) \cdot \beta(\lambda) \cdot \tau_B(\lambda) \cdot \mathrm{d}\lambda}{\int_\lambda S(\lambda) \cdot S_r(\lambda) \cdot \tau_B(\lambda) \cdot \mathrm{d}\lambda} \end{cases} \qquad (11-5)$$

式中　D_R、D_G、D_B——R、G、B 三滤色片密度；

　　　$\tau_R(\lambda)$、$\tau_G(\lambda)$、$\tau_B(\lambda)$——R、G、B 三滤色片的光谱透射率。

探测器光谱灵敏度以及样品与探测器之间的各种光学器件和滤色片的光谱修正作用的函数称为密度计的光谱响应，理论上，匹配成在实际应用中使用的接收器（如人眼和照相纸等）的光谱响应最理想。

用入射通量的相对光谱功率分布 S 乘以对应波长探测器响应 s，可得到光谱乘积，再用 Π 表示，可以表示为：

$$\Pi = S \cdot s \qquad (11-6)$$

11.1.1.2　多层叠合呈色和密度的计算

如果将一束光 Φ_i，经过第一种物质被吸收后成为 Φ_1，在经第二种物质吸收后成为 Φ_2。如果以 Φ_1/Φ_i 表示第一种物质的透射率 τ_1，以 Φ_2/Φ_1 表示第二种物质的透射率 τ_2，如图 11-1 所示。当这两种物质叠合后，它们的合成透射率、密度可用下面的方法计算：

第一层的透射率 τ_1 与密度 D_{τ_2} 为：

$$\tau_1 = \Phi_1/\Phi_i$$

$$D_{\tau_2} = Lg \frac{1}{\tau_1} \qquad (11-7)$$

第一层的透射率 τ_2 与密度 D_{τ_2} 为：

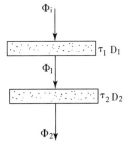

图 11-1　多层叠合
密度示意图

$$\tau_2 = \Phi_2 / \Phi_1$$

$$D_{\tau_2} = \text{Lg} \frac{1}{\tau_2} \qquad (11-8)$$

则通过两层物质后的合成透射率和合成密度值为：

合成透射率
$$\tau = \frac{\Phi_2}{\Phi_i} = \frac{\Phi_1}{\Phi_i} \cdot \frac{\Phi_2}{\Phi_1} = \tau_1 \cdot \tau_2 \qquad (11-9)$$

合成密度

$$D_\tau = \text{lg} \frac{1}{\tau} = \text{lg} \frac{1}{\tau_1 \cdot \tau_2} = \text{lg} \frac{1}{\tau_1} + \text{lg} \frac{1}{\tau_2} = D_{\tau 1} + D_{\tau 2} \qquad (11-10)$$

通常光透射率和光密度都是光谱波长的函数，因此，可将上式写成光谱透射率 $\tau(\lambda)$ 和光谱密度 $D_\tau(\lambda)$ 的形式：

光谱透射率
$$\tau(\lambda) = \tau_1(\lambda) \cdot \tau_2(\lambda) \qquad (11-11)$$

光谱密度

$$D_\tau(\lambda) = D_{\tau 1}(\lambda) + D_{\tau 2}(\lambda) \qquad (11-12)$$

11.1.2　ISO 规定的密度类型

有几种密度测量的光谱类型用于评价影像记录介质。它们的光谱类型是按照以波长 10nm 为间隔的光谱乘积的对数值定义的，即以波长 10nm 为间隔的照明光源的相对光谱功率分布 S 乘以探测器的相对光谱响应 s，则可得到光谱乘积 $\prod$，如式（11-6）所示。其光谱乘积归一化后的峰值规定为 10^5，本节用此值以 10 为底的对数来定义各密度的光谱类型。透射和反射密度计入射通量光谱如表 11-1 所示。

表 11-1　ISO 密度计入射光谱（相对光谱功率分布在 560nm 处为 100）

波长 λ（nm）	透射密度计入射通量光谱 S_H	反射密度计入射通量光谱 S_A
340	4	4
350	5	5
360	6	6
370	8	8
380	10	10
390	12	12
400	15	15
410	18	18
420	21	21
430	25	25
440	29	29
450	33	33

续表

波长 λ（nm）	透射密度计入射通量光谱 S_H	反射密度计入射通量光谱 S_A
460	38	38
470	43	43
480	48	48
490	54	54
500	60	60
510	66	66
520	72	72
530	79	79
540	86	86
550	93	93
560	100	100
570	107	107
580	111	114
590	115	122
600	116	129
610	119	136
620	117	144
630	113	151
640	107	158
650	102	165
660	96	172
670	89	179
680	80	185
690	72	192
700	62	198
710	53	204
720	45	210
730	37	216
740	31	222
750	24	227
760	19	232
770	15	237

11.1.2.1 视觉密度

对透射密度表示为 D_T（S_H：V_T）；

对反射密度表示为 D_R（S_A：V）。

视觉密度是用于对直接观察或通过投影观察影像的黑度的测量。这种测量常用于黑白影像，但也用于其他类型的影像。

对于反射密度，密度计出射元件和探测器的光谱特性合成的光谱响应度应与明视觉光谱光视效率函数 $V(\lambda)$ 相匹配。$V(\lambda)$ 和 S_A 逐个波长的乘积确定了整个密度计具有标准视觉密度的光谱乘积。其 $V(\lambda)$ 和乘积对数值列在表 11－2 中。

透射视觉密度测量的光谱乘积与对应的反射视觉密度乘积相同。但是由于入射通量的光谱条件不同，所以探测器的光谱响应 V_T 必须加以补偿，使以波长 10nm 为间隔的各对应波长点的乘积都满足 $S_H V_T = S_A V$。

表 11－2　标准视觉密度和标准印片密度包括 1 型和 2 型的光谱乘积对数表（最大值规整到 5.000）

波长 （nm）	视觉 $\log_{10}\Pi_V$	1 型 $\log_{10}\Pi_1$	2 型 $\log_{10}\Pi_2$
340			＜1.000
350			2.708
360		＜1.000	4.280
370		1.640	4.583
380		2.860	4.760
390		4.460	4.851
400	＜1.000	5.000	4.916
410	1.322	4.460	4.956
420	1.914	2.860	4.988
430	2.447	1.640	5.000
440	2.811	＜1.000	4.990
450	3.090		4.951
460	3.346		4.864
470	3.582		4.743
480	3.818		4.582
490	4.041		4.351
500	4.276		3.993
510	4.513		3.402
520	4.702		2.805
530	4.825		2.211
540	4.905		＜1.000
550	4.957		

波长 （nm）	视觉 $\log_{10} \Pi_V$	1型 $\log_{10} \Pi_1$	2型 $\log_{10} \Pi_2$
560	4.989		
570	5.000		
580	4.989		
590	4.956		
600	4.902		
610	4.827		
620	4.731		
630	4.593		
640	4.433		
650	4.238		
660	4.013		
670	3.749		
680	3.490		
690	3.188		
700	2.901		
710	2.622		
720	2.334		
730	2.041		
740	1.732		
750	1.431		
760	1.146		
770	< 1.000		

11.1.2.2 印片密度

对经过冲洗加工的感光材料印片密度的测量，其光谱条件应是光源的光谱功率分布，光学系统光学特性和印片材料光谱响应度的函数。当用一胶片试样和无光谱选择性的调制器分别与印片材料做接触印片时，若它们在印片材料上产生同样的密度，则无光谱选择性调制器和透射密度就等于该胶片试样的接触印片密度。

对于投影胶片密度，胶片试样应投影印制，但调制器应与印片材料接触印制。而两种印片的曝光时间和光源的光强度应该相同。

对于特定的印片材料，可通过适当的选择密度计的光源、衰减器和探测器后得到所需的光谱特性，用其直接测出该种材料的胶片密度。但是，在许多情况下，可以采用回归分析法，来修正商用密度计的密度读数，求得印片密度。

（1）ISO 1 型密度 D_T（$S_H : s_1$）。

标准 1 型密度为印在重氮和微泡胶片上的印片密度。重氮和微泡胶片在缩微工业中广泛用于由原底或中间片制作拷贝。而这类印制用胶片，通常在蓝光区和紫外光区具有感光性，因此，一般在印片机上采用附加的高压汞灯曝光。并规定，在这类胶片与光源条件下，对原底密度的测量，可以使用透射峰值在波长 400nm 处的窄带滤光器密度计测得印片密度值。印片材料的有效光谱响应度以符号 s_1 表示。该类型密度称为标准 1 型密度，它的光谱乘积在表 11 – 2 中。密度计测量印片密度的准确程度取决于印制胶片的响应度、印片系统的光谱特性以及几何特性等。

（2）ISO 2 型密度 $D_T(S_H: s_2)$。

在卤化银盲色感光材料上印片时，其光谱乘积列在表 11 – 2 中。这些数据是用一紫外吸收滤光器（在波长 360nm 处截止）通过调整印片材料和平均光谱响应度后得到的。其合成光谱响应度以符号 s_2 表示。光源的相对光谱功率分布与光谱响应度的乘积，即可得到密度计提供标准 2 型印片密度的光谱乘积。

11.1.2.3 ISO A 状态密度

对透射密度表示为 $D_T(S_H: A_B)$、$D_T(S_H: A_G)$、$D_T(S_H: A_R)$；

对反射密度表示为 $D_T(S_H: A'_B)$、$D_T(S_H: A'_G)$、$D_T(S_H: A'_R)$。

A 状态密度是对直接观看或通过投影观看的胶片（电影、幻灯或其他照相正片），在红、绿、蓝三种色光分别照射时，以及与纸基上类似的成色剂的密度的评价。整个仪器的光谱乘积对数值应与表 11 – 3 列出的值相符。符号 A_B、A_G、A_R 表示 A 状态透射密度的蓝、绿、红光谱响应函数符号，同样，A'_B、A'_G、A'_R 表示 A 状态反射密度的蓝、绿、红光谱响应函数符号。

表 11 – 3　ISO A 状态密度的光谱乘积 $Log_{10} \prod_A$（峰值规定为 5.000）

波长（nm）	蓝	绿	红
400	↑	↑	↑
410	斜率 = 0.380/nm	|	|
420	3.602	斜率 = 0.220/nm	|
430	4.819	|	|
440	5.000	|	|
450	4.912	|	|
460	4.620	|	|
470	4.040	|	斜率 = 0.270/nm
480	2.989	|	|
490	1.566	|	|
500	0.165	1.650	|
510		3.822	|

续表

波长（nm）	蓝	绿	红
520		4.782	|
530		5.000	|
540		4.906	
550		4.644	
560		4.221	
570		3.609	
580	|	2.766	
590	|	1.579	
600	|		2.568
610	|		4.638
620	|		5.000
630	|	|	4.871
640	斜率 = -0.140/nm	|	4.604
650	|	|	4.286
660	|	|	3.900
670	|	|	3.551
680	|	|	3.165
690	|	斜率 = -0.170/nm	2.776
700	|	|	2.383
710	↓	|	1.970
720		|	1.551
730		|	1.141
740		|	0.741
750		↓	0.341
			|
			斜率 = -0.040/nm
			↓

11.1.2.4　ISO M 状态密度

对透射密度表示为 $D_T(S_H : M_B)$、$D_T(S_H : M_G)$、$D_T(S_H : M_R)$。

M 状态密度常用于评价印刷用的彩色感光材料，例如彩色负片、中间片，其光谱乘积对数值应与表 11-4 列出的值相符。符号 M_B、M_G、M_R 表示 M 状态透射密度的蓝、绿、红光谱响应函数符号。

表 11 – 4　ISO M 状态密度的光谱乘积 Log₁₀ ∏_M（峰值规定为 5.000）

波长 λ（nm）	蓝	绿	红
400	↑ 斜率 = 0. 250/nm	↑	↑
410	2. 103		
420	4. 111		
430	4. 632		
440	4. 871		
450	5		
460	4. 955	斜率 = 0. 106/nm	
470	4. 743	1. 152	
480	4. 343	2. 207	
490	3. 743	3. 156	
500	2. 99	3. 804	
510	1. 852	4. 272	
520		4. 626	
530		4. 872	
540		5	
550		4. 995	
560		4. 818	
570		4. 458	
580	斜率	3. 915	
590	= – 0. 220/nm	3. 172	
600		2. 239	
610		1. 07	斜率 = 0. 260/nm
620			2. 109
630			4. 479
640			5
650			4. 899
660			4. 578
670			4. 252
680		斜率	3. 875
690		= – 0. 120/nm	3. 491
700			3. 099
710			2. 687
720			2. 269
730			1. 859
740			1. 449
750			1. 054
760			0. 654
770	↓	↓	0. 254 斜率 = – 0. 040/nm ↓

11.1.2.5 ISO T 状态密度

对透射密度表示为 $D_T(S_H:T_B)$、$D_T(S_H:T_G)$、$D_T(S_H:T_R)$；

对反射密度表示为 $D_R(S_A:T'_B)$、$D_R(S_A:T'_G)$、$D_R(S_A:T'_R)$。

T 状态密度是在分色印刷过程中评价三色影像的调制量。其光谱乘积对数值应与表 11 - 5 列出的值相符。符号 T_B、T_G、T_R 表示 T 状态透射密度的蓝、绿、红光谱响应函数符号，同样，T'_B、T'_G、T'_R 表示 T 状态反射密度的蓝、绿、红光谱响应函数符号。

T 状态密度的响应定义为符合历史上用以评价色彩分离的原创艺术片最相匹配的响应（需进行分色的原稿作品）。另外尤其在美国，T 响应应用于诸如纸质印刷品和胶印打样等印刷制版材料。

表 11 - 5 ISO T 状态密度的光谱乘积 $Log_{10} \prod_T$（峰值规定为 5.000）

波长 λ（nm）	蓝	绿	红
340	<1.000		
350	1.000		
360	1.301		
370	2.000		
380	2.477		
390	3.176		
400	3.778	<1.000	
410	4.23		
420	4.602		
430	4.778		
440	4.914		
450	4.973		<1.000
460	5.000		
470	4.987		
480	4.929	3	
490	4.813	3.699	
500	4.602	4.447	
510	4.255	4.833	
520	3.699	4.964	
530	2.301	5.000	
540	1.602	4.944	
550		4.82	
560		4.623	
570	<1.000	4.342	1.778
580		3.954	2.653
590		3.398	4.477
600		2.845	5.000
610		1.954	4.929

续表

波长 λ（nm）	蓝	绿	红
620		1	4.74
630			4.398
640			4.000
650			3.699
660			3.176
670		<1.000	2.699
680			2.477
690			2.176
700			1.699
710			1.000
720			<1.000

11.1.2.6 ISO E 状态密度

对透射密度表示为 $D_R（S_A：E'_B）$、$D_R（S_A：E'_G）$、$D_R（S_A：E'_R）$。

E 状态密度的光谱乘积在表 11-6 中给出，E'_B、E'_G、E'_R 分别以函数形式表示 E 状态反射密度的蓝、绿、红的光谱响应。

在欧洲贸易中，E 状态通常是其印刷制版业应匹配的响应；E 状态响应是从 DIN 16536-2中双通带滤光器技术规范拓展而来，考虑了入射通量的光谱特性和探测器的光谱特性。E 状态的蓝光谱乘积的应用需要进一步研究。

表 11-6 ISO E 状态密度的光谱乘积 $Log_{10}\prod_E$（峰值规定为 5.000）

波长 λ（nm）	蓝	绿	红
370	1.000		
380	2.431		
390	3.431		
400	4.114		
410	4.477		
420	4.778	<1.000	
430	4.914		<1.000
440	5.000		
450	4.959		
460	4.881		
470	4.672		
480	4.255	3.000	

波长 λ（nm）	蓝	绿	红
490	3.778	3.699	
500	2.903	4.477	
510	1.699	4.833	
520	1.000	4.964	
530		5.000	
540		4.944	
550		4.820	
560		4.623	
570		4.342	1.778
580		3.954	2.653
590		3.398	4.477
600		2.845	5.000
610		1.954	4.929
620	< 1.000	1.000	4.74
630			4.398
640			4.000
650			3.699
660			3.176
670		< 1.000	2.699
680			2.477
690			2.176
700			1.699
710			1.000
720			< 1.000

11.1.2.7 ISO 窄带密度

透射密度表示为 $D_{T'r}$（$S_H : N_\lambda$）；

反射密度表示为 $D_{R'r}$（$S_H : N_\lambda$）。

窄带密度表示法中下标 r 等同于 10 的 r 次幂指数边带抑制，下标 λ 表示峰值波长。如：$D_{T'5}$（$S_H : N_{480}$）表示边带抑制为 10^5，峰值为 480nm 的透射密度光谱条件；$D_{R'4}$（$S_H : N_{590}$）表示边带抑制为 10^4，峰值为 590nm 的反射密度光谱条件。所谓边带抑制是指所需带通以外的辐射被阻挡或压缩的程度，通常表示为所需带通内积分能量与带通外积分能量之比。

11.1.2.8 ISO I 状态密度

I 状态密度是窄带密度的特例，其峰值波长为：

蓝 430nm（±5nm）；

绿535nm（±5nm）；

红625nm（±5nm）。

这一特殊的波长组对评价印刷、制版材料，如纸张、油墨等特别有用。

11.1.2.9 ISO 3 型密度

3 型密度表示为 $D_T(S_H：s_3)$。

标准 3 型密度为在多层彩色胶片上印制的光学声带的光谱密度。

在多层彩色胶片上的光学胶片是由染料影像加银或加一种金属盐组成。光学声带通常用于具有 S－1 型光敏面的还音系统。并规定，用透射峰值在波长 800nm 是窄带滤光器密度计，可以监控这种型式的声带。该系统的有效光谱响应度以 s_3 表示，所以，3 型密度值应在具有下列特点的密度计上得到。即该密度计在峰值波长（800±5）nm 处有一个 20nm 的响应带宽，并且仪器在这 20nm 带宽内的响应至少为总响应的 80%。此带宽是以光谱乘积最大值一半处的相应两波长之差所决定。

11.1.3 孟塞尔明度值与视觉密度的关系

孟塞尔明度是按视感觉上等间隔将明度分为 0～10 共 11 级，它是从视觉心理角度对物体的明暗做等量的划分。孟塞尔明度值的这种分级是根据大量的实验，并以严格科学数据为基础的，是世界各国公认的视觉心理明度等间隔分级的标准。因此，在彩色图像印刷复制这一科学领域中，近年来也日益采用孟塞尔明度值（可简称孟塞尔值）这一概念作为图像阶调复制的度量标尺。

孟塞尔明度值反映了人的视觉对判断物体明暗的心理规律，在第七章曾将孟塞尔明度值 V_Y 与物体的亮度因数 Y 作了转换（见表 7-9）。只要测量出物体的亮度因数，就可以从表 7-9 中查出与之对应的孟塞尔明度值。

物体的亮度因数 Y 就是三刺激值中的 Y 刺激值。对反射（或透射）体来说，它表示物体反射光（或透射光）的强弱和明暗程度。按照前述的研究表明，当孟塞尔明度值 $V_Y = 10$ 时，与之对应的亮度因数 Y_0 值为 102.57（用 $Y_0 = 102.57$ 表示）。孟塞尔第 10 级明度，它代表理想的完全反射漫射体，它的反射率等于 1（用 $\rho_0 = 1$ 表示）。

对于任意物体表面来说，如果我们测量出了亮度因数 Y，则相对于孟塞尔系统第 10 级明度所代表的完全反射漫射体而言，它的反射率应为：

$$\rho = \frac{Y}{Y_0} \times \rho_0 \tag{11-13}$$

式中 Y_0——孟塞尔系统第 10 级明度的亮度因数，$Y_0 = 102.57$；

ρ_0——孟塞尔系统第 10 级明度的反射率，$\rho_0 = 1$；

Y——物体表面的亮度因数；

ρ——物体表面的反射率。

由密度的定义：

$$D = \lg \frac{1}{\rho} = \lg \frac{Y_0}{Y \times \rho_0} = \lg \frac{102.57}{Y} \tag{11-14}$$

由此，我们就把密度与亮度因数 Y 和孟塞尔明度值联系起来，找到了它们之间的换算关系。通过上式的计算，可以将表7－9中孟塞尔明度值 V_Y 与亮度因数 Y 的关系转换成如表11－7中反射密度 D（视觉密度）与孟塞尔明度值 V_Y 的关系。

例如在表11－8中所列品红实地与80%、50%面积率印刷，如果知道了其亮度因数 Y 就可以按照式（11－14）计算出它们的孟塞尔明度值 V_Y 和视觉密度 D。当然，较为简单的方法就是采用查表的办法，由表11－9和表11－7查出它们的对应值来。如表11－8所示。

通过上面的讨论，强调三点：

（1）密度是从数学的角度出发，将亮度等比变化，用对数函数变换为接近人眼视觉的等差变化。在一定程度上表征了人眼对亮度变化的感知特性。但是，密度的变化仍然不能够代表人的视觉心理明度的等间距分级，这可以从表11－9和图11－2中看到。孟塞尔明度值和视觉密度之间的关系，仍然是非线性的，如图11－2所示。

（2）亮度因数 Y 是由光谱三刺激值 $\bar{y}$（λ）经积分算出的，也就是由光谱光视效率 V（λ）加权而求得亮度因数 Y。根据 ISO 视觉密度的定义，按 V（λ）求得的明度必须的视觉密度（亮度明度）。

（3）上例中计算出品红网点面积率100%、80%、50%的密度值，恰好落在图11－2中 V_Y－D 曲线和 V_Y－Y 曲线上，这表明了网点面积率的亮度和密度变化及视觉心理明度孟塞尔值之间的关系，都是非线性的。因此，亮度与密度都不能代表视觉的均匀性。

表11－7 反射密度和孟塞尔明度的关系

密度	0	0.01	0.02	0.03	0.04	0.05	0.06	0.07	0.08	0.09
0	10.00	9.92	9.83	9.75	9.65	9.56	9.47	9.38	9.29	9.22
0.1	9.14	9.05	8.97	8.88	8.80	8.71	8.63	8.54	8.46	8.37
0.2	8.30	8.23	8.15	8.08	8.00	7.92	7.84	7.77	7.70	7.63
0.3	7.55	7.48	7.40	7.32	7.25	7.17	7.12	7.05	7.00	6.93
0.4	6.85	6.77	6.70	6.63	6.55	6.49	6.43	6.36	6.30	6.23
0.5	6.17	6.11	6.05	6.00	5.93	5.87	5.81	5.76	5.70	5.65
0.6	5.60	5.55	5.50	5.44	5.39	5.33	5.28	5.23	5.18	5.13
0.7	5.08	5.03	4.98	4.93	4.88	4.83	4.78	4.73	4.69	4.64
0.8	4.60	4.55	4.49	4.45	4.40	4.36	4.31	4.26	4.22	4.17
0.9	4.13	4.08	4.04	4.00	3.95	3.91	3.86	3.82	3.78	3.74
1.0	3.70	3.66	3.62	3.59	3.65	3.51	3.48	3.44	3.40	3.37
1.1	3.33	3.30	3.26	3.22	3.19	3.15	3.12	3.09	3.05	3.01
1.2	2.98	2.95	2.91	2.88	2.85	2.81	2.78	2.75	2.71	2.68
1.3	2.65	2.62	2.59	2.56	2.53	2.50	2.47	2.43	2.40	2.37
1.4	2.34	2.31	2.28	2.25	2.23	2.20	2.17	2.14	2.10	2.08
1.5	2.05	2.02	1.99	1.96	1.94	1.91	1.88	1.85	1.83	1.80
1.6	1.77	1.75	1.73	1.70	1.68	1.65	1.62	1.60	1.57	1.55
1.7	1.52	1.50	1.47	1.45	1.43	1.40	1.38	1.36	1.33	1.31
1.8	1.28	1.26	1.24	1.21	1.19	1.17	1.14	1.12	1.10	1.08
1.9	1.06	1.04	1.02	1.00	0.97	0.95	0.93	0.91	0.90	0.88
2.0	0.86	0.84	0.82	0.80	0.78	0.77	0.75	0.73	0.71	0.70
2.1	0.68	0.66	0.64	0.63	0.61	0.60	0.59	0.58	0.57	0.56
2.2	0.54	0.53	0.52	0.51	0.50	0.48	0.47	0.46	0.45	0.44
2.3	0.43	0.42	0.41	0.40	0.39	0.38	0.37	0.36	0.36	0.35
2.4	0.34	0.32	0.31	0.31	0.30	0.29	0.28	0.28	0.27	0.26

表 11-8　网点面积率为 50％、80％、100％的品红的明度和视觉密度

序号	面积率%	亮度因数	孟塞尔明度	视觉密度
1	100	24.69	5.51	0.62
2	80	28.33	5.85	0.56
3	60	42.10	6.94	0.39

表 11-9　孟塞尔明度和视觉密度的关系

	1	2	3	4	5	6	7	8	9
亮度因数	1.21	3.13	6.56	12.00	19.77	30.05	43.06	59.10	78.66
视觉密度	1.93	1.51	1.19	0.93	0.71	0.53	0.38	0.24	0.11

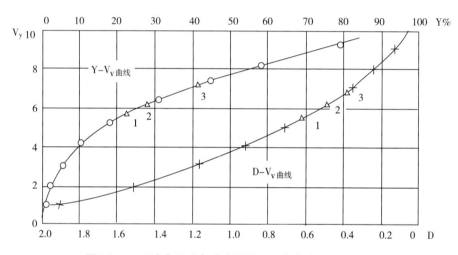

图 11-2　孟塞尔明度与亮度因数和视觉密度的关系曲线

11.1.4　密度的比例性和相加性

所谓密度的比例性，是指各单色油墨在印刷网点面积率不同时，用红、绿、蓝滤色片测得的密度值相互之间保持比例性（线性）关系。或者说，各单色油墨副次密度和主密度之比为常数。写成数学形式如下：

黄墨：

$$D_{YR}/D_{YB} = \tan\theta_1 = C_1 \qquad (11-15)$$

$$D_{YG}/D_{YB} = \tan\theta_2 = C_2 \qquad (11-16)$$

品红墨：

$$D_{MR}/D_{MG} = \tan\theta_3 = C_3 \qquad (11-17)$$

$$D_{MB}/D_{MG} = \tan\theta_4 = C_4 \qquad (11-18)$$

青墨：

$$D_{CB}/D_{CR} = \tan\theta_5 = C_5 \qquad (11-19)$$

$$D_{CG}/D_{CR} = \tan\theta_6 = C_6 \qquad (11-20)$$

若单色油墨保持比例性，则这种油墨就非常便于操作。

所谓油墨的相加性，是指几种油墨叠印成色的密度，等于各单色油墨同一滤色片密度之和。

但是在实际的印刷中，几种油墨叠印时，用同一滤色片测得的叠印色块的密度值往往明显地比各单色油墨密度值之和要小。表 11 – 10 是一组胶印色标的实测结果。

由此可见，相加性法则在实际印刷中是很难保持的，这种性质又称为油墨的附加特性，它使得油墨密度相加性和比例性失效。

引起油墨密度相加性和比例性失效的主要原因是：油墨的首层表面反射、多层内反射、光在纸张内散射、油墨透明性不良、油墨颜色质量不纯、采用宽波段滤色片测量等诸多原因。在进行深入研究时，应考虑实际条件，进行恰当的补偿和修正。

1953 年美国学者 Evans 在研究彩色摄影时，曾建议在密度线性方程组中加常数项进行修正，写成如下形式：

表 11 – 10　胶印色标的实测结果

	R 滤色片	G 滤色片	B 滤色片
Y	0.06	0.10	0.82
M	0.15	1.19	0.61
C	1.50	0.54	0.20
$D_Y + D_M + D_C$	1.71	1.83	1.63
实测	1.32	1.62	1.36
差值	0.39	0.21	0.27

$$\begin{cases} D_B = a_B + \psi_Y D_{YB} + \psi_M D_{MB} + \psi_C D_{CB} \\ D_G = a_G + \psi_Y D_{YG} + \psi_M D_{MG} + \psi_C D_{CG} \\ D_R = a_R + \psi_Y D_{YR} + \psi_M D_{MR} + \psi_C D_{CR} \end{cases} \qquad (11-21)$$

式中　a_B、a_G、a_R——三个常数，应通过实验确定。

Evans 称这组方程为彩色复制方程。

1962 年美国罗彻斯特工艺学院 Pobboravsky 提出了一组高阶非线性方程组，以求较精确的解。但是对高阶非线性方程组的求解需要大量的实验系数和复杂的数学处理。因此，在一般的研究工作中不采用。

实验表明：密度的比例性法则和相加性法则，尽管只是理想的情况，但是依然是减色法彩色复制原理的两条定律，依然是指导印刷实践和工艺设计的理论基础，也是电分机中电子校色的基本模型。

印刷彩色复制过程是一个多因素的复杂过程，它必然受到多种因素的影响。然而理想化了的密度相加性法则和比例性法则却反映了印刷彩色复制过程的主要特征和复制过程的变化趋势。这种理想化定律是从复杂过程中抽象出来的一种科学概念，它对实际工作有着十分重要的指导作用和意义。

（1）使问题的处理大大简化。

（2）从理想化得到的结果，经实验修正后，可以得到与实际对象基本相符的结果。

（3）理想化研究突出了复杂过程中的主要特征，便于进行分析判断和逻辑思维。

总之，理论与实践相结合的方法是研究一切自然科学的方法，也是指导和解决印刷科学中彩色复杂问题的方法。

11.2 印刷油墨颜色质量的GATF密度评价方法

油墨作为印刷的要素之一，对印刷品的质量，尤其是彩色图像印刷品的最终色彩效果有着直接的影响。因为油墨是彩色印刷品色彩的来源，其最后的视觉效果是依靠油墨印刷在纸张上的效果来决定的，所以以彩色图像印刷要求油墨在满足印刷适性的基础上颜色能使印刷品色彩鲜艳、明亮。就彩色印刷的全过程来说，如分色、制版、印刷以及承印物质量的好坏，虽然都会影响到印刷品的颜色，但是油墨颜色的优劣，则是影响色彩效果的最重要的条件。假如油墨的颜色不好（包括油墨的色相、明度、饱和度等），不论采用多么先进的工艺方法，也印不出好的彩色印刷品来。所以，我们在讨论油墨诸性质的时候，必须对油墨的颜色质量（好坏）以及彩色印刷对油墨的要求等方面加以研究。

11.2.1 影响油墨密度的因素

影响油墨颜色质量的因素有很多，如油墨的制造工艺、保存的环境温度等，但是，最主要的影响因素是：不应有吸收和不应有密度、密度不够和吸收不足。

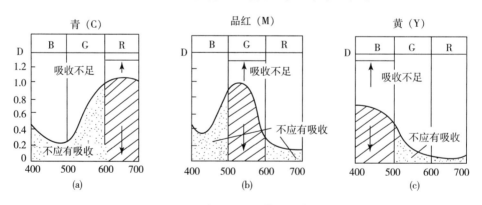

图 11-3 青、品红、黄油墨的密度

（1）不应有吸收和不应有密度。

从图 11-3 中可以看到：青色油墨在 400～500nm 的蓝色波段和 500～600nm 的绿色波段内都不应有吸收性，它应该全部反射，因而不应该有密度值存在，或者说在此区间其密度值应为 0。所以我们称 400～500nm 和 500～600nm 中的密度为青墨的不应有密度。之所以产生不应有密度，是因为青墨中掺杂有黄色的成分，造成它在 400～500nm 区间吸收蓝光，这可以用密度计上的蓝滤色片来测量，以 D_B 表示。又由于青墨中还掺杂有品红的成分，造成它在 500～600nm 区间又吸收绿光，产生不应有密度，这可以用密度计上的绿滤色片来测量，以 D_G 来表示。由于油墨存在不应有密度，青墨就有三个密度值：其一是有红滤色片测得的 D_R 称为主密度值；另外两个为不应有密度 D_G 和 D_B，称为副次密度值。同理对于品红墨和黄墨亦因颜色不纯净，而有用红、绿、蓝三滤色片所测得的密度。表 11-11 为一组青、品红、黄三原色油墨用红、绿、蓝三滤色片所测得的密度值。

表 11-11 青、品红、黄三色油墨的三滤色片密度

色别	红（R）滤色片密度	绿（G）滤色片密度	蓝（B）滤色片密度
青（C）	$D_{CR} = 1.23$	$D_{CG} = 0.50$	$D_{CB} = 0.14$
品红（M）	$D_{MR} = 0.14$	$D_{MG} = 1.20$	$D_{MB} = 0.53$
黄（Y）	$D_{YR} = 0.03$	$D_{YG} = 0.07$	$D_{YB} = 1.10$

（2）密度不够和吸收不足。

从图 11-3（a）中还可看到，青墨在 600～700nm 区间对红光吸收不足，密度值不够高。在表 11-11 中的青墨，主密度 $D_R = 1.23$，实际吸收红光为 94%；品红墨主密度 $D_G = 1.20$，实际吸收绿光为 93.5%；黄墨主密度 $D_B = 1.10$，实际吸收蓝光 92%。三者吸收性都不够强，因为在理想的情况下，各原色油墨的主密度值至少应达到 2 以上，吸收率为 99%，其副次密度应为 0，如表 11-12 所示。由此可见，采用密度测量法评价油墨的颜色质量很方便，也是容易判断的。

表 11-12 理想青、品红、黄三色油墨的三滤色片密度

色别	红（R）滤色片密度	绿（G）滤色片密度	蓝（B）滤色片密度
青（C）	2.00	0	0
品红（M）	0	2.00	0
黄（Y）	0	0	2.00

11.2.2 评价油墨颜色质量的参数

目前在印刷界广泛采用的红、绿、蓝三滤色片密度值来评价油墨颜色特征的方法，是由美国印刷技术基金会 GATF 推荐的，它提出了四个参数来表征油墨的颜色质量特性。

（1）油墨色强度。

不同油墨进行强度比较时，三个滤色片中密度数值最高的一个即为该油墨的强度。例如在表 11-11 中的青墨强度为 1.23，品红墨强度为 1.20，黄墨强度为 1.10，它们也是各自的主密度值。油墨强度决定了油墨颜色的饱和度，也影响着套印的间色和复色色相的准确性和中性色是否能达到平衡等问题。油墨的强度，在一般的印刷工艺情况下，黄墨主密度值 D_B 在 1.00～1.10，品红主密度值 D_G 在 1.30～1.40，青墨主密度值 D_R 在 1.40～1.50，黑墨主密度值 D_{Bk} 在 1.50～1.60。

（2）色相误差（色偏）。

因为油墨颜色不纯，使得对光谱的选择吸收不良，产生不应有密度，而造成色相误差。不应有密度的大小就是这种色相偏差的反映。从表 11 – 11 中可以看到，各种原色都可以用 R、G、B 滤色片测量，得到高、中、低三个不同大小的密度值。色相误差可由这三个密度值按照下面的公式进行计算。油墨的色相误差用百分率表示：

$$H_{er} = \frac{D_M - D_L}{D_H - D_L} \times 100\% \tag{11 - 22}$$

式中　H_{er}——色相误差；

　　　D_M——三彩色密度中的中间值；

　　　D_H——三彩色密度中的最大值；

　　　D_L——三彩色密度中的最小值。

以表 11 – 11 中的青墨为例，其色相误差为：

$$H_{er} = \frac{0.50 - 0.14}{1.23 - 0.14} \times 100\% = 33\%$$

（3）灰度。

油墨的灰度，可以理解为该油墨中含有非彩色的成分。如前所述，这是由于低密度值处不应有吸收所造成的，它只起消色作用。灰度以百分率表示，用下面的方法计算：

$$G_r = \frac{D_L}{D_H} \times 100\% \tag{11 - 23}$$

式中　G_r——灰度。

仍以表 11 – 11 中的青墨为例，其灰度为：

$$G_r = \frac{0.14}{1.23} \times 100\% = 11\%$$

灰度对油墨的饱和度有很大影响，灰度的百分数越小，油墨的饱和度就越高。

（4）色效率。

油墨色效率是指一种原色油墨应当吸收三分之一的色光，完全反射三分之二的色光。因为油墨存在不应有吸收和吸收不足，就使得油墨颜色效率下降，可按下式计算：

$$C_e = 1 - \frac{D_M + D_L}{2 \times D_H} \times 100\% \tag{11 - 24}$$

式中　C_e——色效率。

以表 11 – 11 中的青墨为例，其色效率为：

$$C_e = 1 - \frac{0.50 + 0.14}{2 \times 1.23} \times 100\% = 74\%$$

色效率只对三原色墨有意义，对于两原色墨叠印的间色（二次色）就没有实际意义了。

表 11 – 13 是某快干亮光胶印油墨的颜色质量参数，这相当于欧洲标准四色油墨的颜色质量参数数据。

表 11 – 13　某快干亮光胶印油墨的颜色质量参数

色别	印刷密度			色相误差	灰度	色效率
	D_R	D_G	D_B	%	%	%
Y	0.06	0.1	1.00	5	6	91
M	0.18	1.45	0.77	46	12	67
C	1.55	0.52	0.17	25	11	78
G	1.48	0.54	0.85	33	37	—
R	0.18	1.46	1.43	97	12	—
B	1.57	1.55	0.72	97	46	—

11.2.3　GATF 色轮图

图 11 – 4 是美国印刷技术基金会所推荐的色轮图，该图是以油墨的色相误差和灰度两个参量作为坐标，圆周分为六个等分：三原色 Y、M、C 和三间色 G、R、B，圆周上的数字表示色相误差，从圆心向圆周半径方向分为 10 格，每格代表 10%，最外层圆周上灰度为 0（饱和度最高为 100%），圆心上灰度为 100%（消色，饱和度最低，等于 0）。在色轮图上描点时要注意下面两点。

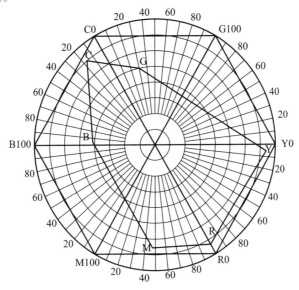

图 11 – 4　GATF 色轮图

（1）对于 Y、M、C 三原色的色相误差以 0 为标准，在确定这一色相误差偏离原色坐标的方向时，以那个滤色片测得的密度值最小为依据，即表示某颜色较多地反射了该滤色片的色光，故偏靠该滤色片的方向，即色相误差就偏向该滤色片的颜色。

例如表 11 – 13 中的品红 M，其色相误差为 46%，最小密度值是由红滤色片测得的，故确定坐标时应往红方向偏 46%。灰度坐标由外往里计算为 12%，这样就可确定 M 点。同理可以确定 Y 和 C 两图中的位置。

（2）对于 R、G、B 三间色的色相误差以 100 为标准，因为理想的绿（G）色在绿滤色片的密度值应为 0，而在红和蓝滤色片下的密度应呈现最高值，如表 11 – 13 所示，所以理想绿色的色相误差可以计算得出为：

理想绿色的色相误差：$Her = \dfrac{D_M - D_L}{D_H - D_L} \times 100\% = \dfrac{2.00}{2.00} \times 100\% = 100\%$

实际绿色的色相误差：$Her = \dfrac{D_M - D_L}{D_H - D_L} \times 100\% = \dfrac{0.85 - 0.54}{1.48 - 0.54} \times 100\% = 33\%$

所以实际叠印绿色的色相误差为 33%，其最小密度值是由蓝滤色片测得（本色滤色片的密度值除外），故该绿色应偏向蓝色方向，在 33% 的位置上。灰度坐标仍然由外往里计算为 36.5% 这样就确定了 G 点。用同样的方法可以确定红色 R 和蓝色 B 在色轮图中的位置。

将图 11 – 4 中的 YRMBCG 连接起来构成的六边形，就是这组三原色油墨的色域。该六边形愈大，则油墨色域愈大，色效率愈高。完全理想的一组彩色油墨，为图中虚线所表示的正六方形。

GATF 色轮图采用色相误差和灰度两个坐标，直观清晰，很容易理解，尽管这种方法并不能像 CIE 系统那样精确，但是在包装印刷上用来分析油墨的颜色的印刷特性，却是很受欢迎和有效的。

11.3 密度测量原理

密度测量是印刷出版行业中应用最多的一种测量方法，无论是在印前设计，还是在印刷车间，以及在样品质量的分析过程中，都离不开密度测量。密度的定义、原理我们都已经很清楚了。下面就看一下密度的测量原理即密度计的原理。

我们知道，黄、品红、青减色三原色是用来控制红、绿、蓝三原色色光的，那么在印刷的过程中，怎样才能够知道它们吸收了多少红、绿、蓝呢？用什么样的方法才能够测量这种吸收控制量的大小呢？

以青墨为例，青墨是用来吸收控制进入人眼的红光的，为了要测得它对光谱中红光的吸收能力，在做密度测量时，我们在密度计的光电池前面放置一个红色的滤色片，如图 11 – 5 所示。通过红色滤色片即可测得前面对光谱中红光吸收控制的程度，因为红滤色片只让反射光中的红光通过，而其他的蓝绿色光则被红滤色片吸收，所以加放了红滤色片后光电管中的光只有红光，即青墨对光谱色做了选择性吸收后剩余的红光，这时密度计所显示的密度值就反映了青墨对照射光谱中红光的吸收量。很明

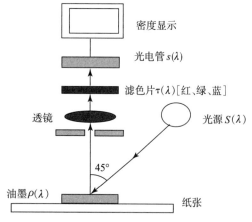

图 11 – 5 三彩色密度测量示意图

显，密度值高表明透过红滤色片的红光少，青墨对照射光中的红光吸收量多，则青油墨的饱和度高或者墨层厚；反之，若密度值低表明透过红滤色片的红光多，青墨对照射光中的红光吸收量少，则青墨的饱和度低或者墨层薄。也可以说，以密度计测量时加放红滤色片就是为了直接测得青墨对照射光谱中红光的选择性吸收程度，也就是直接测得青墨对进入人眼的红光的吸收控制程度，并借以判断青墨的饱和度和墨层厚度；如果不加红滤色片，其密度反映的是青墨对照射光整个光谱吸收的程度。这两种不同的密度，可用下面的数学表达式说明。

未加红滤色片的青墨密度：

$$D_C = \lg \frac{1}{\rho_C} = \lg \frac{\int_\lambda S(\lambda) \cdot s(\lambda) \cdot \mathrm{d}\lambda}{\int_\lambda S(\lambda) \cdot s(\lambda) \cdot \rho_C(\lambda) \cdot \mathrm{d}\lambda} \tag{11-25}$$

加放红滤色片的青墨密度：

$$D_{CR} = \lg \frac{1}{\rho_{CR}} = \lg \frac{\int_\lambda S(\lambda) \cdot s(\lambda) \cdot \tau_R(\lambda) \cdot \mathrm{d}\lambda}{\int_\lambda S(\lambda) \cdot s(\lambda) \cdot \tau_R(\lambda) \cdot \rho_C(\lambda) \cdot \mathrm{d}\lambda} \tag{11-26}$$

式中　$S(\lambda)$ ——光源的光谱能量分布；

$s(\lambda)$ ——光电接收器的光谱灵敏度；

$\tau_R(\lambda)$ ——红滤色片的光谱透射率；

ρ_C ——青墨对整个光谱的反射率；

$\rho_{C(\lambda)}$ ——青墨对各个波长的光谱反射率；

ρ_{CR} ——青墨对吸收后剩余红光的反射率；

D_C ——青墨对整个光谱的光密度，反映的是青墨对照射光整个光谱吸收的程度；

D_{CR} ——青墨的红滤色片密度，反映的是青墨对照射光中红光的吸收控制程度。

我们需要知道的就是从 600 ~ 700nm 波段范围内青墨对入射光中的红光的吸收控制程度。十分明显，如果这个密度 D_{CR} 值高，则表示青墨对入射光中的红光吸收量多，剩余反射的红光少；因此可以判断此时青墨的墨层厚度。所以加放红滤色片后所得的密度 D_{CR} 值，就直接反映了青墨对照射光中的红光的吸收控制程度。

同理，可以采用加放蓝滤色片测量黄墨对照射光中的蓝光的吸收控制程度；采用加放绿滤色片测量品红墨对照射光中的绿光的吸收控制程度。数学表达式如下。

未加蓝、绿滤色片时黄墨和品红墨的密度：

$$D_Y = \lg \frac{1}{\rho_Y} = \lg \frac{\int_\lambda S(\lambda) \cdot s(\lambda) \cdot \mathrm{d}\lambda}{\int_\lambda S(\lambda) \cdot s(\lambda) \cdot \rho_Y(\lambda) \cdot \mathrm{d}\lambda} \tag{11-27}$$

$$D_M = \lg \frac{1}{\rho_M} = \lg \frac{\int_\lambda S(\lambda) \cdot s(\lambda) \cdot \mathrm{d}\lambda}{\int_\lambda S(\lambda) \cdot s(\lambda) \cdot \rho_M(\lambda) \cdot \mathrm{d}\lambda} \tag{11-28}$$

加蓝、绿滤色片时黄墨和品红墨的密度：

$$D_{YB} = \lg \frac{1}{\rho_{YB}} = \lg \frac{\int_{\lambda} S(\lambda) \cdot s(\lambda) \cdot \tau_B(\lambda) \cdot d\lambda}{\int_{\lambda} S(\lambda) \cdot s(\lambda) \cdot \tau_B(\lambda) \cdot \rho_Y(\lambda) \cdot d\lambda} \qquad (11-29)$$

$$D_{MG} = \lg \frac{1}{\rho_{MG}} = \lg \frac{\int_{\lambda} S(\lambda) \cdot s(\lambda) \cdot \tau_G(\lambda) \cdot d\lambda}{\int_{\lambda} S(\lambda) \cdot s(\lambda) \cdot \tau_G(\lambda) \cdot \rho_M(\lambda) \cdot d\lambda} \qquad (11-30)$$

式中　$\tau_B(\lambda)$、$\tau_G(\lambda)$——蓝、绿滤色片的光谱透射率；

$\rho_Y(\lambda)$、$\rho_M(\lambda)$——黄墨、品红墨对各个波长的光谱反射率；

ρ_Y、ρ_M——黄墨、品红墨对整个光谱的反射率；

D_Y、D_M——黄墨、品红墨对整个光谱的光密度，分别表示黄墨、品红墨对照射光整个光谱吸收的程度；

D_{YB}、D_{MG}——黄墨的蓝滤色片密度和品红墨的绿滤色片密度，分别表示黄墨、品红墨对照射光中蓝光和绿光的吸收控制程度。

习惯上所指的"彩色密度"，就指测量时用红、绿、蓝三种滤色片来测量的黄、品红、青油墨的密度。作为密度这一物理概念来说，它只是物体吸收性的度量，是表示物体"黑"与"灰"的程度。从这个意义上说"彩色密度"测量，也是一种"黑度"测量，是同一种油墨的量度的相对数值的反映。

复习思考题

1. 何谓光反射密度和光谱反射密度，如何计算？

2. 若某油墨的密度为 2.0，则该油墨对光的吸收率为多少？

3. 彩色密度测量时，为什么要加滤色片？加滤色片（R、G、B）后，测得的密度值表示什么意思？

4. 如果已知，青墨的反射率 $\rho_{CR} = 0.064$，试计算：（1）油墨的密度值 $D_{CR} = ?$ （2）青墨吸收了白光中的什么色光？它的吸收率是多少？

5. 若已知 Y、M、C 三原色油墨的 B、G、R 三滤色片密度值如下，试计算各色油墨的灰度、色相误差和色效率。

	D_B	D_G	D_R
Y	1.10	0.12	0.05
M	0.80	1.35	0.16
C	0.21	0.42	1.45

6. 密度和孟塞尔明度有何关系？

7. 什么是明度的比例性和叠加性？

第三篇

复制颜色

第十二章 12

同色异谱复制

在纺织印染、印刷、染料装饰等诸多实际应用中，如果两批产品所用的材料和染颜料配方相同，两者的光谱分布曲线也应相同，此时两批产品的颜色是相同的。但在生产中往往是确定了第一批生产的标准颜色样品之后，由于种种原因，在以后的生产中不得不换用新材料或染料配方，而仍须保持复制产品与标准样品在一定照明体下有相同的颜色。还有一种情况是来样复制，复制产品与标准样品的光谱分布曲线不同，所以在另一照明体下，两种样品的颜色可能不同，这就涉及同色异谱问题，必然引起纺织、染料、印刷等行业对同色异谱的重视，由此，1972 年 CIE 发布了第 15 号出版物附件《特殊同色异谱指数：改变照明体》，并在 1982 年适当地修正了照明体的变化。1986 年我国也着手制定了国家标准 GB/T 7771《特殊同色异谱指数的测定：改变照明体》，并于 2008 年进行了修订。1995 年颁布实施了国家标准 GB/T 15610《同色异谱的目视评价方法》，2008 年进行了修订。

12.1　同色异谱的概念

12.1.1　基本概念

从表示物体色或光源色的三刺激值的公式（7 - 25），可以看出一个非荧光材料的颜色决定于它的光谱反射率 $\rho(\lambda)$ 或光谱透射率 $\tau(\lambda)$。如果两个物体在特定的照明和观测条件下有完全相同的光谱分布曲线 $\rho(\lambda)$ 和 $\tau(\lambda)$，那么可以肯定这两个物体不论在什么光源下或任何一种标准观察条件下都会是同样的颜色。这两种物体的颜色称为同色同谱或称无条件等色。因此通过对物体的光谱分布曲线的直接观察就可以判断两个物体是否为同一颜色。如果两个物体的光谱分布曲线是不相同的，只要是两条曲线都比较简单，曲线的起伏少、峰值明显的话，还可以从曲线形状和峰值的位置看出每一物体大致是什么颜色。如果两个颜色的光谱分布曲线比较复杂、起伏多、交叉多，就很难直接看出两颜色是否相同或者有多大差异。也许在某种光源下特定的观察者观察时两种颜色是相同的。

同色异谱颜色又称为条件等色，指两个色样在可见光谱内的光谱分布不同，而对于特定的标准观察者和特定的照明具有相同的三刺激值的两个颜色。

$$
\begin{cases}
X = K\int_\lambda S_1(\lambda)\rho_1(\lambda)\,\bar{x}(\lambda)\,\mathrm{d}\lambda = K\int_\lambda S_2(\lambda)\rho_2(\lambda)\,\bar{x}(\lambda)\,\mathrm{d}\lambda \\
Y = K\int_\lambda S_1(\lambda)\rho_1(\lambda)\,\bar{y}(\lambda)\,\mathrm{d}\lambda = K\int_\lambda S_2(\lambda)\rho_2(\lambda)\,\bar{y}(\lambda)\,\mathrm{d}\lambda \\
Z = K\int_\lambda S_1(\lambda)\rho_1(\lambda)\,\bar{z}(\lambda)\,\mathrm{d}\lambda = K\int_\lambda S_2(\lambda)\rho_2(\lambda)\,\bar{z}(\lambda)\,\mathrm{d}\lambda
\end{cases}
\tag{12-1}
$$

式中　$\bar{x}(\lambda)$、$\bar{y}(\lambda)$、$\bar{z}(\lambda)$——标准观察者光谱三刺激值；

　　　$S(\lambda)$——光源的相对光谱能量分布；

　　　$\rho(\lambda)$——物体的光谱反射率。

（1）若照明体相同，光谱反射率也相同，则：

$$S_1(\lambda) = S_2(\lambda)\quad\rho_1(\lambda) = \rho_2(\lambda) \tag{12-2}$$

（2）若照明体相同，光谱反射率不同，则：

$$S_1(\lambda) = S_2(\lambda)\quad\rho_1(\lambda) \neq \rho_2(\lambda) \tag{12-3}$$

这就是通常所说的同色异谱的基本原理，即在同一光源下照射两个具有不同反射率光谱分布的颜色，得到相同的三刺激值。

在印刷复制等领域，原稿和复制品由于承印物、呈色材料的不同，也具有不同的光谱反射率。为了使复制品的颜色和原稿的颜色相同（即三刺激值相同），就必须进行同色异谱复制。

12.1.2　其他可能的解释

在 1981 年由 Billmeyer 和 Saltzmann 所著的《色彩技术原理》（Principles of Colour Technology）一书中，有一幅插画，表明色样 A 和 B 最大程度的同色异谱，是在实际中存在的最好的同色异谱的例子。因为在日光下大多数观察者认为它们是一种很近似的匹配，而在钨丝灯下 B 色比 A 色要暗些，而在菲利普三极管灯下——颜色 A 却显得很亮。

相反，色彩物理学家按照 CIE 的定义"不同的光谱辐射亮度（颜色刺激）的结果，引起产生相同的精神物理学颜色"或许会否定它们是同色异谱，后者定义了由三种值（如三刺激值）组成的颜色刺激的特征，1968 年 Stiles 和 Wyszecki 指出如果相等的三刺激值通过非恒等的反射率曲线得到，它们中至少三点必须相交，而图 12-1 中 A 和 B 曲线仅在一点相交，按照 CIE 的概念定量同色异谱的指数应为零值。比较适当的办法应该用乘法修正 $X_1 \neq X_2$、$Y_1 \neq Y_2$、$Z_1 \neq Z_2$ 的事实，以 CIE 特殊同色异谱指数来衡量 A 和 B，当应用照明体 A 时为 2.3，用颜色 84 时为 6.0。在没有别的办法来克服由于在 D_{65} 下，非恒等三刺激值的同色异谱指数产生零值所造成的复杂性，因此量化同色异谱是为了颜色工作者们对其了解并合理运用，而并不是为了作为 CIE 的定义。

计算机配色预测中，不产生反射率曲线的任何预测和

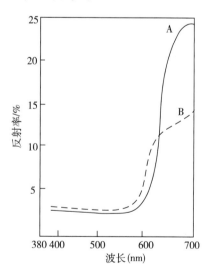

图 12-1　非精神物理学同
色异谱的反射率曲线

把颜色深浅作为目标，同样出现由 CIE 定义的同色异谱匹配，即具有三个或更多的交点。匹配少于三个交点，如 A 和 B 色样。当应用传统的视觉配色方法，在印染工作者们完成的标准样与生产样在颜色上并非完全一样的情况很多，从工业角度看并不要求区分同色异谱的类型，因此从另一种概念看，例如"配色稳定性"（match constancy）不应包括两种类型，然而相对于这一问题有几种理由。

①"同色异谱"（metamerism）概念是 1923 年 Ostwald 在描述视觉现象时杜撰的，并非精神物理学的。

②由英国标准化组织（BS4727）和染色工作者协会以视觉现象为基础而不是由 CIE 确定。

③如果从其他方面考虑更可取，概念是如此断然被确定，那么其广泛应用的概念就很少。

总的来说，同色异谱的概念应继续应用，当有必要把其分开时，将分为精神物理学同色异谱和非精神物理学同色异谱来应用。

抛开精神物理学的或非精神物理学的同色异谱之间的主要差异，有许多其他的意见，尤其是在印染工作者之中，1980 年 Rodrigues 和 Besnoy 的文章中介绍了其要点。有一点是肯定的，即在白光下是绿色而在钨丝灯下呈棕色必然不会被看成是同色异谱。

12.2　同色异谱条件

同色异谱颜色有很大的理论研究和实际应用价值，在生产实际中在什么样的条件下能成为同色异谱颜色，在哪些条件下同色异谱颜色又会遭到破坏，这就涉及同色异谱的条件：对于特定的标准观察者和照明体颜色的同色异谱现象才能成立，改变两条件中的一个，颜色的同色异谱性质就会遭到破坏。

12.2.1　改变观察者

同色异谱颜色只是对特定的标准观察者才能成立，也就是异谱的色刺激或是对 CIE1931 标准观察者是同色的，或是对 CIE1964 补充标准观察者是同色的。异谱的色刺激对 CIE1931 2°视场标准观察者是同色的，当改换为 CIE1964 10°大视场补充标准观察者时，就不再是同色了。反之亦然。在一般情况下，异谱的色刺激不能同时对两个标准观察者都是同色的。

设两个物体色刺激 $\rho_1(\lambda)S(\lambda)$ 和 $\rho_2(\lambda)S(\lambda)$ 满足式（12-1）和式（12-3）的条件则是同色异谱刺激：

$$\begin{cases} K\displaystyle\int_\lambda S(\lambda)\rho_1(\lambda)\bar{x}(\lambda)\mathrm{d}\lambda = K\displaystyle\int_\lambda S(\lambda)\rho_2(\lambda)\bar{x}(\lambda)\mathrm{d}\lambda \\ K\displaystyle\int_\lambda S(\lambda)\rho_1(\lambda)\bar{y}(\lambda)\mathrm{d}\lambda = K\displaystyle\int_\lambda S(\lambda)\rho_2(\lambda)\bar{y}(\lambda)\mathrm{d}\lambda \\ K\displaystyle\int_\lambda S(\lambda)\rho_1(\lambda)\bar{z}(\lambda)\mathrm{d}\lambda = K\displaystyle\int_\lambda S(\lambda)\rho_2(\lambda)\bar{z}(\lambda)\mathrm{d}\lambda \end{cases} \quad (12-4)$$

这里，$\rho_1(\lambda) \neq \rho_2(\lambda)$；照明体 $S(\lambda)$ 是一种 CIE 标准照明体，如 D_{65}；式（12-4）表明，两个物体色刺激的 CIE1931 三刺激值是相同的，即 $X^{(1)} = X^{(2)}$、$Y^{(1)} = Y^{(2)}$、$Z^{(1)} = Z^{(2)}$。

现在由 CIE1931 标准观察者改换为 CIE1964 补充标准观察者，则由两物体色的新三刺激值为：

$$\left. \begin{aligned}
X_{10}^{(1)} &= K_{10} \sum_{\lambda} \rho_1(\lambda) S(\lambda) \bar{x}_{10}(\lambda) \Delta\lambda \\
X_{10}^{(2)} &= K_{10} \sum_{\lambda} \rho_2(\lambda) S(\lambda) \bar{x}_{10}(\lambda) \Delta\lambda \\
Y_{10}^{(1)} &= K_{10} \sum_{\lambda} \rho_1(\lambda) S(\lambda) \bar{y}_{10}(\lambda) \Delta\lambda \\
Y_{10}^{(2)} &= K_{10} \sum_{\lambda} \rho_2(\lambda) S(\lambda) \bar{y}_{10}(\lambda) \Delta\lambda \\
Z_{10}^{(1)} &= K_{10} \sum_{\lambda} \rho_1(\lambda) S(\lambda) \bar{z}_{10}(\lambda) \Delta\lambda \\
Z_{10}^{(2)} &= K_{10} \sum_{\lambda} \rho_2(\lambda) S(\lambda) \bar{z}_{10}(\lambda) \Delta\lambda
\end{aligned} \right\} \qquad (12-5)$$

计算得出两物体色的新三刺激值是不等的：$X_{10}^{(1)} \neq X_{10}^{(2)}$，$Y_{10}^{(1)} \neq Y_{10}^{(2)}$，$Z_{10}^{(1)} \neq Z_{10}^{(2)}$。

由此表明，两颜色的同色异谱性质由于改换观察者而遭到破坏。

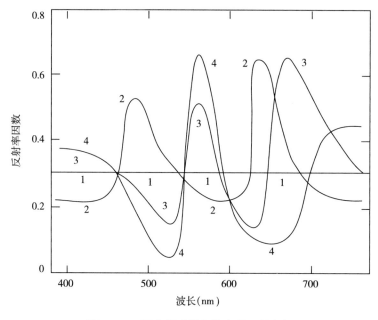

图 12-2　同色异谱样品的光谱反射率曲线

图 12-2 给出四个异谱的物体色刺激，1 号刺激的光谱反射率因数曲线是平直的，说明这是一个灰色的中性刺激。这四个颜色刺激在 CIE 标准照明体 D_{65} 下，用 2° 小视场观察时在颜色上是相匹配的。当用 CIE1931 标准观察者光谱三刺激值 $\bar{x}(\lambda)$，$\bar{y}(\lambda)$，$\bar{z}(\lambda)$ 计算色度坐标时，它们在 CIE1931（x，y）色度图上具有同一个色度点〔图 12-3（a）〕。但用 10° 大视场时，它们在颜色上就不再相匹配了，用 CIE 1964 补充标准观察者光谱三刺激值计算得出的色度坐标也不相同。它们在 CIE 1964（x_{10}，y_{10}）色度图上成为四个不同的色度点

〔图 12 – 3（b）〕。四个颜色刺激彼此间产生了色差。这四个色度点之间的色差量可以作为衡量由于改变观察者条件（2°～10°）所造成的失匹配的程度，也就是说，用大视场条件下的色差来度量小视场条件下的同色异谱程度。

当然，也可能存在着相反的情况，几个颜色刺激在大视场条件下是同色异谱色，但在小视场条件下，同色异谱性质就被破坏了。

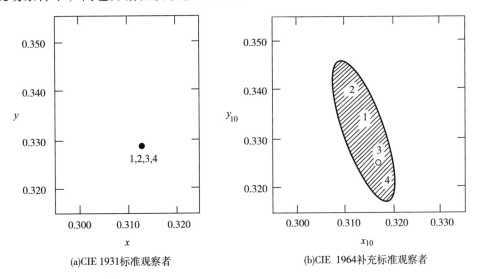

(a)CIE 1931标准观察者　　　　　　　(b)CIE 1964补充标准观察者

图 12 – 3　同色异谱样品改变标准观察者的色度点分布

通过数学计算可以进一步做出许多光谱反射率因数曲线 $\rho_1(\lambda)$、$\rho_2(\lambda)$……$\rho_i(\lambda)$，这些曲线与特定的标准照明体 D_{65} 相结合，对于 CIE 1931 标准观察者是同色异谱的物体色。然后，计算它们对于 CIE 1964 补充标准观察者的色度。我们发现，几乎所有色度点（95%）都分布在 $x_{10}=0.314$，$y_{10}=0.331$ 的平均色度点 D_{65} 周围，并且占据一个椭圆形面积，这个椭圆形的大小和方向也可用作对 2°视场观察者之间的差异的一种度量。

12.2.2　改变照明体

就相同的标准观察者来说，对于特定照明体是同色异谱的颜色，当改换照明体 $[S(\lambda)]$ 时，就不保持同色了。例如，在特定照明体下的两个同色异谱物体色刺激为：

$$\begin{cases} K\int_\lambda S_1(\lambda)\rho_1(\lambda)\,\bar{x}(\lambda)\,\mathrm{d}\lambda = K\int_\lambda S_2(\lambda)\rho_2(\lambda)\,\bar{x}(\lambda)\,\mathrm{d}\lambda \\[2mm] K\int_\lambda S_1(\lambda)\rho_1(\lambda)\,\bar{y}(\lambda)\,\mathrm{d}\lambda = K\int_\lambda S_2(\lambda)\rho_2(\lambda)\,\bar{y}(\lambda)\,\mathrm{d}\lambda \\[2mm] K\int_\lambda S_1(\lambda)\rho_1(\lambda)\,\bar{z}(\lambda)\,\mathrm{d}\lambda = K\int_\lambda S_2(\lambda)\rho_2(\lambda)\,\bar{z}(\lambda)\,\mathrm{d}\lambda \end{cases} \tag{12-6}$$

上式表明，两个物体色刺激的三刺激值是相同的，即 $X^{(1)}=X^{(2)}$、$Y^{(1)}=Y^{(2)}$、$Z^{(1)}=Z^{(2)}$。现在将照明体 $S_1(\lambda)$ 改换为 $S_2(\lambda)$，两个物体色的新三刺激值为：

$$X^{(1)} = K \sum_{\lambda} \rho_1(\lambda) S_1(\lambda) \bar{x}(\lambda) \Delta\lambda$$

$$X^{(2)} = K \sum_{\lambda} \rho_2(\lambda) S_2(\lambda) \bar{x}(\lambda) \Delta\lambda$$

$$Y^{(1)} = K \sum_{\lambda} \rho_1(\lambda) S_1(\lambda) \bar{y}(\lambda) \Delta\lambda$$

$$Y^{(2)} = K \sum_{\lambda} \rho_2(\lambda) S_2(\lambda) \bar{y}(\lambda) \Delta\lambda \qquad (12-7)$$

$$Z^{(1)} = K \sum_{\lambda} \rho_1(\lambda) S_1(\lambda) \bar{z}(\lambda) \Delta\lambda$$

$$Z^{(2)} = K \sum_{\lambda} \rho_2(\lambda) S_2(\lambda) \bar{z}(\lambda) \Delta\lambda$$

所得两物体色的新三刺激值是不等的：$X_{10}^{(1)} \neq X_{10}^{(2)}$，$Y_{10}^{(1)} \neq Y_{10}^{(2)}$，$Z_{10}^{(1)} \neq Z_{10}^{(2)}$。

这表明两物体色的同色异谱性质由于改换了照明体而遭到破坏。

图 12-4 为四个物体色刺激在 CIE 标准照明体 D_{65} 下，对 CIE1931 标准观察者是同色异谱刺激，在色度图上位于同一个色度点，但当照明体 D_{65} 改换为同色异谱的程度。同样，通过数学计算，可进一步做出许多假定的光谱反射率因数曲线 $\rho_i(\lambda)$，这些曲线都是同色异谱的。但用照明体 A 计算它们的色度坐标，就会发现，几乎所有色度点都分布在平均色度点 x = 0.448，y = 0.408 的周围，占据一个椭圆形面积。这个平均色度点就是光源 A 的色度点，我们看到，在四个同色异谱刺激中，1 号颜色刺激在光谱各个波长的光谱反射率因数都是相等，也就是说是中性的，所以在 D_{65} 照明下，它的色度点就是照明体 D_{65} 的色度点。其他几个颜色刺激虽有不同的光谱反射率因数曲线，但由于是同色异谱刺激，所以也有与 D_{65} 相同的色度点。当照明体改换为 A 时，由于 1 号刺激是中性的，所有它的色度点就是照明体 A 的色度点，而其他颜色刺激就不再保持同色了。

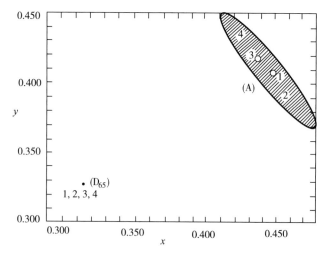

图 12-4　同色异谱样品改变照明体的色度点分布

更复杂的情况是，原来在特定观察者和特定照明体下的同色异谱颜色，当观察者和照明体两者都改变时，颜色的同色异谱性质也遭到破坏。

我们在上面看到，物体色刺激的同色异谱性质是有条件的，它们必须是对于特定的照明体和特定的观察者才能成立。这里所收获的特定照明体也包括式（12-7）两个不同的照明体的情况。当改换照明体，或改换观察者，或两者都改变，便破坏了原来的同色异谱性质。因此，我们可以设想一种考查同色异谱颜色的简便方法。

为了确定在一定光源下两个同色异谱样品的光谱反射率因数是否相同，也就是说，确定两个样品是同色异谱色还是同色同谱色，我们将这对样品置于另一光源下观察，这个新光源与原来光源的光谱功率分布不同。如果在新光源下发现两个样品的颜色不再相匹配，则可断定这对样品是同色异谱的，即它们一定有不同的光谱反射率因数曲线。可是，如果在新光源下，两个样品在颜色上仍相匹配，就难于作出肯定结论。虽然在大多数情况下，两个样品是同色同谱色，即它们有相同的光谱反射率因数曲线，但仍不能排除它们是同色异谱色的可能性。如图12-4的两个样品是同色异谱的，并且对CIE1931标准观察者无论在日光下或在白炽灯下都匹配。我们可以制成两个样品的各种光谱反射率因数曲线，使样品在更多的光源照明下都保持同色异谱性质。这样的真实样品当然是很难制成的，但在理论上是可能的。史泰鲁斯和威泽斯基发现，两个异谱的颜色刺激如要同色，则 $\rho_1(\lambda)$ 与 $\rho_2(\lambda)$ 在可见光谱的至少三个不同波长上必须具有相同的数值，也就是两者的光谱反射率因数曲线至少在三处相互交叉。例外的情况是很少的。两个样品的光谱反射率因数曲线的交叉点越多，能使两者的颜色仍相匹配的光源数目也越多。如果这对样品的颜色在任何光源下都相匹配，那么它们无疑是同色同谱色，而必定有完全相同的光谱反射率因数曲线。

12.2.3 同色异谱的辨别

为了确定在一定光源下两个同色样品的光谱反射率分布是否相同，或者说要确定两个样品色是同色异谱色还是同色同谱色，可以将这两个颜色放置于另一个光源下进行观察，这个新光源的光谱功率分布与原来的光源不同。如果在新光源下的这两个颜色不再相同，则可以断定这两个颜色属于同色异谱颜色，因为它们有不同的光谱反射率分布曲线。

如果在新光源下，两个仍旧相同就难以作出结论，虽然在大多数情况下，两个颜色是同色同谱，即它们有相同的光谱反射率曲线，但仍不排除它们是同色异谱的可能性，图12-5两个颜色是同色异谱的并对CIE1931标准观察者无论在日光下或在白炽灯下都相匹配。

史泰鲁斯和威泽斯基发现，可以制成两个颜色的各种光谱反射率曲线，使颜色在更多的光源照明下都保持同色异谱性质，这两个颜色在可见光谱范围至少三个不同波长下必须具有相同的数值，也即两个的光谱反射率分布曲线至少有三处相交，例外的情况很少，交叉点越多，能使两颜色保持同色的光源数目也越多。如果两曲线完全吻合，那么无疑就是同色同谱色。

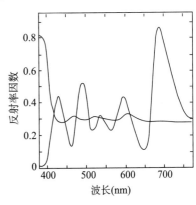

图12-5　两种光源下均同色异谱的
光谱反射率曲线

12.3　颜色同色异谱程度的评价

12. 3. 1　目视评价法

1995 年国家技术监督局批准了国家标准 GB/T 15610—1995《同色异谱的目视评价方法》，并于 2008 年进行了修订。在该标准中，规定了同色异谱的目视评价方法，适用于对同色异谱的目视评价和色差估算。

1. 评价用标准光源及比色条件

评价时采用标准光源 D_{65} 和标准光源 A；评价视场采用 10°视场；对样品进行评价时，观察区的照度应为（1000 ±200）lx；观测时有两种观察方式可选：0/45［照明光从上向下垂直照明样品，照明光束的光轴和样品表面的法线间的夹角不应超过 10°。观察者在与样品表面法线成 45°（误差不超过 ±5°）的方向观察］和 45/0［照明光束的轴线与样品表面的法线成 45°（误差不超过 ±5°），观察方向和样品的法线之间的夹角不应超过 10°。照明光束的任意光线和照明光束轴之间的夹角不应超过 5°，观察视线也应遵守同样的限制］；评价区周围应由遮挡屏遮挡或用一个永久性的建筑物屏蔽起来，以防杂散光线的干扰。遮挡屏的颜色应为中性灰色（Y = 30 ~ 40）。样品放置的背景色也应为中性灰色（Y≈30）。背景和周围表面的光泽度应为 5 ~ 10 光泽单位的范围内。

2. 目标评价者的条件

必须是视觉正常者，并有辨色经验；严格遵守目视评价的各色规定和程序；年龄在 18 ~ 35 岁之间。

3. 被评价用样品的技术要求

（1）样品尺寸：样品面积为 5cm×5cm。

（2）透明度。一般情况下选择不透明样品做光泽度和颜色评价。如必须对半透明或透明样品进行评价时，应按下列要求进行：

①做光泽度评价时，样品的厚度应能避免来自样品背后或背面的反射光，当对较薄的样品评价时，应将具有同等反射系数的不透明衬板置于样品背面，或将黑色衬板置于样品背面。

②做颜色评价时，即使样品透明度很小，背衬板也将会影响评价的结果。因此，必须按下列要求中的一种进行：将相同材料所制作的衬板置于样品背面，背衬板所选用的材料和颜色应是可以再次获得的，并且具稳定性和耐久性；将有相同反射性的材料衬板置于样品背面；将黑色板（如涂有漆的色板或黑玻璃）置于样品背面；将已知反射率的白板置于样品背面。

（3）被评价样品和标准样品的表面状态应保持一致。样品的颜色、平整度、光滑度应保持稳定，无划痕、无污迹，基板质地不能显露，以免影响评价精度。样品还应具有一定强度。

（4）清洁样品。

①无光泽样品因其表面特性一般不宜做样品清洁。

②有光泽样品如需要清洁，应遵守以下程序并谨慎进行。具有较高等级光泽的样品通

常可用清水洗涤，然后用新的镜头布或纸巾轻轻擦干。耐久性好的样品，可用软布或软刷蘸少量中性不结膜的非离子清洗剂清洁。如这类样品上沾有油迹或不易去除的斑点时，可用相应的试剂清洁。使用上述各种清洁方法后，应随即用清水清洁，并用新的无棉纸巾吸干水分。

（5）拿样品时应拿其边缘。

4. 同色异谱目视评价的程序

（1）因本标准规定，在进行同色异谱目视评价时，所有被评样品都须经本标准规定的两种标准光源条件下评价，才能确认同色异谱程度。即一对样品在某种标准光源条件下目视颜色相同，还需相同的观察者在另一种标准光源条件下再次评价。如首先使用的是标准光源 D_{65}，其后应使用标准光源 A 评价。

（2）评价样品同色异谱程度时，使用 GB250 中所规定的标准灰色样卡判断其色差级别。

（3）色差评定方法：将一对同色异谱被评样品与标准灰色样卡水平地放在同一视场的邻接位置，与不同的标准灰色样卡做比较，直至二者的最佳匹配。记录 CIE LAB 色差值（见表 12 - 1）。如色差在相邻标准样品的级差之间，则采用内插法取其中间值。如有必要，可通过描述色调变动（如较蓝、较绿），或饱和度变动（较浅、较深），或明度变动（较亮、较暗）来记录色差的变动方向。

表 12 - 1　灰色样卡数据

级差	CIELAB 色差	容差
5	0	±0.2
4 ~ 5	0.8	±0.2
4	1.7	±0.3
3 ~ 4	2.5	±0.35
3	3.4	±0.4
2 ~ 3	4.8	±0.5
2	6.8	±0.6
1 ~ 2	9.6	±0.7
1	13.6	±1.0

5. 评价结果的精度

当评价过程满足上述有关规定时，可使用下列关于重复性和再现性的定义来评估。

（1）重复性。在相同的实验室，由同一观察者对相同样品做再次评价，其再次评价结果与前一次评价结果的误差应不大于原匹配色差的半级。

（2）再现性。在不同的实验室，由不同的观察者或使用不同的标准灰色样卡，对相同样品做再次评价，所得结果与前一次评价结果的误差不大于原色差的一级。

6. 报告

报告包含以下内容：样品的标号、光泽度和表面特性；评价程序；观察结果，包括经比较得到的标准灰色样卡色差级；观察者人数及对其色觉检查的结果；所用标准照明体型号。

12.3.2　同色异谱程度评价

由照明体的光谱分布变化而引起的同色异谱颜色偏移的程度即为照明体同色异谱程度，

可以用 CIE 推荐的照明体同色异谱指数来评价。

对于参照照明体和参照观察者具有相同的三刺激值的两个色样，同色异谱指数等于用待测照明体 t 计算的两个色样的色差值 $\triangle E$，也即不同反射率函数的两个色样在一给定的照明体和给定的色度观察者条件下具有相同的三刺激值，改变照明体时其色差越大，同色异谱效应也越明显。

同色异谱指数的计算如下所示：

（1）在规定的照明体下，标准色样和待测色样无色差时，同色异谱指数 M_t 为在待测照明体下两色样的色差值 $\triangle E$。

（2）在规定的参照照明体 D_{65} 下，标准色样的三刺激值为 X_1、Y_1、Z_1 与待测试样的三刺激值 X_2、Y_2、Z_2 不相等时（$X_1 \neq X_2$、$Y_1 \neq Y_2$、$Z_1 \neq Z_2$）应采取适当措施，以产生精确的匹配。否则，要进行乘法修正并注明原色差大小。修正方法为"先用校正系数乘以在待测照明体下待测试样的三刺激值（用 X_{2t}、Y_{2t}、Z_{2t} 表示），相成用校正系数为：

$$f_x = \frac{X_1}{X_2}; f_y = \frac{Y_1}{Y_2}; f_z = \frac{Z_1}{Z_2}$$

（3）计算标准色样在待测照明体下的三刺激值（用 X_{1t}、Y_{1t}、Z_{1t} 表示），与 $f_x \cdot X_{2t}$、$f_y \cdot Y_{2t}$、$f_z \cdot Z_{2t}$ 之间色差值，即为同色异谱指数。

复习思考题

1. 什么是同色异谱？同色异谱的条件有哪些？
2. 什么是同色同谱？
3. 同色异谱的两个颜色的色差是多少？
4. 试举两个同色异谱复制的示例。

印刷色彩复制

13.1 彩色原稿及其色彩模式

13.1.1 彩色原稿

原稿是制作印刷品的基础，它的质量如何直接决定着印刷效果和质量。所以，原稿作为印刷质量的源头，它的质量如何有着至关重要的作用。鉴于此，认识检验原稿的质量十分重要。

13.1.1.1 印刷原稿的分类和定义

应该说，传统概念的印刷原稿只有反射稿和透射稿两大类。但是，随着电子、信息技术的发展和应用，电子原稿的应用也越来越广泛。

反射线条原稿、反射连续调原稿、实物原稿和印刷品原稿均属于反射稿范畴。其中反射线条原稿分为照相反射线条原稿和绘制反射线条原稿两种；反射连续调原稿也分为照相反射连续调原稿和绘制反射连续调原稿。反射线条原稿是以不透明材料为载体，由黑白或彩色线条组成图文的原稿，如照片、线条图案画稿、文字原稿等。照相反射线条原稿是以不透明感光材料为载体的线条原稿，如照片等；绘制反射线条原稿是以不透明的可绘画材料为载体，由手工或机械绘制（印）的线条原稿，如手稿、图案画稿、图纸和印刷品稿等；反射连续调原稿是以不透明材料为载体，色调值呈连续渐变的原稿，如照片、画稿等；照相反射连续调原稿是以不透明感光材料为载体的连续调原稿，如照片等；绘制反射连续调原稿是以不透明的可绘画材料为载体，由手工或机械绘制（印）的连续调原稿，如画稿、印刷品和喷绘画稿等；实物原稿是指印刷复制过程中以实物为制版依据，如画稿、织物或其他物品等；印刷品原稿是指使用印刷技术生产的各种产品，如书刊、图片、表格等。

透射原稿分透射线条原稿和透射连续调原稿两类。透射线条原稿包括照相透射线条负片原稿、照相透射线条正片原稿和绘制透射连续调负片原稿、照相透射连续调正片原稿和绘制透射连续调原稿。所谓透射原稿是指以透明材料为图文信息载体的原稿。透射线条原稿是以透明材料为载体，由黑白或彩色线条组成图文的原稿，如照相底片等；照相透射线条负片原稿是以透明感光材料为载体，被复制图文部位透明或为其补色的线条原稿，如黑白或彩色负片、拷贝片等；照相透射线条正片原稿是以感光材料为载体，非图文部分透明的线条原稿，如黑白或彩色反转片和拷贝片等；绘制透射线条原稿是以透明材料为载体，由手工或机械绘制的线条原稿，如胶片原稿等；透射连续调原稿是以透明材料为载体，色调值呈连续渐变的原稿，如照相底片等；照相透射连续调负片原稿是以透明感光材料为载体，被复制图文部分透明或为其补色的连续调原稿，如彩色、黑白照相负片等；照相透射连续调正片原稿是以透明感光材料为载体，非图文部分透明的连续调原稿，如彩色、黑白照相反转片等；绘制透射连续调原稿以透明材料为载体，由手工或机械绘制的连续调原稿，如胶片画稿等。

电子原稿是以电子媒体为图文信息载体的原稿，如光盘图库等。

13.1.1.2　印刷原稿质量的检验

原稿作为印刷复制的对象，它的质量高低决定了印刷品质量的优劣。所以，只有好的原稿才能印出好的产品，高质量的原稿是获得提高产品质量的基础和前提条件。

（1）印刷对原稿质量的基本要求。

为确保印刷复制效果和质量，要求原稿表面保持清洁干净，没有划伤、脏污和折痕。对于文字稿，要求字迹清晰、端正，易于辨认；对于线条稿，要求线条清晰，无缺笔断画痕迹，且线条粗细要适当，细线条经缩小复制后不能消失，经放大复制后不能暴露出粗糙的毛边，线条黑度要足量；对于连续调原稿，应有良好的清晰度，画面应具有丰富的质感层次，色彩反映准确，没有偏色感，密度反差适中；对于透射稿还要求平整度好，没有卷曲、变形、压痕和破损，拼版规格、图文准确无误、规线、裁切线、信号条和色标块等位置合适，胶带距图文距离不小于 7mm，以确保产品印刷质量。

（2）反射原稿的质量检验要点。

看外观情况：主要观察反射稿是否有划痕、折痕和脏污等不良迹象，检查文字、线条是否完整无缺。看画面是否偏色：可在自然光或接近日光色温的标准光源下，看反射稿上白色、灰色、黑色等消色部位是否有其他颜色的干扰，若没有其他颜色的干扰，说明反射稿画面没有偏色。看主要色彩是否准确：一般情况来说，反射稿的颜色比实际景物的色彩略有夸张，也就是说，比原来的色彩显得更鲜艳些。对以人物为主体的反射稿，应以面部肤色红润为标准。看反差是否适中：反射稿的反差包括亮度差、色反差和反差平衡。当亮度差适中时，在高调部位和暗调部位之间就有丰富的过渡色彩层次；当色反差适中时，反射稿色彩浓度就大，且具有较强的立体感；当反差平衡好时，同一颜色在高调部位和暗调部位的颜色表现就很一致。看清晰度如何：好的反射稿用肉眼就可以察觉到。

（3）透射原稿的质量检验要点。

看外观情况：表面无划痕、折痕、压痕，无脏迹及油污，文字清晰，无缺笔断画，线条粗细均匀，无毛刺，这样的透射稿质量就好。看密度情况：透射稿曝光正确、密度适中的话，应该是中间调层次很丰富，高光和暗调部位都有过渡层次，只有极高光才没有层次。看灰雾度如何：好的透射稿应是该透明的部位很透明。若整个片基像有一层雾状的阴影，说明灰雾度大，颜色不纯，将会影响色彩的正确还原。看反差情况：透射稿的反差主要是指亮度差，若反差太大，中间层次就少。反差太小，颜色就不饱和、不鲜艳，层次也少。所以，反差适中且平衡，透射稿的质量才算好。看颜色的纯度如何：可在有反射光的白色背景下进行观察识别，好的透射稿每一颜色中应无其他颜色的干扰，即颜色纯度高、不偏色。看清晰度如何：用肉眼观察清晰度好的透射稿，印刷复制效果和质量也就好。

综上所述，原稿是印刷质量控制的基础和前提条件，了解和认识原稿是印刷企业业务人员、制版人员、印刷机操作人员和检验人员所应该掌握技能，通过鉴别原稿的质量，在制版或印刷过程中采取适当的工艺技术措施，弥补和纠正原稿上的不足和缺陷，是提高产品印刷质量的重要措施。

13.1.2　数字色彩空间

"一切能够数字化的都终将数字化，媒体、印刷也不例外"，一句话既说出了数字化技术对现实世界的影响，也指出了印刷的未来。数字化已经成为不可逆转的趋势，随着计算机以及 Photoshop 等软件的应用，数字色彩也越来越深入人心。

能够显示数字颜色的设备有很多，比如显示器、数字电视、打印机、投影仪、掌上电脑、数码相机等。在通过数据流交换数据的所有设备中显示的颜色统称为数字颜色，光盘中的电影颜色、利用扫描仪扫描的照片的颜色、在显示器中显示的颜色、通过打印机打印出来的颜色等都属于数字颜色的范畴。现在，随着数字技术的逐渐发展，数字颜色的应用领域也在不断地得到扩大。在数字环境中有很多不同的设备与计算机相连接，光源色与物体色的特性在数字颜色中同时存在也互相影响。

数字色彩的空间与前面章节介绍的色彩空间既有联系又有区别，它们都可以用来描述颜色，而数字色彩空间同时要符合计算机的一些特征，如 8 位情况下，大小范围是 0 ~ 255。

13.1.2.1　RGB

RGB 是最常用的颜色空间，是建立在自然界的所有颜色都可用红（Red）、绿（Green）、蓝（Blue）三种基本颜色组合而成的基础上的，符合前面讲过的色光加色法和三色学说。在该模式下，每个图像的像素都有 R、G、B 三个值，24 位真彩色模式下，每个通道用 8 位表示，因此，每个值都可用从 0 ~ 255 变化。例如，某种颜色的 RGB 值分别为 246、20、50，则这种颜色就是一种明亮的红色。颜色为纯白色时，RGB 值都是 255，黑色的 RGB 值都是 0。即该模式下，符合色光加色法的越加越亮的特点，RGB 值越大，颜色也就越亮。由于 R、G、B 的值各有 256 种可能，所以该模式表示的颜色可以有 $256 \times 256 \times 256 = 2^{24}$ 种，1670 万种颜色，因此我们也把在 RGB 模式下的图像称为真彩色图像。

不同的组织或厂商又定义了不同的 RGB，它们的色域以及对颜色的表达上又各有不同。

1. sRGB

微软联合 HP、三菱、爱普生等厂商联合开发的 sRGB（standard Red Green Blue）通用色彩标准，绝大多数的数码图像采集设备厂商都已经全线支持 sRGB 标准，如：数码相机、数码摄像机、扫描仪等都能看到 sRGB 的选项，而且几乎所有的打印、投影等成像设备也都支持了 sRGB 标准。对于以后的 Windows 和 Windows NT 版本来说，它是缺省的色彩模式。它也是 HTML 3.2 和 Cascading Style Sheets 1.0 的标准色彩模式。

IEC 61966 - 2 - 1：1999 是官方正式的 sRGB 规范，它同时定义了 CIE xyY 和 sRGB 的变换，其色域图如彩图 22。

从 CIE xyY 坐标系计算 sRGB 中的三原色首先需要将它用式（7 - 19）变换到 CIE XYZ 三值模式。

用式（13 - 1）将 XYZ 值用矩阵转换到线性的 RGB 值，这些线性值并不是最终的结果。

$$\begin{bmatrix} R_{linear} \\ G_{linear} \\ B_{linear} \end{bmatrix} = \begin{bmatrix} 3.2410 & -1.5374 & -0.4986 \\ -0.9692 & 1.8760 & 0.0416 \\ 0.0556 & -0.2040 & 1.0570 \end{bmatrix} \begin{bmatrix} X \\ Y \\ Z \end{bmatrix} \quad (13 - 1)$$

R_{linear}、G_{linear}、B_{linear} 的取值范围为 $[0, 1]$。sRGB 是反映真实世界 gamma 为 2.2 的典型显示器的效果，因此使用下面的变换公式将线性值转换到 sRGB。设 C_{linear} 为 R_{linear}、G_{linear} 或者 B_{linear}，C_{srgb} 为 R_{srgb}、G_{srgb} 或者 B_{srgb}，则：

$$C_{srgb} = \begin{cases} 12.92 C_{linear} & 当\ C_{linear} \leqslant 0.00304 \\ (1+a) C_{linear}^{1/2.4} - a & 当\ C_{linear} > 0.00304 \end{cases} \quad (13 - 2)$$

式中　$a = 0.055$。

这些经过 gamma 校正的值范围为 0 到 1。如果需要 0 到 255 的取值范围，如用于视频显示或者 8 位图形，通常将它乘以 256 然后取整。

从 sRGB 到 CIE XYZ 的逆向变换则为：假设 sRGB 分量的值 R_{srgb}、G_{srgb}、B_{srgb} 的取值范围为 0 到 1。

$$\begin{bmatrix} X \\ Y \\ Z \end{bmatrix} = \begin{bmatrix} 0.4124 & 0.3576 & 0.1805 \\ 0.2126 & 0.7152 & 0.0722 \\ 0.0193 & 0.1192 & 0.9505 \end{bmatrix} \begin{bmatrix} g(R_{srgb}) \\ g(G_{srgb}) \\ g(B_{srgb}) \end{bmatrix} \quad (13 - 3)$$

其中：

$$g(K) = \begin{cases} \left(\dfrac{K + \alpha}{1 + \alpha}\right)^{\gamma} & 当\ K > 0.04045 \\ \dfrac{K}{12.92} & 当\ K \leqslant 0.04045 \end{cases} \quad (13 - 4)$$

2. Adobe RGB

Adobe RGB 是由 Adobe 公司于 1998 年推出的色彩空间标准，它拥有宽广的色彩空间和良好的色彩层次表现，Adobe RGB 包含了 sRGB 所没有完全覆盖的 CMYK 色彩空间，这使得 Adobe RGB 色彩空间在印刷等领域具有更明显的优势。另外，Adobe RGB 包含用 Lab 定义的可视颜色的大约 50%，相当于 sRGB 空间而言在青 - 绿区域的色域变大了，Adobe RGB 色域如彩图 23 所示。

在 Adobe RGB 中，颜色用 R、G、B 定义，每个分量的范围都在 0 ~ 1 之间。在显示器上显示时，要明确白点（1、1、1），黑点（0、0、0），三原色〔（1、0、0）等〕。而且，显示器的白点应该是 160cd/m² ，黑点为 0.5557cd/m² ，对比度达到 287.9。环境照明应该在 32lx。

对应于 D_{65}，Adobe RGB 三原色和白点的色度如表 13 - 1 所示。

表 13 - 1　Adobe RGB 三原色色度

颜色	x	y
红	0.6400	0.3300
绿	0.2100	0.7100
蓝	0.1500	0.0600
白	0.3127	0.3290

3. Apple RGB

Apple RGB 的色域与 sRGB 属于同一档，两者都是采用较窄的色域范围。Apple RGB 主要是基于老式的 Apple Trinitron 彩色显示器，对于不使用这种显示器的人来说，不建议使用这个色彩空间。

4. Color Match RGB

Color Match RGB 的色域比 Adobe RGB 色域要小，但是却比 sRGB 和 Apple RGB 的色域大，它是一种保证颜色质量的业界标准，也是颜色业界中的知名空间，这个空间中也包含了 CMYK 打印色域。对于主要使用 CMYK 打印的人来说，仍应使用宽色域色彩空间创建图像的主控文档，在准备输出时才将其转换至 CMYK，这要比一开始就工作在 CMYK 色域中要好得多。

5. 其他 RGB

（1）Wide GamutRGB

Wide Gamut RGB 也称为 Adobe Wide Gamut RGB，是更大的 RGB 空间，以致于当前绝大多数显示器都无法完整地显示它，如彩图 24 所示。尽管 Wide Gamut RGB 要比 Adobe RGB（1998）大很多，但它仍处在 CIE Lab 色域之内。然而 ProPhoto RGB 比 Wide Gamut RGB 还要大，甚至某些部分已超越了 Lab 色域范围，该空间涵盖各类的照相感光材料，适用于各种输出设备包括高保真色彩的应用程序。它的灰度系数为 1.8，白点色温是 5000K。Adobe 的 CameraRaw 转换器也使用线性伽玛值的 ProPhotoRGB 的原色来处理数据，公认的原始数据转换器的领军程序 Capture One PRO 同样提供这种数据处理方式。表 13 – 2 为 Wide Gamut RGB 三原色色度。

表 13 – 2　Wide Gamut RGB 三原色色度

颜色	CIE x	CIE y	波长
红	0.7347	0.2653	700nm
绿	0.1152	0.8264	525nm
蓝	0.1566	0.0177	450nm
白点	0.3457	0.3585	

（2）ProPhoto RGB

ProPhoto RGB 是一种色域非常宽的工作空间，其色域比 Adobe RGB 大得多，如彩图 25 所示。这是 Eastman Kodak 提出的一种规范，用于描述某些 Ektachrome 正片能够重现的各种饱和度非常高的颜色。以前，在大多数情况下不推荐将其用作工作空间（Ektachrome 正片的高端扫描照片除外），因为其色域比大多数捕捉和输出设备大得多。由于其色域较大，在需要尽可能多地保留颜色信息时，ProPhoto RGB 非常适合用于处理数码相机生成的原始数据文件。从这种意义上说，它是一种非常理想的"存档"工作空间，让图像能够充分利用在不久的将来很可能出现的大色域打印机。

13.1.2.2　CMYK

CMYK 的模式是基于色料减色法的色彩模式，与 RGB 的加色模式有很大的不同之处，和印刷输出的呈现原理一致。在印刷照排输出之前必须把其他色彩模式的图像转换为 CMYK 的模式，否则，工作就无法进展。

在 Photoshop 的 CMYK 模式中，每个像素的每种印刷油墨会被分配一个百分比值。最亮（高光）颜色分配较低的印刷油墨颜色百分比值，较暗（暗调）颜色分配较高的百分比值。例如，明亮的红色可能会包含 2% 青色、93% 品红、90% 黄色和 0% 黑色。在 CMYK 图像中，当所有四种分量的值都是 0% 时，就会产生纯白色。

CMYK 模式是最佳的打印模式，RGB 模式尽管色彩多，但不能完全打印出来。在编辑图像时并不建议采用 CMYK 模式，原因是：CMYK 模式的图像含有四个通道，较 RGB 三个通道的图像处理慢；显色器的显示仍然是 RGB 模式，所以在 CMYK 图像时，计算机内部要不停地转换成 RGB 以供显色器显示。但是现在出现了一些高档扫描仪等输入设备，可以直接把图像采集为 CMYK 模式，可以减少在处理过程中的颜色失真，这是因为 CMYK 是色域最小的模式，仅包含使用印刷（打印）油墨能够打印的颜色。当不能被打印的颜色在屏幕上显示时，它们称为溢色，即超出 CMYK 色域之外。在 Photoshop 信息调板中，如果将指针移到溢色上面，CMYK 值旁边会出现一个惊叹号。当选择了一种溢色时，在"拾色器"和颜色调板中都会出现一个警告三角形，并显示最接近的 CMYK 等量值。另外，在 Photoshop 中，选择的油墨不同，其 CMYK 的色域也会有所不同。

在印前处理图像的过程中，不可避免地要进行色彩模式的转换，模式的转换会带来很多的问题，应该特别注意：

（1）一定要存储 RGB 或索引颜色图像的备份，以防要重新转换图像。

（2）从一种模式转换到另一种模式时，Photoshop 使用 Lab 颜色模式，这种模式提供在所有模式中定义颜色值的一个系统。使用 Lab 会确保在转换过程中颜色不会明显地改变。例如，将 RGB 图像转换为 CMYK 时，Photoshop 使用"RGB 设置"对话框中的信息将 RGB 颜色值首先转换为 Lab 模式。图像为 CMYK 模式后，Photoshop 将 CMYK 值转换回 RGB，在 RGB 显示器上显示图象。

（3）CMYK 转换为 RGB 在屏幕上显示不影响文件中的实际数据。转换是在数据的备份上进行的。

（4）尽管可以在 RGB 和 CMYK 两种模式中进行所有的色调和色彩校正，但还是应该仔细选取。尽可能的情况下，应避免在不同模式间多次进行转换。因为每次转换，颜色值都要求重新计算，都会被取舍而丢失。如果 RGB 图像要在屏幕上使用，则不要将它转换为 CMYK 模式。反之，如果 CMYK 扫描要分色和打印，则也不要在 RGB 模式中进行校正。但是，如果必须要将图像从一种模式转换到另一种模式，则应在 RGB 模式中执行大多数色调和色彩校正，并使用 CMYK 模式进行微调。

（5）在 RGB 模式中，可以使用"CMYK 预览"命令模拟更改后的效果，而不用真的更改图像数据。

（6）对于某些类型的分色，还是必须在 RGB 模式中工作。例如，如果在"CMYK 设置"对话框中使用"黑版产生"的"最大值"选项对一个图像分色，即便可行，然而要求大量增加 C、M 或 Y 分量的任何校正也将非常困难。要进行这些更改，必须将图像重新转换为 RGB，再校正色彩，然后重新对图像分色——否则必须使用较少的"黑版产生"选项对图像重新分色。

13.1.2.3 LAB

Lab 模式是依据 CIE 1976 $L^*a^*b^*$ 创建的一种色彩模式。

Lab 模式由三个通道组成，但不是 R、G、B 通道。第一个通道是心理明度，即 L，它的取值范围是 0～100，数值越大，颜色的明度值越大。另外两个是色度通道，用 a 和 b 来表示。a 通道表示颜色的红－绿反映；b 通道则表示颜色的黄－蓝反映。a 和 b 的取值范围为－128～127，对于 a 来讲，数值越大，颜色越红，反之，数值越小，该颜色越偏绿色；b 值越大，颜色越黄，反之，数值越小，该颜色越偏蓝。

和 RGB 模式、CMYK 模式相比，Lab 模式的色域最大，其次是 RGB 模式，色域最小的是 CMYK 模式。因此，Lab 模式是 Photoshop 在不同颜色模式之间转换时使用的内部颜色模式。

13.1.3　数字图像的色彩模式

在 Photoshop、CorelDraw 等软件中除了最常用的 CMYK 模式、Lab 模式、RGB 模式外，还有很多其他的模式，如 HSB 模式、索引颜色模式、灰度模式、位图模式、多通道模式、双色调模式等。

13.1.3.1　位图模式

位图模式又叫黑白位图模式。顾名思义，也就是说在该模式下只有黑色与白色两种像素组成的图像。有些人认为黑色既然是灰度色彩的一个子集，因此这种模式用处也就不太大了。这是一种完全错误的认为，正因为有了 Bitmap 模式，才能更完善地控制灰度图像的打印。事实上像激光打印机以及照排机这些输出设备都是靠细小的点来渲染灰度图像的，因此使用 Bitmap 模式就可以更好地设定网点的大小、形状以及相互的角度。

需要注意的是，只有灰度图像或多通道（multichannel）图像才能转换为 Bitmap 图像，其他色彩模式的图像文件必须先转换成这两种模式，然后再转换成 Bitmap 模式。转换时在 Photoshop 中，会提示设置文件的输出分辨率和转换方式，转换方式（Method）主要有以下几种方式。

（1）临界值（50% threshold）。

大于 50% 灰度的像素将变为黑色，而小于等于 50% 灰度的像素将变为白色。

（2）图像抖动（pattern dither）。

使用一些随机的黑、白像素点来抖动图像。用这种方式生成的图像很难看，而且像素之间几乎没有什么空隙。

（3）扩散抖动（diffusion dither）。

此项用以生成一种金属版效果。它将采用一种发散过程来把一个像素改变成单色，此结果是一种粒状的效果，当使用低分辨率的激光打印机输出时图像会变暗。

（4）网目调网屏（halftone screen）。

产生一种网目调网版印刷的效果。可以设定网线数为 85～200lpi，报纸通常用 85lpi，彩色杂志通常用 133～175lpi，网角可设为－180°到 180°，连续色调或网目调网版通常多使用 45°。

（5）自定义图案（custom pattern）。

这种转换方法允许你把一个定制的图案（用 Edit 菜单中 Define Pattern 命令定义的图案）加到位图图像上。如选用 Custom Pattern，得到一个黑白纹路的效果。

注意：当将图像转换到 Bitmap 模式后，有许多编辑方式将无法执行，而且也不能将 Bitmap 图像再复原到灰度模式时的图像。因此在转换之前最好做一个备份，否则悔之晚矣！

13.1.3.2　灰度模式

灰度模式中只存在灰度，最多可以达到 256 级灰度，当一个彩色文件被转换为 Grayscale 模式的文件时，Photoshop 会将图像中的色相（hue）及饱和度（saturation）等有关色彩的信息消除掉，只留下亮度（brightness）。尽管 Photoshop 允许将一个灰度文件转换为彩色模式文件，但已经不可能将原来的颜色恢复回去了，所以在转换前应该做一个备份。

灰度文件中，图像的色彩饱和度为零，亮度是唯一能够影响灰度图像的选项。亮度是光强的度量，0% 代表黑，100% 代表白。而在 Color 调色板中的 K 值是衡量黑色油墨量用的。

可以将图像从任何一种色彩模式转为灰度模式，也可以将灰度模式转为任何一种色彩模式。尤其是要从彩色模式转为 Duotone（双色模式）或 Bitmap（黑白模式），必须先转换为灰度模式，然后再由灰度模式转换为 Duotone 模式或 Bitmap 模式。

13.1.3.3　索引模式

Indexed Color 直译的意思就是索引颜色模式，也称映射颜色。在此种模式下，只能存储一个 8bit 色彩深度的文件，即图像中最多含有 256 种颜色，而且这些颜色都是预先定义好的。一幅图像的所有颜色都在它的图像索引文件里定义，即将所有色彩映射到一个色彩盘中，称之为彩色对照表。因此，当打开图像文件时，彩色对照表也将一同被读入 Photoshop 中，Photoshop 将从彩色对照表中找出最终的色彩值。

使用此种模式不但可以有效地缩减图像文件的大小而且可以适度保持图像文件的色彩品质，很适合制作放置于 Web 页面上的图像文件或丝网印刷中使用的图像文件。

13.1.3.4　多通道模式

Multichannel 顾名思义，这种模式包含了多种灰阶通道，每一通道均由 256 级灰阶组成。这种模式通常被用来处理特殊打印需求，例如将某一灰阶图像以专色（SpotColor）打印或将 Duotone 模式的图像文件转换之后以 ScitexCT 格式打印。

当 RGB 或 CMYK 色彩模式的文件中任何一个通道（Channel）被删除时，即会变成多通道色彩模式。在 Duotone 模式中，原本是一个色彩通道，但可随时用 Image > Mode > Multichannel 菜单命令转为两个（或三、四个）通道以便观察。在转换后，可立即用菜单 Edit/Undo 命令恢复成 Duotone 色彩模式。

以下准则适用于将图像转换为"多通道"模式：

（1）可以将一个以上通道合成的任何图像转换为多通道图像，原来的通道被转换为专色通道。

（2）将彩色图像转换为多通道时，新的灰度信息基于每个通道中像素的颜色值。

（3）将 CMYK 图像转换为多通道可创建青、品红、黄和黑专色通道。

（4）将 RGB 图像转换为多通道可创建青、品红和黄专色通道。

（5）从 RGB、CMYK 或 Lab 图像中删除一个通道会自动将图像转换为多通道模式。

13.1.3.5　双色调模式

使用二到四种彩色油墨创建双色调（两种颜色）、三色调（三种颜色）和四色调（四种颜色）灰度图像。Photoshop 允许创建单色调、双色调、三色调和四色调图像。单色调是用一种单一的、非黑色油墨打印的灰度图像。双色调、三色调和四色调是用两种、三种和四种油墨打印的灰度图像。在这些类型的图像中，彩色油墨用于重现淡色的灰度而不是重现不同的颜色。

13.1.4 印前处理的色彩模式选择

在使用 Photoshop 处理图片的过程中，首先应该注意一点，对于所打开的一个图片，无论是 CMYK 模式的图片，还是 RGB 模式的图片，都不要在这两种模式之间进行相互转换，更不要将两种模式转来转去。因为，在位图片编辑软件中，每进行一次图片色彩空间的转换，都将损失一部分原图片的细节信息。如果将一个图片一会儿转成 RGB 模式，一会儿转成 CMYK 模式，则图片的信息丢失将是很大的。这里应该说明的是，彩色报纸出版过程中用于制版印刷的图片模式必须是 CMYK 模式的图片，否则将无法进行印刷。但是并不是说在进行图片处理时以 CMYK 模式处理图片的印刷效果就一定很好，还是要根据情况来定。其实用 Photoshop 处理图片选择 RGB 模式的效果要强于使用 CMYK 模式的效果，只要以 RGB 模式处理好图片后，再将其转化为 CMYK 模式的图片后输出胶片就可以制版印刷了。

在进行图片处理时，如果所打开进行处理的图片本身就是 RGB 模式的图片或者原图片在使用扫描仪输入过程允许选择 RGB 模式进行扫描，这种情况对于彩报的排版来说是再好不过了。使用 Photoshop 扫描原图片时只要在文件菜单栏选择色彩设置选项中的 RGB 设置选项中，通过扫描仪输入的彩色图片即为 RGB 模式的图片。总之，在不需要首先就转化图片模式的情况下，能够获取到 RGB 模式的图片，就用这种模式对图片进行处理，特别是从互联网下载的图片，为确保图片的印刷效果，就必须使用 RGB 模式进行处理。从以下几个方面的论述就说明这一观点。

（1）RGB 模式是所有基于光学原理的设备所采用的色彩方式。例如显示器，是以 RGB 模式工作的。而 RGB 模式的色彩范围要大于 CMYK 模式，所以，RGB 模式能够表现许多颜色，尤其是鲜艳而明亮的色彩（当然，显示器的色彩必须是经过校正的，才不会出现图片色彩的失真）。这种色彩在印刷时很难印得出来。这也是把图片色彩模式从 RGB 转化到 CMYK 时画面会变暗的主要原因。在 Photoshop 中编辑 RGB 模式的图片时，首先必须选择 View 菜单中的 CMYK Preview 命令（如果使用的 Photoshop 为中文版，则选中视图菜单栏中的预览选项，选择其中的 CMYK 选项即可），也就是说，用 RGB 模式编辑处理图片，而以 CMYK 模式显示图片，使操作员所见的显示屏上的图片色彩，实际上就是印刷时所需要的色彩，这一点非常重要，在应用于印刷时这算是一种很好的图片处理方法。Photoshop 在 CMYK 模式下工作时，色彩通道比 RGB 多出一个，另外，它还要用 RGB 的显示方式来模拟出 CMYK 的显示器效果，并且 CMYK 的运算方式与基于光学的 RGB 原理完全不同，因此，用 CMYK 模式处理图片的效率要低一些，处理图片的质量也要差一些。

（2）使用 Photoshop 处理图片时，有些 Photoshop 中的某些过滤器不支持 CMYK 模式。另外，图片的编辑处理往往要经过许多细微的过程，比如可能要将几个图片中的内容组合到一起，由于各组成部分的原色调不可能相同，需要对它们进行调整，也可能要使各部分以某种方式合成，并进行过滤器处理等。不论图片的处理要达到什么效果，操作员都希望尽可能产生并保留各种细微的效果，尽可能使画面具有真实而丰富的细节，由于 RGB 模式的色彩范围比 CMYK 模式要大得多了，因此，以 RGB 模式处理图片时，在整个编辑处理过程中，将会得到更宽的色彩空间和更细微多变的编辑效果，而这些效果，如果用得好，大部分能保留下来。虽然最终仍不得不转成 CMYK 模式并且肯定会有色彩损失，但这比一开始就让图片色彩丢失还是要好得多。

（3）在将 RGB 模式图片转换成 CMYK 模式图片时，分色参数将对图片转换时的效果好坏起到决定性的作用。对分色参数的调整，将在很大程度上影响图片的转换。Photoshop 图片处理软件具备对分色参数的控制能力，也就是说，当需要将以 RGB 模式处理好的图片转化为 CMYK 模式进行输出时，在转换过程中通过分色参数的调整可以减轻在图片进行模式转换时的色彩丢失。

（4）目前对于报纸出版而言，所使用的图片需要长期保留，以 RGB 模式保留图片数据是比较理想的。经过校色和修正的 RGB 模式图片数据信息可以成为长期存储的有效文档，这样将来从档案库中检索的 RGB 模式图片可用在不同输出设备上。对于 RGB 模式图片数据信息在今后很多工作流程中需重新使用时，无论分色方法是采用系统级色彩管理法还是采用 Photoshop 中的图像转换法都非常方便。

（5）在使用各种印刷机、数字打样设备或计算器监控器进行图片的印刷、打样、输出时，观察（并测量）以上印刷输出设备所复制的图片颜色差别的主要方法是测量产生中性灰所需要的青、品红和黄的量，印刷上称之为复制系统的灰平衡。如果图片转换为 CMYK 模式，那么重新使用不同的输出设备时，图片就要求调节 CMYK 图片的高光、中间调和暗调网点，并改变总的灰平衡和色彩饱和度。为了不影响图片印刷质量，对图片中黑色的量要加以改变，但若不修正黑色数据而印刷图片，则会产生不良的印刷结果。例如，原来为高质量单张纸印刷机分色的 CMYK 模式图片，如果在卷筒纸印刷机上印刷就会造成蹭脏现象，图片中黑色的量大了点，其处理方法只能是修正 CMYK 模式图片。而 RGB 模式图片可利用较大的 RGB 色调范围来再现更为明亮、更为饱和的颜色。然而，在图片被分色为 CMYK 后，图片中的所有像素均处于 CMYK 色调范围之内。

通过以上论述可看出，使用 Photoshop 处理彩色图片应该尽量使用 RGB 模式进行。但在操作过程中应该注意：使用 RGB 模式处理的图片一定要确保在用 CMYK 模式输出时图片色彩的真实性；使用 RGB 模式处理图片时要确信图片已完全处理好后再转化为 CMYK 模式图片，最好是留一个 RGB 模式的图片备用。

除了用 RGB 模式处理图片外，Photoshop 的 Lab 色彩模式也具备良好特性。RGB 模式是基于光学原理的，而 CMYK 模式是颜料反射光线的色彩模式，Lab 模式的好处在于它弥补了前面两种色彩模式的不足。RGB 在蓝色与绿色之间的过渡色太多，绿色与红色之间的过渡色又太少，CMYK 模式在编辑处理图片的过程中损失的色彩则更多，而 Lab 模式在这些方面都有所补偿。Lab 模式由三个信道组成，L 信道表示亮度，它控制图片的亮度和对比度，a 通道包括的颜色从深绿（低亮度值）到灰色（中亮度值）到亮粉红色（高亮度值），b 通道包括的颜色从亮蓝色（低亮度值）到灰色到焦黄色（高亮度值）。Lab 模式与 RGB 模式相似，色彩的混合将产生更亮的色彩。只有亮度通道的值才影响色彩的明暗变化。可以将 Lab 模式看作是两个信道的 RGB 模式加一个亮度信道的模式。Lab 模式是与设备无关的，可以用这一模式编辑处理任何一个图片（包括灰图图片），并且与 RGB 模式同样快，比 CMYK 模式则快好几倍。Lab 模式可以保证在进行色彩模式转换时 CMYK 范围内的色彩没有损失。如果将 RGB 模式图片转换成 CMYK 模式时，在操作步骤上应加上一个中间步骤，即先转换成 Lab 模式。在非彩色报纸的排版过程中，应用 Lab 模式将图片转换成灰度图是经常用到的。对于一些互联网下载的 RGB 模式的图片，如果不用 Lab 模式过渡后再转换成灰度图，那么在用方正飞腾或维思排版软件排报版时，有时就无法对图片进行排版。

由此可见，在编辑处理图片时，尽可能先用 Lab 模式或 RGB 模式，在不得已时才转成 CMYK 模式。而一旦转成为 CMYK 模式图片，就不要轻易再转回来了，如果确实需要的话，就转成 Lab 模式对图片进行处理。如果用于扫描输入的原图片是彩色图片，但该图片是用于灰度版面中的，用扫描仪输入图片时，不要将原图片直接输入为灰度模式，应该用 RGB 模式输入图片，用 RGB 模式处理好图片后，将其先转换为 Lab 模式的图片，再通过信道分离命令，选取 L 信道的图片作为印刷用灰度图片。

大多数操作员在实际处理图片的过程中，都比较直截了当，需要什么样的图片就直接用扫描仪扫成所需的图片模式，再稍加处理后即用于排版，在印刷时看上去也还是那么回事。其实，要想真正获得好的图片印刷效果还是不要怕麻烦，按照规范的操作步骤进行。

13.2　分色与校正

13.2.1　色彩的分解

要在印刷品上得到色彩再现，就必须满足颜色分解和合成两个条件。颜色分解就是使组合的色彩，分别制成色料三原色版。颜色合成就是使分解后的色料三原色版，用色料三原色的油墨，叠合再现成原来的色彩。

颜色分解的方法，是根据减色法的原理，用红、绿、蓝三原色滤色片拍摄得各分色阴片，即用红滤色片可制成青版，用绿滤色片可制得品红版，用蓝滤色片可制得黄版。例如：在照相分色时，照相机镜头上装上红滤色片，对彩色原稿进行照相，由于红滤色片能选择吸收蓝、绿色光谱，通过红色光谱，从原稿上反射或透射到镜头的红光，通过滤色片到达感光材料上，感光材料受光作用，能还原出较多的银，形成高密度部分，原稿上蓝、绿色光被红滤色片吸收，感光材料上未受光作用，只能形成低密度部分。原稿上蓝、绿色光区，即为颜料的青色部分，所以得到的底片是青色阴片。如彩图 26 所示。同理，用绿滤色片，使原稿上绿光通过，红、蓝色光被吸收，获得品红分色阴片；用蓝滤色片，使原稿上蓝光通过，红、绿色光被吸收，获得黄分色阴片。

理论上 CMY 能够再现成千上万种颜色，当然也包括黑色。但这是对理想的油墨而言的，实际生产中我们所用的油墨离理想的油墨还有一定的差距。深色的地方密度上不去，图像反差不足，即使是 Y100% + C100% + M100% 所产生的黑色密度还是不够，黑色不是很黑。并且在照片印刷时，黄、品红、青等量叠加印刷出来的图片密度显得不够，图片轮廓不清，图像反差不足。如彩图 28 所示是缺少黑版的图像，暗调区域的轮廓层次和细节反差明显不足。因此在分色时需要增加黑版以解决上述问题。

黑版可分为短阶调黑版、中阶调黑版和长阶调黑版。短调黑版又称骨架黑版功能轮廓黑版，主要体现原稿的暗调层次，加强画面反差，稳定颜色。中调黑版称线性黑版，适合于彩色与消色并存的原稿，如风光、灰色建筑群等。长调黑版指利用底色支撑原理生成的黑版，其再现范围较大，适用于消色为主彩色的原稿，例如，以黑色为主的国画。

彩图 27 是原始图像，分色效果如彩图 29 所示。

在实际的印刷过程中，由于油墨存在密度不足和副次密度，也就是说，油墨的反射和吸收光线的情况并不理想，这使得复制出来的黑色不够黑，颜色的彩度也下降了，达不到产品复制的要求。因此在实际复制中，往往增加一个黑版来弥补上述的不足，这就是为什么现在的印刷都是四色印刷。黑版的采用可以补偿印刷的局限性，使印刷能够顺利进行下去，弥补油墨的缺陷给复制带来的影响。其作用可归纳为能够加强图像的密度反差、稳定中间调至暗调的颜色、加强中间调和暗调的层次、提高印刷适性、降低印刷成本，主要是提高密度，纠正色偏。黑版在四色印刷所起的作用根据复制要求也各不相同，一般可以分为长调黑版、中间调黑版和短调黑版。

当采用两种色相滤色片进行分别曝光在同一张分色阴片上时，其高密度区却是组合滤色片的色光，例如，红滤色片与绿滤色片的分别曝光效果，相当于起到黄滤色片的分色作用，用此法可得到黑分色阴片。

彩色原稿复制过程中，将分色阴片拷制成阳片，晒制成印版，印刷上分别用各自的色料三原色黄、品红、青油墨和黑油墨，逐一叠加组合，再现原稿的色彩，是减色混合原理。

13.2.2　分色误差

分色阴片密度由低到高表示色量由多到少。由于分色时受扫描仪的光电性能、滤色片的滤色性能、感光材料的感光性能、光源的显色性等各种因素的影响，与原稿色彩相比，会造成各种颜色的误差。下面就影响分色误差的主要因素加以分析。

13.2.2.1　滤色片滤色性能造成的分色误差

滤色片是照相分色、电子分色的主要光学器件，其质量优劣直接影响着分色效果。理想的滤色镜应该全部透过与滤色镜颜色相同的那种色光，而全部吸收另两种三原色光，但实际上所有的滤色镜都不可能达到上述理想程度。这主要存在着该透过的光线没有全部透过，该吸收的光线没有全部吸收两大问题。

滤色片有三个光学参数，即透过的中心波长、透射波长的半宽度和透光率。图 13－1 为滤色片的透射光谱曲线。从图中看出，每一滤色片中该透过的颜色没有全部透过，该吸收的颜色没有全部吸收，造成分色时分色阴片相反色产生的曝光密度不够高，而使制成的图像上相反色过量，基本色不足。

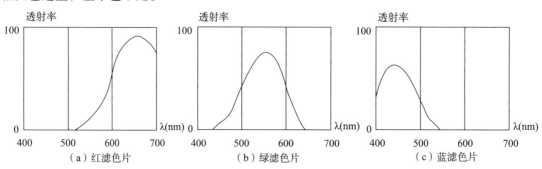

图 13－1　滤色片的透射光谱曲线

随着技术的不断发展，为了获得色差较小的分色阴片，在实际生产中一般需根据原稿的色彩特征选用合适的滤色镜，如狭小带滤色镜适用于透射原稿，宽广带滤色镜适用于反射原稿。此外，还可根据需要考虑选用彩色补偿滤色镜、干涉滤色镜等手段，减少分色误差。

13.2.2.2　感光材料感光性造成的分色误差

感光材料是色彩分解过程中的记录材料。计算机编辑处理好的彩色图像通过照排机把图像输出在感光材料上，感光材料应如实地把图像中各原色在画面上的分布情况以密度的形式记录下来。但是由于制造过程中的感光乳剂和所用光谱增感剂固有的特性影响，亦能造成分色误差。

感光材料的感光性是指感光胶片获得的曝光量与由此产生的多少密度间的关系，通常用感光特性曲线来表示。理想的感光特性曲线应该是一条45°的直线，但实际上是一条呈S形的曲线。曲线可粗分为肩、直线和趾三部分，除直线部分能正确记录原稿的阶调外，其余两部分均为非比例记录，原稿中高光、暗调层次大量损失，色彩失真。图13-2所示的是感光材料的感光特性曲线。

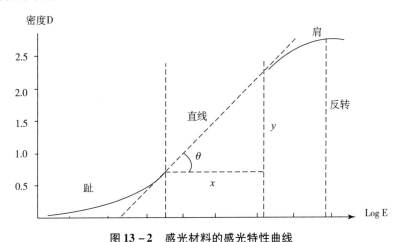

图13-2　感光材料的感光特性曲线

13.2.2.3　光源造成的分色误差

扫描仪和电分机的光源应是一个理想光源，含有全部可见光的白光，光谱齐全，显色性好，使原稿的色彩能正确反射（透射）它本该反射（透射）的色光，呈现原稿的固有色。但实际使用的光源在光谱功率分布、色温和显色性方面达不到理想光源的要求，彩色原稿的各种颜色不可能全部真实地反映出来。例如光源的光谱功率分布曲线不是连续的，缺少某些波长的色光，而缺少的这些波长的色光恰巧在某物体的光学特性所反射（透射）的光谱范围内，这种物体就会因光源中缺少这些波长的色光而改变颜色。另一方面，使用的光源在光谱功率分布方面有差别，功率大的那部分光波即是该光源所偏的颜色，也会形成不同分色效果。

13.2.2.4　显示器呈像造成的分色误差

数字颜色工艺中还有一个不可避免的可变因素——显示器。大多数显示器使用阴极射线管（CRT）产生光束。显示器玻璃屏上涂有荧光粉，CRT射出的电子以不同速度打在荧光粉上，使荧光粉振动并发光，振动速度决定了发光颜色。但显示器有内在的缺陷，如荧光粉的组成产生内在的颜色缺陷，显示器由于色温高易于使显示结果偏蓝，电子所带电荷不同会使显示器套准差，而缺乏整体清晰度，显示器玻璃的外形易使观察的颜色异常，系统不稳定性会使工作期间及显示器寿命期内产生意外的颜色偏移。

在彩色桌面出版系统中，人们通常通过电脑显示器进行图像处理和创意。屏幕所用的是RGB加色法的原色光，其表现的颜色范围比较大。而实际印刷时，使用的是CMYK的减色法，其可容纳的色调空间比显示器少得多，使呈现在电脑显示器上的影像与原稿的颜色不大一样，在四色印刷中不会得到相同的颜色。因此，我们必须了解色彩从RGB到CMYK之间转换的差异性，选择理想的颜色配对方法，确保色彩的连贯性。目前的彩色管理系统能达到这种目的。

13.2.2.5　扫描仪的光电性能造成的分色误差

扫描仪是一种光、机、电一体化的图像输入设备。扫描仪的种类很多，按不同的标准可分为不同的类型。按扫描原理可分为鼓式、台式、手持式，按图稿的介质可分为反射式扫描仪和透射式扫描仪，以及两者兼之的多用途扫描仪。

扫描仪的工作原理是原稿经扫描仪扫描，原稿上的色彩信息转换成不同强弱的光信号，由光电器件接收并转换成电压值，经模数转换器将模拟信号转换为计算机能够识别的数字信号，再由计算机对数字信号进行各种处理。

扫描仪的光电参数有光学分辨率、内插分辨率、最大扫描密度范围、位深度等。扫描仪参数性能的高低会直接影响所采集图像信息的色彩、层次和反差。如光学分辨率不高，采样的精细程度降低，图像的信息量就减少，图像的层次阶调就会有所损失。最大密度范围小，再现阶调细微变化的能力就小，将原稿暗调部分的细节丢失，图像上该区域就变成无层次变化的相同颜色，造成图像暗调区域的颜色或层次的损失。位深度和色深度是从两个不同的角度表示了一个扫描设备可以在它捕获的每个像素上检测出的最大颜色或灰度级。当扫描仪的位深度不够时，可捕捉的细节数量会减少，所能表现图像的层次感不强。

13.2.2.6　颜色的校正

对图像正确复制的关键质量要素是图像的层次、阶调、灰平衡和记忆色。从理论上讲，可在RGB模式下校正图像的颜色，在CMYK模式下进行细微调节。这是因为用RGB工作处理时间快，有显示器的专用工具和较大的色域，用CMYK工作是没有较大的颜色偏移，是较容易由直觉感受的颜色空间。

颜色校正是把阶调层次偏差的原稿和扫描分色引起颜色偏差的图像校正过来，使其能得到反映原稿的正确色调、层次和灰平衡。颜色校正可在扫描分色中进行，也可在图像处理系统中进行。前者可通过对设备的定标、层次曲线的调整校正原稿的缺陷，后者可通过系统中的颜色校正工具来纠正图像不足之处。如曲线控制工具可相当精确地校正图像或每一个主色通道的颜色和层次。

在校正图像颜色时，通常要注意以下内容。

（1）记忆颜色。记忆颜色是人们意识中的一部分，人们能很快地识别出颜色中的不平衡。例如任何一个人都知道青草的颜色，虽然其颜色不可能像用照片制成的小册子那样精美，但人们已习惯了这种颜色，如果颜色朝着某个不可能的方向转换，人们就能识别它。

（2）中性色调。在正常情况下，对中性色调呈现一些偏色，人们就很容易发现此颜色不平衡。控制图像中消色的色彩平衡以控制图像不偏色是一种最简单的方法。

（3）人的肤色。图像中人物的脸、眼睛是最重要的地方，人脑中很重要的一部分就是用来识别和对人脸进行分类的。人们对脸部的颜色特别敏感，因为一些奇怪的颜色通常暗示着身体有问题，人们反感这些颜色并感到不舒服。实际上，人的皮肤色彩是彩色复制中错误最多的地方。

（4）不要追求过浓的色彩。人们总是强烈地追求颜色能跃然纸上，不必要地在图片中用过于丰富和浪漫的颜色来制造效果。生动的颜色有时很难印刷，应当根据印刷装置调整颜色，使调整后的图像印刷方便，达到最佳印刷效果。

13.3　颜 色 合 成

13.3.1　印刷网点

自平版印刷发明以来，网点始终被作为表现连续调图像层次和颜色变化的一个基本印刷单元。网点的大小、形状和特征是将原稿中的丰富色彩及明暗层次正确转移到印刷品上去的关键。

13.3.1.1　网点及其作用

网点是组成图像的基本单位，通过网点大小的变化或调整单位面积内网点的数目再现原稿的浓淡效果。

网点是任何二值设备上表现连续调图像的明暗和层次的必要手段。电视机和计算机显示器屏幕表现彩色画面是间接地用电流大小变化实现的。印刷机也是一种二值化设备，用在承印物上着墨和不着墨的方法复制原稿。网点的状态（大小和形状）和特征变化很好地解决了印刷机上表现有明暗和层次变化图像的复制工作。

从微观上看，网目调图像是不连续的，但从宏观上看，当网点面积大小发生变化或聚集个数发生变化时，根据色光加色法原理，人眼视网膜中产生的综合效果的颜色和层次的逐渐变化，等同或接近连续调。例如当用正方形网点以 150 线/英寸印刷时，一个 100% 的网点边长为 0.17mm，而 50% 的网点则为 0.085mm，由于人眼的分辨能力有限，在正常视距下这样小的网点无法辨别。根据色光加色法原理，人眼视网膜中产生的综合效果，即网点面积大的或网点聚集多的区域颜色深，网点面积小的或网点聚集少的区域颜色浅。因此，在宏观上网目调图像经印刷后又是连续的。

网点是表现色彩浓淡变化的基础，其作用可以分为以下几点：

（1）网点起着表现一个阶调的作用，它使连续调图像离散为网点群的组合。

（2）网点是可以接收和转移油墨的单位，从这个意义上讲，网点的大小起着调节油墨大小的作用。

（3）网点在印刷效果上起着组色的作用，在四色印刷中，画面上的每一个色彩都由黄、品红、青、黑四色网点以不同的比例混合而成。承印材料底色还起着冲淡油墨的作用，如果网点以 50% 的黑墨印刷，50% 的面积是白纸，经过加色混合成了灰色。

13.3.1.2　网点的性质

1. 网点的形状

网点的形状是指单个网点的几何形状。不同形状的网点除了网点各自的表现特性外，在复制过程中还有不同的变化规律，从而影响最后的复制效果。印刷中的网点形状有：方形网点、圆形网点、菱形网点，如图 13 – 3 所示。

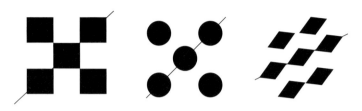

图 13 – 3　方形网点、圆形网点、菱形网点

（1）方形网点。

方形网点在 50% 处呈正方形。在网点形成过程中，由于光线的作用和冲洗过程使得网点的方角受到冲击，40% 左右的网点呈方圆形。而在 30% 即为圆形，50% 以上特性相同。方形网点在 50% 处网点边长最大，网点增大率最高。网点与网点之间的方角处于若即若离状态。在墨层、压力稍有变化的情况下，网点极易跳级，使得中间调不柔和，层次过渡性差，出现硬口等弊病。如图 13 – 4（a）为方形网点阶调特性曲线。

（2）圆形网点。

圆形网点目前使用较多，网点呈圆形，圆形网点表现层次能力较差。

用圆形网点来表现的画面，高、中调处的网点都是孤立的，只存在暗调处网点才能够相互接触。因此，中间调以下网点增大值很小，中间层次得到较好的保留。但是其面积周长比最小，加网时感光片相差网点的大小的响应差。圆形网点接触时不是角对角，而是弧线接触，导致印刷时因暗调区域网点油墨量过大而容易在周边堆积，最终使图像暗调部分失去应有的层次，使得 70% 以后的暗调层次极易模糊，阶调严重损失。如图 13 – 4（b）为圆形网点阶调特性曲线。

（3）菱形网点。

菱形网点是近年逐渐发展起来的，网点呈菱形，也称链形。菱形网点表现画面阶调特别柔和，反映层次也很丰富，对人物和风景画特别合适。

菱形两对角线是不等的，因此网点搭角不在 50% 网点处。当长轴搭角时，网点面积约在 35%，短轴之间还相差甚远。当短轴搭角时，网点面积约在 65%，这时长轴早已搭角。它在表现层次时，将方形网点呈一次性较大跳级而使局部阶调硬化的弊病改为两次较小的跳级，过渡性较好，且这样产生的跳跃要比方形网点四个角均匀连接时缓和得多。如图 13 – 4（c）为菱形网点阶调特性曲线。

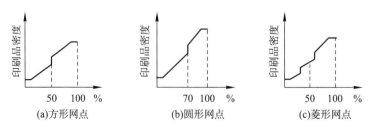

图 13 – 4　网点阶调跳跃示意图

（4）艺术网纹。

为了增加画面的艺术气氛增加画面的某些情趣，产生各种耐人寻味的特殊艺术效果，近年来兴起了各种艺术网纹，包括同心圆网纹、水平线网纹、垂直线条网纹、砂目形网纹、砖形网纹等。

艺术网纹用于彩色印刷时，远看层次不会并级。彩色印刷效果也好，特别是依赖于印刷的进行。

2. 网线角度

网线角度是网点排列方形的值，指网点的中心连线和水平线之间的夹角，如图 13 - 5 所示。一般逆时针方形测得的角度就是该网点排列结构的网线角度，因为网点的排列结构是由相交 90°的纵横两列方向所组成。根据三角函数，约定网线角度只能够在第一象限内，其中 0°与 90°是相等的。菱形网点因为纵向和横向网点形状的不同，只有在 180°的两列方向上才能够算是完全一致的。圆形网点的排列方向可以在 180°内表示。对常用的方形网点来说，主要使用的网线角度有 0°、15°、45°、75°。

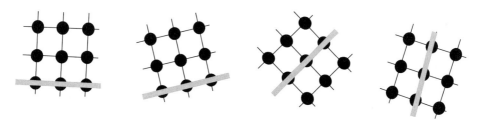

图 13 - 5　网点的角度

从视觉效果来看，45°的网线角度对视觉最舒服、最美观，表现为稳定而不呆板，有生动活泼的感觉，被认为是最佳的稳定角度；15°与 75°次之，虽不稳定，但也不呆板；视觉效果最差的是 0°（90°），虽然也稳定，但是太呆板，美感较差。

在印刷四个原色时，每种颜色的网线都有特定的角度。如果某种颜色的角度出错，就会和别的颜色在视觉上产生冲突，从而影响印刷质量。

两种或者两种以上不同角度的网点叠印在一起，会产生莫尔纹，即都可包括在一个 45°的角度之内。花样图文的出现是印刷复制不可避免的一个问题。但随角度差的变化，其视觉效果不同。30°和 60°差的花纹最细腻、最美观，45°差次之，15°差产生波纹方块形状的不美观图案，其他各种不规则的角度都不甚美观。

目前国际上有人在研究所谓的同角度印刷。理论上，同角度印刷有图像细腻、色调稳定等优点。但从现在的印刷条件来看，短期内还很难实现。

3. 网点的类型

（1）调幅网点。

调幅网点指单位面积内网点数不变，通过网点大小反映图像色调的深浅。调幅网点是传统的最常用的网点。对于原稿色调深的部位，复制品上的网点面积大空白部分小，接受的油墨量多；对于原稿色调浅的部位，复制品上的网点面积小空白部分大，接受的油墨量少。

（2）调频网点。

调频网点是通过对固定大小的网点进行分布密度和分布频率的变化来呈现出网目调灰度，同时网点在排列时，网点的大小不变，而中心距发生变化，通过网点的疏密反映图像密度大小。网点密的地方图像密度大，对应于原稿色调深的部位；网点疏的地方图像密度小，对应于原稿色调浅的部位。调频网点，所使用的最小显色单元要么由曝光点直接组成，要么就是由一定数量的曝光点组成。特点是其显色单元较小。调频网点的特点是网点是按照离散规律随机分布的，有效地避免了龟纹现象的出现。

网点可以通过加网来产生。加网的方式有玻璃网屏间接加网、接触网屏直接加网和电子网屏数字加网三种。数字加网是指以网点或网格内的记录曝光点的多少来表示图像层次变化。数字化方式产生的网目调图像由成千上万个非常小的点组成，它们由照排机或胶片记录仪发出的激光束射到胶片上曝光成像。为了获得规定大小的网点，应将记录平面划分为细小的记录栅格即网格，在每个网格内可以制作出一个网点。

按照原稿图像的深浅不同，网点的面积占网格面积的比率（即网点面积率）也不同。一个网格内包含的记录曝光点越多，则网格内面积的变化级数也就越多，加网后图像的层次变化也就越丰富。

4. 加网及加网线数

网点的形成就是由连续调原稿到网目调的过程，也就是加网的过程。加网已经由以前的玻璃网屏和接触网屏加网演变成现在的数字加网。按照加网后生产的网点来分，又可以分为调幅加网和调频加网，以及现在出现的很多新的加网技术。

加网线数也叫网屏线数，是指在调幅加网中，单位宽度内排列的网点数，以"线每英寸（lpi）"或"线每厘米（Line/cm）"表示。加网线数高，图像细微层次表达越精细；加网线数低，图像细微层次表达越粗糙。通常普通报纸印刷使用网线数80lpi，彩色杂志、画册等加网线数都在150lpi以上，精细印刷的加网线数可达300lpi。

具有正常视力的人，能够分辨物体细节的视角 $\alpha = 1'$，当视距 $D = 250\text{mm}$ 时，物像 $A = 0.072\text{mm}$。这一概念在实用中，关系到彩色印刷品的观察效果，并且决定了所使用的加网线数和印刷网点的大小。例如当使用的加网线数 $N = 175\text{lpi}$ 时，视距 $D = 250\text{mm}$，则每一线条的宽度可计算如下：

$$A = \frac{1}{2N} = \frac{1}{2 \cdot 175} = 0.0028（英寸/线）= 0.072（毫米/线）$$

在上式计算中，因加网线数通常指阳线数的多少，考虑到线与线之间的空距，故在分母上乘以2。根据计算结果表明：每一线条宽度 A 产生的角 α 恰好是 $1'$，如图 13-6 所示。由此可见，在视距为250mm时，若加网线数小于175lpi时，则网屏每一条线条的宽度 A 所构成的视角均大于 $1'$，按此情况来观赏画面，网点将清晰可见，从而影响了画面和色彩的整体混合效果，而只能用大视距（大于250mm）的场合。如果加网线数大于175lpi，则网屏每一条线条的宽度 A 所构成的视角均小于 $1'$，在此条件下来观赏画面，网点模糊不清，从而加强了画面整体效果和色彩混合效果。表 13-3 是当视力 $V = 1.0$，视距 $D = 250\text{mm}$ 时，不同加网线数 N 的网屏的线条宽度 A 与对应的 α 的值。由此可见：加网线数的选用与视力有关，与视距也有关。如果是印刷大型的招贴画，观察距离比较远，加网线数可以按照下式计算：

$$N = \frac{1}{2A} = \frac{1}{2} \cdot \frac{1}{D \cdot tg\alpha} = \frac{1}{2} \cdot \frac{1}{D \cdot \alpha} \qquad (13-5)$$

如果视力 1.0，则有 $\alpha = 1' = 1/(60 \times 57.3)$ 弧度。

所以：

$$N = \frac{1}{2A} = \frac{1}{2} \cdot \frac{1}{D \cdot \dfrac{1}{60 \times 57.3}} = 1719/D（线/英寸） \qquad (13-6)$$

根据上式很容易计算出按照视距 D 的大小来计算加网线数。例如当视距为 1m 时，则加网线数为：$N = 1719/D = 17.19$（l/cm）$= 43.66$（lpi）。所以可以选取 43.66lpi 的加网线数，印刷的图像可以得到较好的视觉效果。但是习惯上常选用 50～80lpi 的加网线数比较适合设备要求和工艺要求。

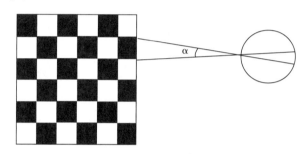

图 13-6 眼睛分辨力和加网线数

表 13-3 加网线数与线条清晰度

视力	视距	网屏线数（lpi）	线条宽度	线条清晰度
1.0	250mm	80	0.15	清晰可分辨
		100	0.12	清晰可分辨
		125	0.1	可分辨
		175	0.072	模糊
		200	0.06	模糊不可分辨
		300	0.04	不可分辨

5. 新型加网技术

调频加网和调幅加网都存在一定的局限性。随着 CTP 技术的广泛采用，在不增加生产成本和不降低生产效率的前提下，对产品的质量要求越来越高，因此各公司先后研究并推出了多种新的加网技术。尽管各公司推出的新的加网方法各不相同，但一般而言，普遍采用把调幅加网和调频加网相融合的办法，也即是采用调幅和调频的"混合"（Hybrid）加网方法（当然不是简单地混合在一起）。此外也有公司坚持采用改进型的调频加网方法。

（1）网屏公司的"视必达"加网。

"视必达（Spekta）"加网技术是日本网屏公司于 2001 年开发的一种新的混合加网方法，它能够避免龟纹和断线等问题。视必达加网可以在不影响生产效率以及不改变常规印刷条件的情况下显著地提高印刷质量。如果使用热敏 CTP 版输出，正常 2400dpi 的视必达加网可以达到高线数加网的同等质量。视必达加网可充分发挥调幅和调频两种加网方式的优点。

视必达和调幅、调频两种基本加网方式的区别如图 13 - 7 所示。

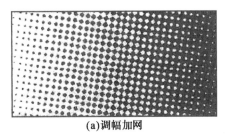
(a)调幅加网

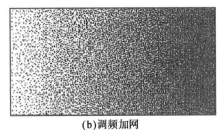
(b)调频加网

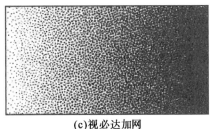
(c)视必达加网

图 13 - 7　视必达加网与调频、调幅加网的比较

视必达加网会根据每个图像的不同颜色密度采用类似调频或调幅的网点。在 1% ～10% 的高光和 90% ～99% 的暗调部分，视必达采用调频网大小不变的网点，通过变化的网点数量来再现层次。网点的分布根据不重叠和不形成大间隔的原则最优化，这样颗粒效应可被有效地控制。而在 10% ～90% 的部分，网点的大小像调幅加网一样变化，而网点的分布和调频加网一样随机变化，这样就不会出现撞网。

对于高光部而言，在 2400dpi 的输出精度下，最小网点可小至 10.5μm，但实际印刷时是很难再现的。视必达加网通过合并小网点的方法来解决这个难题。方法是将 2～3 个小网点并成一个大一点的网点（21μm 或 32μm），以提高高光区域的可印刷性和稳定性。

用视必达加网在普通的 2400dpi/175lpi 的条件下可以达到相当于 300lpi 的印刷精度，而且不需要高网线数印刷那样非常严格的工艺控制。像调频加网一样，视必达加网的网点分布是随机的，不存在网角，可完全避免莫尔纹，也可避免因网角产生的在织物、木纹音箱上的 "网罩"，可以消除在深灰色区域或黑色区域容易出现的玫瑰斑。该加网法还可使中间调部分的再现更加生动自然。

视必达加网技术直接应用于网屏的霹雳出版神系列的热敏制版机，并得到网屏的 RIP 和工作流程的支持，从而实现 CTP 直接制版的高质量输出。

综上所述，视必达网点的位置都是随机的，就这点来说它像调频网。在中间调部分虽然网点的大小可变，但却没有了调幅加网的固定中心距和网角。通过将最小点子加大解决了高光部调频网难于印刷的问题，并通过复杂的网点定位及组合技术把层次突变现象降至最低。

（2）爱克发 Sublima 晶华网点加网技术。

Sublima 晶华网点加网技术集调幅（AM）和调频（FM）的优点于一身，被称为超频网（XM）。它是爱克发继水晶网点之后推出的一种全新的加网技术（晶华网点的中文名是"水晶升华"之意）。

在拥有一定的印刷条件且不增加成本的前提下，Sublima 实现了高网线数印刷。印刷品图像非常细腻，在 340lpi 下网花与网点用肉眼很难辨识。

①Sublima 采用 AM 网点表达中间部分（8%～92%）、FM 网点表达亮调（0%～8%）和暗调（92%～100%），基本消除了莫尔纹、玫瑰斑等。

②Sublima 采用了爱克发专利的 XM 算法。当 AM 向 FM 过渡时，FM 的随机点延续了 AM 点的角度，很好地消除了 AM 到 FM 的过渡痕迹。见图 13－8。

③Sublima 采用"最小可印刷网点"（大于 175lpi 2%的 AM 网点）的概念，在中间调向亮调和暗调过渡时，始终是最小网点满足普通印刷的工艺要求，从而真正在印刷品上实现 1%～99%网点的还原。同时网点计算采用"分步精确计算法"，显著提高了计算效率。

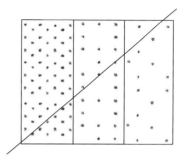

图 13－8　FM 的随机点
延续了 AM 的角度

④输出各网线数（210lpi、240lpi、280lpi 和 340lpi）的 Sublima 网点时，CTP 设备均可采用 2400dpi 的输出精度，在不降低输出效率的前提下，生产高网线印版。

事实上，超频加网技术是在亮调和暗调区使用调频网点，在中间部分使用调幅网点，并实现网点转换处的平滑过渡。例如再现亮调区网点时，调幅网点会逐渐变小至可复制的最小尺寸，此后便淡出而以调频网点代之。同样，暗调区网点也是从调幅网点过渡到调频网点，并在交界处不留痕迹。亮调和暗调区的网点大小一致、疏密不等，但不是真正意义上的调频网点。使用的是调频模式控制下的网点，其以一定角度线形排列，成为一种新的网点排列。

采用爱克发 Sublima 网点 + Xcalibur45 CTP 机制作印刷的样张不仅非常细腻，层次色彩也很好。

（3）Esko – Graphics 公司的加网技术。

①胶印网点。

A. 一阶和二阶莫内网点（monet screens）。莫内网点的一阶和二阶"调频"加网目前主要用于胶印加网。可获得无网花、无莫尔纹和异常锐利的图像。为了完美地配合每种印刷品的不同需求，不同大小的莫内网点可以在同一印刷品里混合运用，因此该网点已不是单纯的调频网点。

B. 高线数加网技术（highline screens）。高线数网点的特点是在一般的输出分辨率下可以得到非常高的加网线数。Esko 的高网线数加网技术是结合了 AM 和 FM 加网特点的新的 AM 加网技术，其优点是能表现图像细节部分，同时具有稳定性和可再现性。使用高线数网点可以实现 2400dpi 精度下 423lpi 的输出。

②柔印网点。

A. 桑巴网点（sambaflex screens）。桑巴网点早在 1999 年就获得了 FlexoTech 奖，桑巴网点结合了中间调的 AM 加网技术和高光及暗调中的 FM 加网技术。这种不同网点的理想组合适用于柔性版印刷、瓦楞纸印刷和丝网印刷。桑巴网点能在 FM 和 AM 加网之间提供平滑过渡，因此看不到网点交接处的变化。

B. groovy 网点。柔印加网的最新的方向着重在提高色彩对比度和暗调区域的密度，这是柔性版印刷一个主要关注点。特别是在印刷 PE 材质时，会发生密度和对比度的问题。groovy 可以产生更高的密度图，并能在获得相同的印刷效果下使用更少的油墨。印刷测试证明还会产生更好的色彩对比。

C. 用于瓦楞纸印刷的 eccentic 网点。尽管瓦楞纸印刷的印前与柔印印前大致相同，但还具有一些独特之处，包括极低的加网线数，挑战性的印刷材质以及印刷套准问题。eccentic 网点特别用于消除在低网线四色图像中极易看出的玫瑰花斑。eccentic 网点能减少网点增大并使色调更加平滑。

（4）克里奥视方佳调频加网。

日本《印刷情报》曾登出了一张具有震撼力的摄影作品印刷品，细节再现十分细腻。该印品采用 10μm 的 Staccoto 视方佳调频加网，海德堡 Speedmaster CD102 印刷机印刷，纸张为特菱铜版纸，由日本锦明印刷公司印刷。

视方佳（Staccoto）调频加网结合了随机加网和传统加网的优点，消除了网目调玫瑰斑、加网龟纹、灰阶不足、色调跳跃等问题。视方佳调频加网还提升了印刷机上颜色和网目调的稳定性，在印量极大时仍能保证印刷的品质，辅之以 SQUAREspot™，方形光点热敏成像技术的精度和一致性（正是有了方形网点技术，随机加网才真正走向印刷实用阶段）。可以生产出稳定、平滑的色彩。传统一次调频加网中，常常在色彩较少区域出现颗粒等缺陷，二次加网则可以避免这些问题。Staccoto 加网在高光和暗调区域使用一阶调频加网，而在易出现问题的中间调部分，使用大小不等的网点以避免产生平网区域的问题。它的二阶调频加网使用的是一个二次加网的方法。视方佳二次加网以规则的形式集群，能有效减少低频噪声和不稳定性，避免其他调频加网所带来的可见颗粒图案。

视方佳调频加网可以以很薄的墨膜印刷，承印材料广，暗调部分也可以在不牺牲实地密度、对比度和色域的情况下得到很好的表现。较薄的墨膜，意味着干燥的速度较调幅加网更快，这对双面印刷意义尤为有利。

一次调频加网只使用随机算法，当多个色版的中间调相互叠加时，就会产生像水波样的条纹，也就是我们所说的低次谐波。针对这个现象，将完全打散的调频网点先进行一次重组，然后再次打散，就得到了所需要的二次调频网点。

通常的调频加网的网点增大都比较大，这是因为网点增大只发生在边缘。二次调频加网在重组网点时将相邻的小网点连接起来，大大减少了网点的总周长，使得网点增大变得容易控制，如图 13 -9 所示。

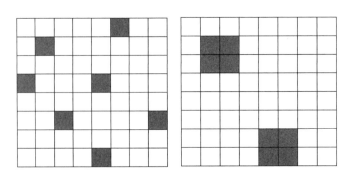

图 13 -9　网点合并示意图

（5）富士写真的 Co－Re 加网技术。

Co－Re 加网技术实现了以更低的输出精度得到高网线数网点的突破，获得了日本印刷学会技术奖。以往的技术以 2400dpi 输出精度获得 175～200lpi 网点，而富士写真的该项技术实现了以 2400dpi 精度输出获得 300lpi 加网图像或者 1200dpi 精度输出获得 175lpi 的加网图像，并且图像的质量不降低。采用本技术在沿用现有 CTP、RIP 等软硬件的前提下，可以以较低成本（购买网点软件）实现图像质量的大幅提高，生产效率也提高近两倍。

根据以往的印刷常识，为了再现印刷图像，每个网点需要约 200 个阶调来表达。据此计算，若输出精度为 2400dpi，则加网线数为 $\dfrac{2400}{\sqrt{200}} = 175lpi$，即理论上以 175～200lpi 左右为界。一般认为加网线数高于理论界限值时，会出现阶调不足导致质量下降。

但是从人眼的特点来看，比 175lpi 的一个网点的区域（145μm）更大的区域（340μm）的圆形区域可以通过积分而"感觉"到其密度，因此，采用百分比不同的复数网点相混合来表达中间层次的多模式技术方案，一个由 50～60 阶调构成的网点即可达到与 200 个阶调网点同样的平滑阶调效果。这样一来，不仅在印刷品的样本上，而且从原理上也否定了过去的印刷网点常识。

还有一个很大的特点就是从理论上进行了深入的研究，实际上采用 2400dpi 输出制作 300lpi 网点图像的时候，最大的技术课题是由网点频率和输出机扫描间距易导致单色莫尔纹的频率不均故障的发生。

该技术是考虑到 CTP 材料的特性、CTP 装置的记录曲线的特性，特别是人眼的特性制作而成的模拟系统，可将"通过 CTP 在印版上记录网点并对其进行目测评价"的作业全部在微机上自动进行计算加工。

该网点以可选方式应用在富士公司的热成像 CTP 光聚合物 CTP 以及网点型 DDCP 上。对于以 2400dpi 输出得到 300lpi 网点印版的热成像 CTP 的印刷厂用户来说，在印刷高级月刊等具有超高质量要求的产品方面，取得了很大的成绩。通过从材料特性、输出光学特性以及视觉特性入手的模拟体系的构筑，开发出了以很低的分辨率制作出高网线数产品的技术，"模拟实际情况，考虑视觉特性，自动制作出最佳网点"就是该技术的思路，可以用于各种各样的输出体系。

13.3.1.3 网点面积率与网点增大

为了便于度量以不同程度群集起来的网点所产生的视觉感觉上的明暗变化，人们采用网点面积率来表示。网点面积率是指在单位面积上群集的所有网点面积之和与总面积的比值。用数学形式表示就是：

$$a = \frac{F_a}{F_0} \tag{13-7}$$

式中　a——网点面积率；

　　F_a——网点占用面积；

　　F_0——网点总面积。

"网点增大"的定义是：网点在加网阴图片上形成时与印到承印物上时的尺寸增大。这种增大通常用百分比表示。几个因素构成了我们在印张上见到的"总的"网点增大。"总的

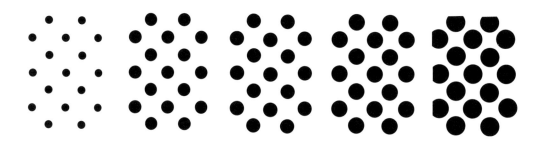

图 13 – 10　网点面积率示意图

网点增大"是机械的和光学的网点增大总和。

"光学网点增大"是油墨的吸光特性和承印物的光散射性形成的一种视觉现象。当光照射在非图像区域，即"空白区域"时，光便漫射开来，而网点附近的一部分光则被抑制了。此光由于不能被反射回观察者的眼中而被认为"被吸收"了。网点就显得比实际的密度和尺寸要暗些、大些，看起来好像已经发生了网点增大。

"机械网点增大"（又称物理网点增大）是网点尺寸实际上的物理增大，在分色、晒版和印刷期间都可能发生此种现象。机械网点增大最常见的形式是无方向性的，如果过度增大则可造成糊版。大的暗调网点早已铺开并连接在一起，油墨印在了网点间的非图像区域。这种增大是由墨膜厚度、承印物类型、高网线数，或在橡皮布与印版之间、橡皮布与承印物之间的压力下的油墨转移造成的。

13.3.2　网目调（网点）复制

13.3.2.1　印刷网点呈色

我们知道，万紫千红的印刷品就是靠四色油墨来呈现绚丽多彩的颜色，当四色油墨印刷到纸张上去之后，各色油墨的网点之间的关系只有两种：并列与叠合，见彩图30。网点的呈色遵循减色法的原理。

（1）并列网点的呈色

并列网点的呈色如图 13 – 11 所示，当白光照射在并列的面积相同的品红油墨和黄油墨上时，品红油墨吸收白光中的绿光，反射红光和蓝光，黄墨吸收白光中的蓝光，反射红光和绿光，品红墨反射的红光和蓝光与黄墨反射的红光和绿光的综合效果就是产生了红光。由上节可知，当两个网点在人眼形成的视角小于1′时，人眼分辨不出两个网点，因而两个网点反射的光照射中也分辨不出，就成了两份红光、一份蓝光和一份绿光在人眼的同一个部位产生了刺激，而等量的红光、绿光和蓝光产生白光的效果，剩余的一份红光在人眼中产生色彩感觉，人就感觉到了红光。同理，当白光照射在并列的面积相同的品红油墨和青油墨上时，产生蓝色，照射在等量的青墨和黄墨上时产生绿色，当白光照射在三种油墨上时，就会产生灰色或黑色。

当两色或三色的网点面积不相同时，产生的颜色偏向大网点一侧。如彩图31所示，例如，小面积的品红墨和大面积的黄墨并列时，由于黄墨反射较多的红光和绿光，使得产生的颜色已经不再是红色，而成了橙红色，随着品红墨和黄墨的面积比例的不同，颜色也会发生

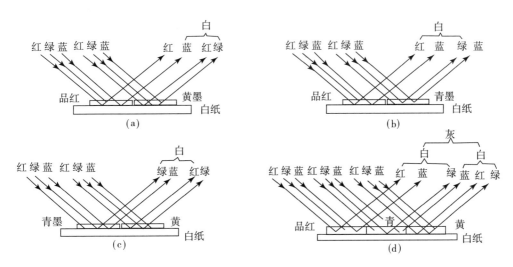

图 13－11　等大网点并列呈色示意图

很大的变化；同理当大面积的品红墨和小面积的黄墨并列时，就会产生紫红色。同样，黄、品红、青三色油墨以不同面积比例并列时就会产生各种各样的颜色。

（2）叠合网点的呈色

当第二色油墨在印刷时，和第一色油墨还有可能叠合。网点叠合的呈色类似于网点的并列呈色。以品红油墨和黄墨的叠合为例，假如等量的品红油墨和黄墨叠合在一起，如图13－12所示，白光照射时，品红油墨吸收白光中的绿光，允许红光和蓝光透过，穿过品红油墨的红光和蓝光照射在黄墨上，黄墨吸收其中的蓝光，把红光反射出来，红光刺激人眼的视觉系统，因而产生了红色。同样，青墨和黄墨叠合产生绿色，青墨和品红墨叠合产生蓝色，黄、品红、青三色油墨叠色时产生黑色或灰色。

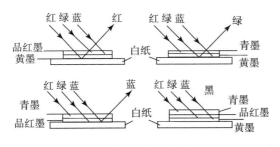

图 13－12　等大网点叠合呈色示意图

油墨吸收色光的多少与色料的浓度、透明度、墨层厚度、叠印顺序有关，所以会产生偏色。如图 13－13 所示，青墨和品红墨的墨层厚度不同，所产生的颜色偏差也就很大。当青墨的厚度小于品红墨的墨层厚度时，青墨对红光的吸收不充分，还有少量的红光反射出去，和没有吸收的蓝光混合形成蓝紫色；青墨的厚度大于品红墨的墨层厚度时，品红墨对绿光的吸收不充分，还有少量的绿光反射出去，和没有吸收的蓝光混合形成青蓝色。随着叠合墨层的厚度不同，形成的颜色也各种各样。同理，三色油墨叠合时，随着墨层厚度的不同也会产生各种各样的颜色。

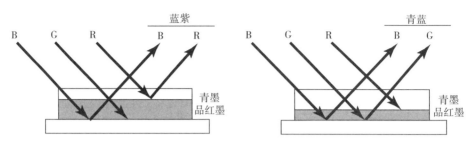

图 13 – 13　非等大网点叠合呈色示意图

13.3.2.2　网点密度和网点面积率

网点是印刷的最小单位，由于以不同程度群集起来的网点，凭借吸收与反射所形成的光学效应，使人产生视觉上的差异，从而得到印刷图像画面的明暗阶调。

为了便于度量以不同程度群集起来的网点所产生的视觉上的明暗变化，人们采用网点面积率来表示，它是指在单位面积上群集的所有网点面积之和与总面积之比。

度量群集的网点面积率的多少，最有效的方法就是密度测量法。

（1）透射网点面积率。

对于阳图透射网点面积率来说，假定测试片的透明部分全部透明，而网点占有部分则完全不透明，则这张测试片的透射率是：

$$\tau = 1 - a \qquad\qquad (13 - 8)$$

其对应的群集网点的密度值（简称网点密度）为：

$$D_\tau = \lg \frac{1}{\tau} = \lg \frac{1}{1 - a} \qquad\qquad (13 - 9)$$

因此要计算透射网点面积率 a，只要测知其网点密度 D_τ，可以很容易计算出来：

$$a = 1 - 10^{D\tau} \qquad\qquad (13 - 10)$$

（2）反射网点面积率。

对于印刷品的反射网点面积率的计算，首先假定油墨印刷网点的吸收密度为无穷大（即无反射光），而承印物（如纸张）空白部分则全部反射（则没有吸收），则其反射率为 $(1 - a)$。由于实际印刷品油墨的吸收密度，受纸张、墨层厚度及颜色等因素的影响，使印刷油墨的实地密度 D_s 通常只有 $1.00 \sim 1.60$。因此，印刷品的反射网点密度将受到实地密度 D_s 的影响。

对于不同的实地密度 D_s，总会有与之相应的反射率 ρ_s，如图 13 – 14 所示，由此产生的反射率为 $a \times \rho_s$。两部分之和其总反射率为：

$$\rho = (1 - a) + a \times \rho_s \qquad\qquad (13 - 11)$$

所以，印刷网点面积率为 a 的反射密度为：

$$D_\tau = \lg \frac{1}{\rho} = \lg \frac{1}{1 - a(1 - \rho_s)} \qquad\qquad (13 - 12)$$

因为：

$$D_s = \lg \frac{1}{\rho_s}$$

所以，$\rho_s = 10^{-D_s}$，代入式（13 – 12）得：

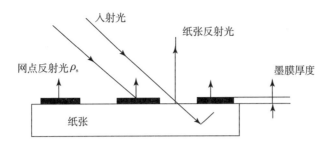

图 13 - 14　印刷网点反射示意图

$$D_\tau = \lg \frac{1}{1 - a(1 - 10^{-D_s})} \qquad (13-13)$$

若对于任意群集网点，能测知其反射密度 D_t，则可依据式（13 - 13）换算成印刷品的网点面积率：

$$10^{D_\tau} = \frac{1}{1 - a(1 - 10^{-D_s})} \qquad (13-14)$$

$$1 - a(1 - 10^{-D_s}) = 10^{-D_\tau} \qquad (13-15)$$

可得：

$$a = \frac{1 - 10^{-D_t}}{1 - 10^{-D_s}} \qquad (13-16)$$

式中　a——所测印刷品的网点面积率；

　　　D_t——所测印刷品的网点反射密度；

　　　D_s——所测印刷品的实地密度。

此公式即为网点面积率和网点密度换算的一般公式，称为默里 - 戴维斯（Murry - Davis）公式。

随后，尤尔（J. A. C. Yule）和尼尔逊（W. J. Nielsen）在此基础上进一步研究，考虑了现实工作中的各种条件，主要是：①纸张的光渗效应；②进入纸张内光线的多重反射；③网屏线数。由于这些条件的影响，使默里 - 戴维斯公式计算结果与实际情况发生偏离。为此尤尔 - 尼尔逊引入补偿修正系数 n，将默里 - 戴维斯公式修改成：

$$a = \frac{1 - 10^{-D_t/n}}{1 - 10^{-D_s/n}} \qquad (13-17)$$

式（13 - 17）是一个非常有用的公式，称为尤尔 - 尼尔逊公式（Yule - Nielsen Equation），n 也称为尤尔 - 尼尔逊因子（Yule - Nielsen factor），n 值要根据实验来确定，比较麻烦。但已有很多的学者，对此进行了专门的研究，得出了一些很有参考价值的数据，表 13 - 4 和表 13 - 5 是 n 值的两个例子。

表 13 - 4　n 值（Yile - Nielsen）

网屏线数	涂料纸	非涂料纸
65	1. 3	2. 0
150	1. 8	-
300	3. 0	-

表 13 - 5　n 值（及川善一郎）

网屏线数	铜版纸	胶版纸
60	1.2	1.8
85	1.2	2.2
100	1.6	3.8
133	1.8	5.0
150	2.0	5.0

例题，对某一网点面积测得反射密度 $D_t = 0.68$，与之对应的实地密度 $D_s = 1.36$，分别按式（13 - 16）、（13 - 17）计算当 n = 1 和 n = 1.2 时的网点面积率 a。

n = 1 时，即按默里－戴维斯公式计算：

$$a = \frac{1 - 10^{-D_t}}{1 - 10^{-D_s}} = \frac{1 - 10^{-0.68}}{1 - 10^{-1.36}} = 82.7\%$$

n = 1.2 时，即按尤尔－尼尔逊公式计算：

$$a = \frac{1 - 10^{-D_t/n}}{1 - 10^{-D_s/n}} = \frac{1 - 10^{-0.68/1.2}}{1 - 10^{-1.36/1.2}} = 78.7\%$$

在我国新闻出版行业标准 CY/T 5 - 1999《平版印刷品质量要求及检验方法》中采用了式（13 - 18）来计算印刷品的网点面积率。

对于分色片的网点面积：

$$a = \frac{1 - 10^{-(D_t - D_0)}}{1 - 10^{-(D_s - D_0)}} \qquad (13 - 18)$$

式中　D_0——空白网目调胶片的透射密度值；

　　　D_t——胶片上网点部位的透射密度值；

　　　D_s——胶片上实地的透射密度值。

对于印刷品的网点面积：

$$a = \frac{1 - 10^{-(D_t - D_0)}}{1 - 10^{-(D_s - D_0)}} \qquad (13 - 19)$$

式中　D_0——印刷品上非印刷部位的反射密度值；

　　　D_t——印刷品上网点部位的反射密度值；

　　　D_s——印刷品上实地的反射密度值。

例如，某一网点面积测得反射密度 $D_t = 0.68$，与之对应的实地密度 $D_s = 1.36$，纸张的空白处的密度为 $D_0 = 0.15$，则网点面积率：

$$a = \frac{1 - 10^{-(D_t - D_0)}}{1 - 10^{-(D_s - D_0)}} = \frac{1 - 10^{-(0.68 - 0.15)}}{1 - 10^{-(1.36 - 0.15)}} = 75.1\%$$

13.3.2.3　油墨的叠印率与印刷色彩

对于多色印刷机来说，什么样的色序最好？传统的黄－品红－青－黑色序已逐渐被淘汰。由于四色印刷机的出现，已开始采用青－品红－黄色序，黑色有时安排在前，有时安排在后，由于这种色序广泛采用在卷筒纸和单张纸印刷机中，所以判断这种色序是否有利于改进叠印色的质量是非常重要的。

传统印刷工艺之所以采用黄—品红—青色序，是因为当时黄墨是最不透明的，遮盖力很强，因而不得不先印黄墨。否则，会对叠印色产生很大的影响。现在生产的黄油墨的透明性是比较好的，降低了它对叠印色的影响，这使印刷者有可能重新考虑传统色序并把实地密度作为四色机上控制色彩、网点增大和油墨叠印的一种手段，新的青—品红—黄—黑（或黑—青—品红—黄色序）成为普遍采用的色序。

四色印刷机的操作者要在胶印机的收纸端抽检完成印刷的印刷样张，并据此对输墨进行调节，使印刷效果与标准打样（或合格样张）相匹配。为了得到精确的叠印色彩，印刷机操作者通过调节油墨密度对诸如油墨黏度、流动性、网点增大等参数进行补偿。但所有这些参数在印刷过程中都是变化的，使油墨密度的控制变得困难，对叠印色的色相、明度、饱和度产生不良影响。对网目调网点的组合状态、印刷色序对叠印色彩也产生影响，因为它们都与油墨叠印率有关。

13.3.3　印刷油墨密度和墨层厚度

13.3.3.1　影响油墨密度的因素

根据式（11-1）朗伯-比尔定律知道，当油墨浓度 c 保持不变时，则同一种油墨的密度 D 应与厚度成正比（因为吸光指数 a_λ 是常数）。但这通常只考虑到照射光在物体内吸收的情况，而没有考虑到光波在油墨层的散射、多重反射等其他复杂的情况。因此，我们把只有吸收的情况称为简单减色法，实际情况要比这复杂得多，可暂称为复杂的减色混合。下面分别来讨论影响光密度的各种因素。

（1）油墨的首层表面反射

图 13-15 及图 13-16 所示为平滑有光泽的油墨表面和粗糙无光泽油墨表面。对光泽表面而言，当入射光的入射角为 45°时，其反射角也为 45°，首层表面反射率约为 4%。对于粗糙墨层表面，首层表面反射无方向性，致使墨层密度值下降。

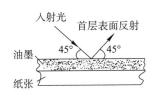

图 13-15　油墨的镜面反射

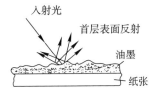

图 13-16　油墨的漫反射

（2）油墨的多重内反射

如图 13-17 所示，由于油墨和纸的折射系数几乎相同，光线由墨层至纸面或由纸面反射回墨层时所发生的表面反射可忽略不计。但当光线透出墨层时，一些光线被墨层的内表面反射回纸面的现象，对于油墨的呈色性则有较大影响。

光线从大折射系数的油墨至小折射系数的空气时，由于经纸面漫反射回墨层的光以各种角度射至墨层内表面，故必将发生完全内反射，既有相当部分的光要被墨层反射回纸面。对于一束光线，这种内反射可能要经历多次，它被称为多重内反射。光透出墨层前在墨层中几经倾斜内反射，每次内反射时油墨都吸收部分光，致使油墨密度非常规则地增加。当油墨密度足够大时，光在墨层中做多重内反射之前就被吸收了。墨层的多重内反射使其吸收范围加宽，并增加了其他波长的不应有密度。

（3）油墨的透明性不良

如图 13 - 18 所示，油墨中颜料颗粒的表面反射和连结料与悬浮于其间颜料的折射系数差造成了油墨的透明性不良。当油墨叠印时，这是一种严重的缺陷。上层油墨的任何透明性不良，将影响光线透入下层油墨，因而不能被下层油墨充分地进行选择性吸收。

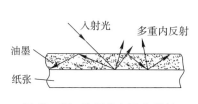

图 13 - 17　油墨的多重内反射

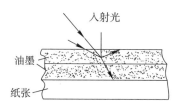

图 13 - 18　油墨的透明性不良示意图

（4）油墨的选择性吸收不纯

采用油墨作为减色法呈色的色料，正是基于油墨具有相对纯净的光谱选择性吸收性能。四色胶印之所以要以黄、品红和青墨作为三原色墨，也是基于它们的光谱选择性吸收主要分别在蓝色区、绿色区和红色区。常用黄、品红和青墨的光谱密度曲线可参见图 11 - 3。

由图 11 - 3 可见，实用墨在应吸收色域的吸收量不足，而在不应吸收色域又具有一定量的吸收。

油墨的光谱选择吸收性能在决定油墨色彩时起主要作用。同时，在判断油墨纯洁程度这一议题上，采用光谱选择性吸收进行分析，也是一种较为精确的方法。

13.3.3.2　墨层厚度的计算

油墨作为印刷中颜色的载体，它的量的多少对于颜色的再现起着决定性的作用。因此有必要研究油墨的密度和油墨的墨层厚度的关系。我们这里讲的墨层厚度是指实地密度，实地密度是指印张上网点面积率为 100% 时即承印物完全被油墨覆盖时所测得的密度。油墨的密度和油墨墨层的厚度有着直接的关系，如图 13 - 19，但是油墨的密度还和其他因素，如承印物有关，因此，油墨的密度和厚度并不是一种简单的关系，它们之间有非常复杂的关系。

实际上印刷油墨层的光学密度 D，并不因油墨层的厚度变大而无限地增加。多数的纸张油墨厚度在 10μ 左右便达到饱和状态，密度值不再增加。设饱和状态时的密度值为 D_∞，则可写出下面的关系式：

$$\mathrm{d}D = m(D_\infty - D)\,\mathrm{d}l \tag{13-20}$$

经积分、整理后，有：

$$D = D_\infty(1 - e^{-ml}) \tag{13-21}$$

式中　m——与印刷用纸张平滑度有关的常数。

式（13 - 21）中密度 D、油墨厚度 l 可用实验的方法确定，从而可以求出式中的另外两个参数 D_∞ 和 m。

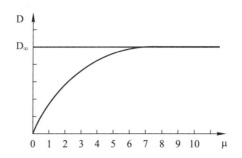

图 13 - 19 墨层厚度和油墨密度的关系曲线

例如用新闻纸在印刷适性仪（IGT）上，以 $l_1 = 1.097\mu m$、$l_2 = 2.194\mu m$ 进行压印，测知其相应的密度为 $D_1 = 0.69$、$D_2 = 1.01$ 则按式（13 - 21）可写出方程组：

$$\begin{cases} D_1 = D_\infty (1 - e^{-ml_1}) \\ D_2 = D_\infty (1 - e^{-ml_2}) \end{cases}$$

消去 D_∞ 则有：

$$D_1 = \frac{1 - e^{-ml_1}}{1 - e^{-ml_2}} D_2$$

$$0.69 = \frac{1 - e^{-m \times 1.097}}{1 - e^{-m \times 2.194}} \cdot 1.01$$

解方程式可求得纸张平滑度常数：m = 0.700

所以可以求得饱和状态时的密度值：

$$D_\infty = D/(1 - e^{-ml}) = 0.69/(1 - e^{-0.700 \times 1.097}) = 1.2873$$

将所求得的参数 D_∞ 和 m 代入式（13 - 21），就可以得到适合于新闻纸的油墨密度与厚度关系计算式：

$$D = 1.2873(1 - e^{-0.700 \cdot l})$$

朗伯 - 比尔定律中有两个参数，为了求得这个两个参数，朗伯 - 比尔定律采用代入两组实验数据的办法。因为实验的误差而导致数据必然存在一定的不精确性，因此这样求得的两个参数可能不能适合大量的实验数据，从而无法在实际生产当中大胆使用。但如果多代入几组数据求参数，最后对所求得参数取平均值，则可提高方程的准确性，对实际生产更有意义。

13. 3. 4 颜色的合成

经过分色和制版以后，原稿的颜色信息以网点的形式被分别记录在各色印版，印版着墨后将油墨转移至承印物，就实现了颜色信息的转移，当所有印版的信息都转移完后，颜色合成的过程也就完成。彩图 26 的下半部分就是颜色合成的原理，印版逐一着墨，并向承印物转移，得到了和原稿颜色一致的复制品，实现了对原稿的复制。

仍以彩图 27 的原稿来说明颜色合成的过程。彩图 32 ~ 彩图 35 说明了在承印材料上以黑、青、品红、黄的色序依次印完各色后的效果。彩图 32 是印完第一色黑的效果，彩图 33 印完第二色青的效果，此时已经实现了青对黑的叠印，彩图 34 印完第三色品红的效果，印完第四色黄后，如彩图 35 所示，实现了对原稿彩图 27 的复制。

复习思考题

1. 常用的色彩模式有哪些，它们有何区别？

2. 在图像设计中若选用了 CMYK 模式，应该用什么文件格式进行保存？

3. RGB 模式向 CMYK 模式转换的过程中要注意哪些问题？

4. 自己选取一幅图像，尝试在 Photoshop 中进行色彩空间的转换，并注意其转换结果的区别。

5. 什么是网点，它在印刷中的作用是什么？

6. 只用 Y、M、C 三色油墨为什么可以呈现各种各样的颜色，请画图说明印刷网点的叠合呈色和并列呈色。

7. 请画出 Y、M、C、R、G、B、W、Bk 各色的颜色分解示意图。

8. 已知青油墨的实地密度 $D_s = 1.3$，网点密度 $D_t = 0.8$，试分别用 Murray – Davis 公式和 Yule – Nielsen 公式（$n = 1.8$）计算网点面积率 a，并说明两种计算结果不同的原因。

9. 试推导连续调色彩复制公式 $D = D_\infty (1 - e^{-ml})$。

10. 影响油墨颜色质量的最主要因素有哪些？

11. 为什么会产生分色误差？

参考文献

［1］ 徐海松. 颜色信息工程［M］. 杭州：浙江大学出版社，2005.

［2］ 胡威捷，汤顺青，朱正芳. 现代颜色技术原理及应用［M］. 北京：北京理工大学出版社，2007.

［3］ 周世生主编. 印刷色彩学（第二版）［M］. 北京：印刷工业出版社，2008.

［4］ GB/T 5698—2001. 颜色术语［S］. 北京：国家质量监督检验检疫总局、中国国家标准化管理委员会，2001.

［5］ GB/T 15610—2008. 同色异谱的目视评价方法［S］. 北京：国家质量监督检验检疫总局、国家标准化管理委员会，2008.

［6］ GB/T 15608—2006. 中国颜色体系［S］. 北京：国家质量监督检验检疫总局、国家标准化管理委员会，2006.

［7］ GB/T 7921—2008. 均匀色空间和色差公式［S］. 北京：国家质量监督检验检疫总局、国家标准化管理委员会，2008.

［8］ GB/T 3977—2008. 颜色的表示方法［S］. 北京：国家质量监督检验检疫总局、国家标准化管理委员会，2008.

［9］ GB/T 3978—2008. 标准照明体和几何条件［S］. 北京：国家质量监督检验检疫总局、国家标准化管理委员会，2008.

［10］ GB/T 5702—2003. 光源显色性评价方法［S］. 北京：国家质量监督检验检疫总局，2003.

［11］ GB/T 17934.1—1999. 印刷技术网目调分色片、样张和印刷成品的加工过程控制第1部分：参数与测试方法［S］. 北京：国家质量技术监督局，1999.

［12］ GB/T 17934.2—1999. 印刷技术网目调分色片、样张和印刷成品的加工过程控制第2部分：胶印［S］. 北京：国家质量技术监督局，1999.

［13］ 郑元林，戚永红，夏卫民. 印刷色彩测量中光源和视场的选择［J］. 今日印刷，2004，（10）：54－55.

［14］ GB/T 9851.1—2008. 印刷技术术语 第1部分：基本术语［S］. 北京：国家质量监督检验检疫总局、国家标准化管理委员会，2008.

［15］ GB/T 11501—2008. 摄影 密度测量 第3部分：光谱条件［S］. 北京：国家质量监督检验检疫总局；中国国家标准化管理委员会，2008.

［16］ M. D. Fairchild. Color appearance models［M］. Wiley，2005.

［17］ Shizhe Shen，Berns Roy S.. Color－difference formula performance for several datasets of small color differences based on visual uncertainty［J］. Color Research & Application，2011，36（1）：15－26.

［18］ M. R. Luo，Cui G.，Rigg B.. The development of the CIE 2000 colour－difference formula：CIEDE2000［J］. Color Research and Application，2001，26（5）：340－350.

［19］ CIE. CIE Pub 116：Industrial colour－difference evaluation［M］. Vienna：CIE Central Bureau，1995.

［20］ R McDonald，Smith KJ. CIE94—a new colour－difference formula［J］. Journal of the Society of Dyers and Colourists，1995，111（12）：376－379.

［21］ FJJ Clarke，McDonald R，Rigg B. Modification to the JPC79 Colour－difference Formula［J］. Journal of the Society of Dyers and Colourists，1984，100（4）：128 – 132.

［22］ G. Sharma，Wu W. C. ，Daa E. N. . The CIEDE2000 color – difference formula：Implementation notes，supplementary test data，and mathematical observations ［J］. Color Research and Application，2005，30（1）：21 – 30.

［23］ R. G. Kuehni. CIEDE2000，milestone or final answer？［J］. Color Research and Application，2002，27（2）：126 – 127.

［24］ MR Luo，Cui G，Li C. Uniform colour spaces based on CIECAM02 colour appearance model ［J］. Color Research and Application，2006，31（4）：320 – 330.

［25］ 石俊生. CIECAM02 及色貌模型相关问题研究进展 ［J］. 云南师范大学学报（自然科学版），2011，（02）：1 – 8.

［26］ Min Huang，Liu Haoxue，Cui Guihua. Testing uniform colour spaces and colour – difference formulae using printed samples ［J］. Color Research & Application，2012，37（5）：326 – 335.

［27］ W. G. Kuo. The Performance of the Well – known Color Difference Formulae on Predicting the Visual Color Difference for the Pairs of Specimens in Woolen Serge under Various Light Sources ［J］. Textile Research Journal，2010，80（2）：145 – 158.

［28］ 郑元林，郑沛，杨志钢. 新型加网技术 ［J］. 印刷世界，2004，（08）.

［29］ 靳晓松，王贺兰. 从 CIELAB 颜色空间到 CIECAM02 色貌模型的发展 ［J］. 印染，2011，（12）：50 – 52.

［30］ GB/T 18721 – 2002. 印刷技术 印前数据交换 CMYK 标准彩色图像数据（CMYK/SCID）［S］. 北京：国家质量监督检验检疫总局，2002.

［31］ 刘浩学. 设计与印刷标准色谱（亮光铜版纸）. 北京：印刷工业出版社，2009.

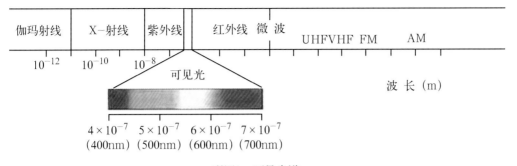

| 伽玛射线 | X–射线 | 紫外线 | 红外线 微 波 | UHFVHF FM | AM |

10^{-12} 10^{-10} 10^{-8}

可见光

波 长（m）

4×10^{-7} 5×10^{-7} 6×10^{-7} 7×10^{-7}
（400nm）（500nm）（600nm）（700nm）

彩图1 可见光谱

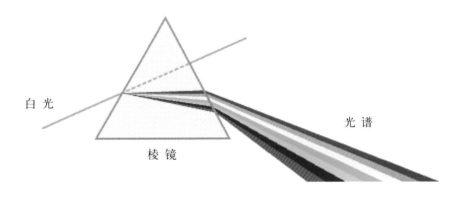

白光

棱 镜

光 谱

彩图2 牛顿棱镜实验

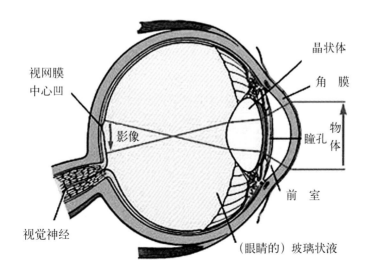

视网膜
中心凹

影像

视觉神经

晶状体

角 膜

物
体

瞳孔

前 室

（眼睛的）玻璃状液

彩图3 眼睛的结构

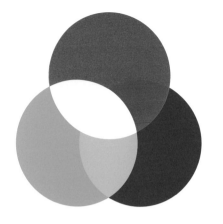

彩图4　色光加色法混色图

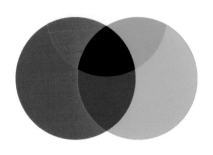

彩图5　色料减色法混色图

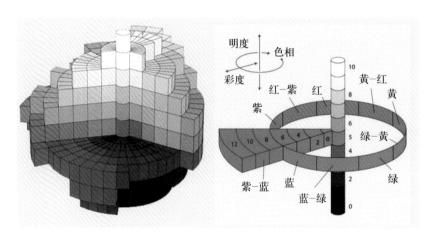

彩图6　孟塞尔立体

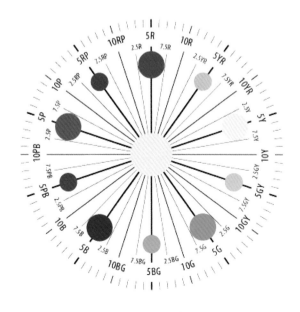

彩图7　孟塞尔色相

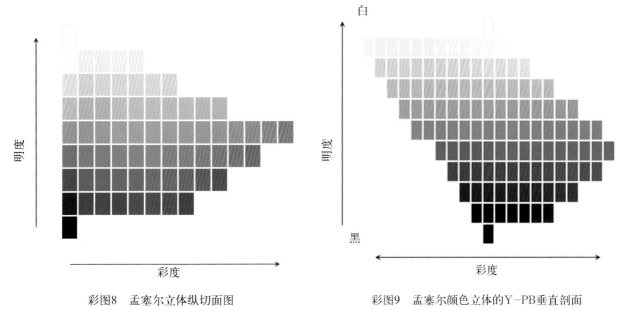

彩图8　孟塞尔立体纵切面图

彩图9　孟塞尔颜色立体的Y-PB垂直剖面

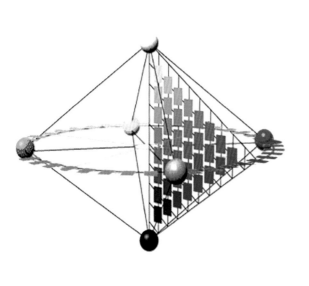

彩图10　NCS立体

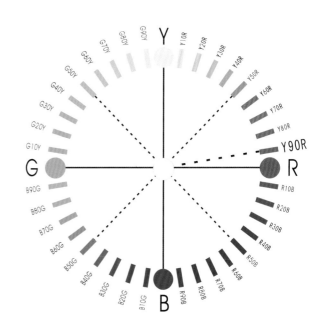

彩图11　NCS色相环

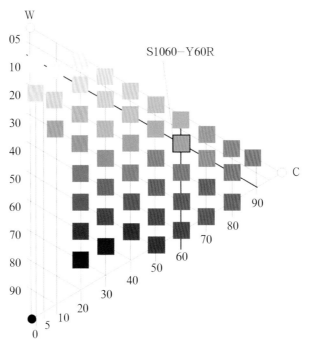

彩图12　NCS垂直剖面图

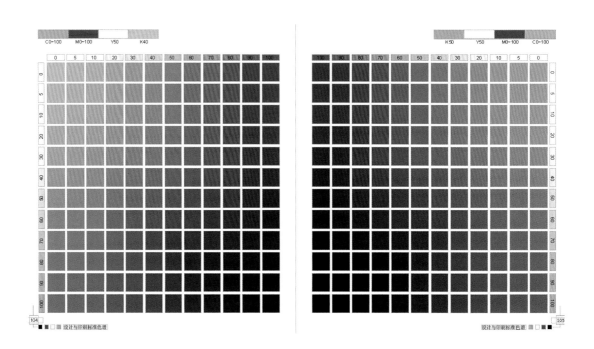

彩图13　印刷色谱实例

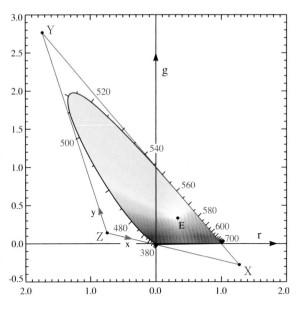

彩图14　CIE1931RGB系统色度图

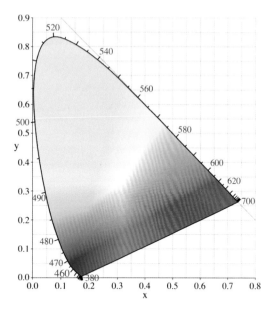

彩图15　CIE1931XYZ色度图

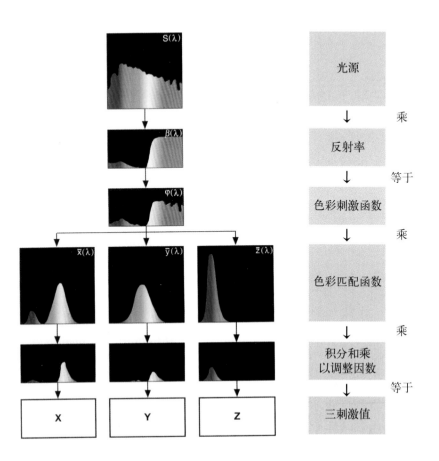

彩图16　颜色三刺激值的计算过程

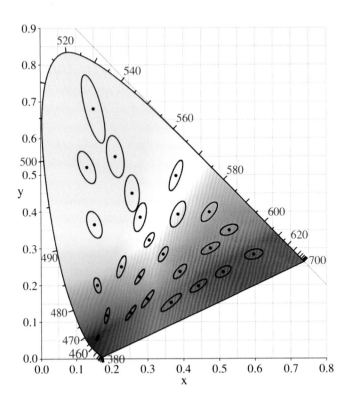

彩图17 麦克亚当的颜色椭圆宽容量范围

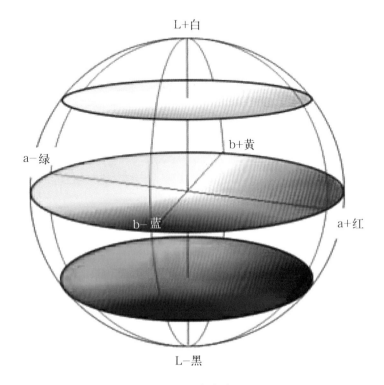

彩图18 CIE 1976L*a*b*颜色立体

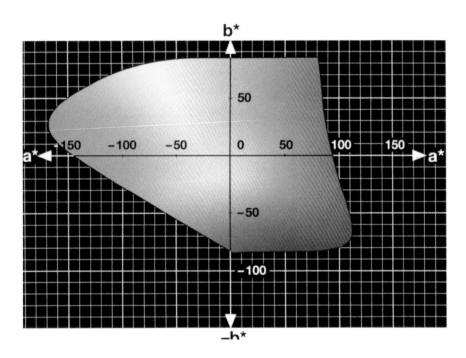

彩图19　CIE LAB二维色度图

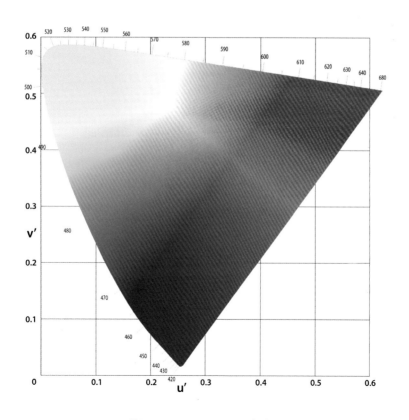

彩图20　CIE 1976 u′v′色度图

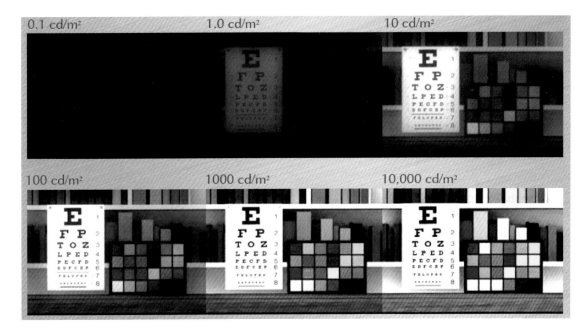

彩图21　Hunt效应和Stevens效应示意图

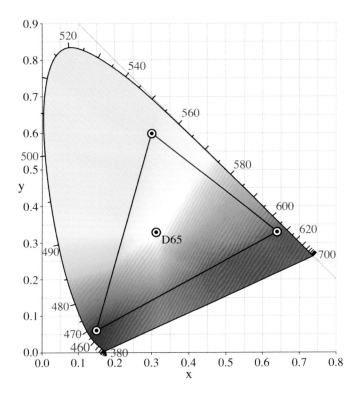

彩图22　sRGB色域

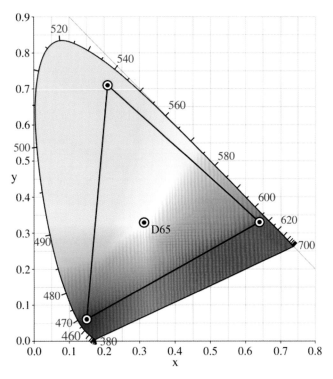

彩图23　Adobe RGB色域

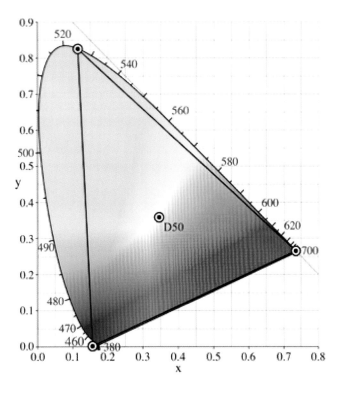

彩图24　Wide Gamut RGB色域

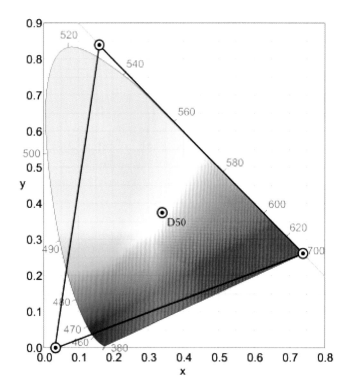

彩图25　ProPhoto RGB色域

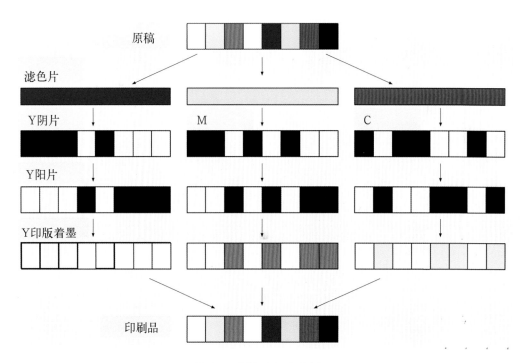

原稿

滤色片

Y阴片

Y阳片

Y印版着墨

印刷品

彩图26　颜色分解合成原理

彩图27　原始图像

彩图28　缺少黑版的图像

(a)

(b)

(c)　　　　　　　　(d)

彩图29　分色图像

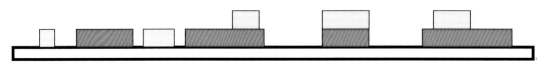

彩图30　网点印刷示意图

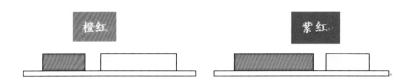

彩图31　非等大网点并列呈色示意图

彩图32　印完第一色黑的效果

彩图33　印完第二色青的效果

彩图34　印完第三色品红的效果

彩图35　印完第四色黄的效果